실무 식품 구매론

The theory of Food purchase

김금란 · 박미연 · 박필숙 공저

형설출판사
www.hyungseul.co.kr

Preface

들어가면서

최근 급식 산업의 대형화, 전문화와 외식산업의 급격한 성장 등으로 인해 단체급식소와 외식업소에서 구매는 경영의 핵심으로 자리하고 있다.

식품구매는 식자재를 중심으로 최소 비용이 최대 효과를 나타내어 원가절감을 이루는 목적을 가진다. 또한 식품구매부문은 다른 원료구매와는 다르게 식품이 갖는 특수성을 잘 이해하는 전문가가 필요하다.

실무 식품 구매론은 현장에서 전문적으로 구매의 목적을 달성할 수 있도록 급식소와 외식업소에서 필요한 식품구매와 관련된 기초이론과 실무를 원칙적이고 체계적으로 다루고 있다.

특히 식품구매관리 활동을 단계별로 수록하였는데, 식품구매개론, 식품의 유통과 구매시장, 식품구매계약과 구매방법, 식품구매조직, 실제적인 식품구매활동, 발주업무, 검수관리, 저장관리, 재고관리와 원가관리, 구매식품의 분류와 새로운 동향 등 총 10장으로 구성하였다.

본 책의 특징은 급식소와 외식업소 등에서 나타나는 식품 구매에 대한 다양한 상황에 대해 능동적으로 대처할 수 있도록 세부적인 현장실무를 기술하였다.

그리고 급변하는 식품 구매 패러다임을 설명하기 위해 구매 담당자의 입장에서 식품 시장의 현황, 유통 구조와 식품 관련된 새로운 동향을 담고 있어 현장의 구매 환경에 임했을 때 보다 더 적극적으로 대응할 수 있도록 하였다.

무엇보다도 미리 급식소와 외식업소의 실제 지식과 자료들을 접해 대학에서 연구하는 학생들이 쉽게 현장의 식품 구매 세계를 익혀서 전문적인 구매관리자로 미래를 열어가길 바란다.

끝으로 본 책이 발행될 수 있도록 큰 도움 주신 형설출판사 사장님과 관계자 분들께 깊은 감사를 드린다.

저자 씀

Contents

차례

3장 식품구매계약과 구매방법

4장 식품구매조직

5장 실제적인 식품구매활동

6장 발주업무

7장 검수관리

10장 구매식품의 분류와 새로운 동향

부록

1장

식품구매 개론

1. 식품구매란?
2. 바람직한 식품구매관리
3. 중요한 식품구매관리
4. 최근의 식품구매 관리변화

01 식품구매 개론

1 식품구매란?

구매 관리란 생산 활동 과정에서 생산계획을 달성할 수 있도록 생산에 필요한 자재를 양호한 거래처로부터 적절한 품질을 확보하여 적절한 시기에 필요한 수량만큼을 최소의 비용으로 구입하기 위한 관리활동으로 한 조직의 목적을 달성하기 위한 상품이나 서비스 구매와 관련된 활동을 조절하는 것을 의미한다.

식품의 구매란 식품 또는 원재료를 구입하기 위하여 생산자 또는 유통업체와 계약체결을 위한 상담을 하고 유형, 무형의 계약을 거쳐 식품을 인도받고 그 대금을 지불하는 전체과정을 말한다.

급식에서의 구매는 식사의 질에 큰 영향을 미치며 원가관리 측면에서도 중요성이 대두되고 있다. 우수한 식재료와 급식의 품질 향상에 요구도가 높아지면서 식재료 품질 기준과 공급업체 선정기준이 강화되어 구매관리 담당자의 역할도 점차 대두되고 있다.

따라서 구매관리 대상에서 구매활동면을 보면 다음과 같이 구매활동의 효과를 정의할 수 있다.

- 적정한 조건과 품질의 물품을 선정하여야 한다.
- 구매에 필요한 구매량을 결정한다.
- 업체조사를 통해 공급자를 선정한다.
- 유리한 조건으로 구매할 수 있도록 협상을 하여야 한다.
- 적당한 시기에 적당량이 납품되도록 관리한다.
- 구매활동에 따른 검수, 저장, 입출고, 원가관리 등의 사무처리를 명료하게 하는 활동이다.

✣그림 1.1 | 효율적인 구매의 형태

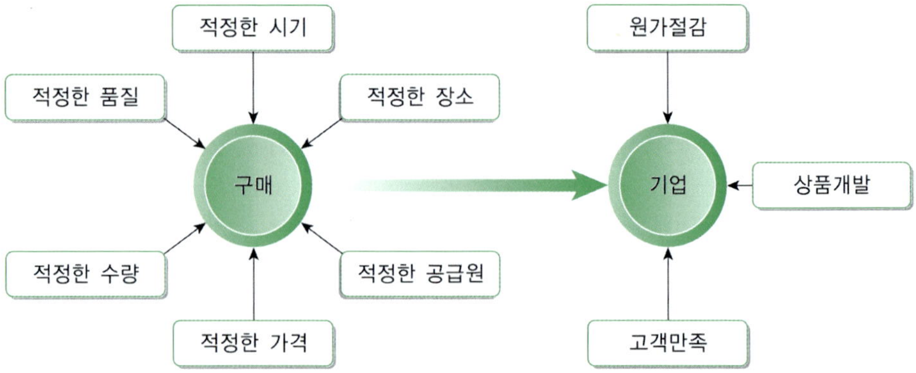

2 바람직한 식품구매관리

바람직한 식품구매관리는 원하는 식품을 적당한 시기에 구매하고 최적가로 좋은 식품과 서비스를 받는 것이다.

제한된 예산으로 운영되고 있는 급식의 경우 식품과 기타 자재 등을 조정하여 식품구매에서 효율 증대 방법으로 비용절감이 가능하다. 이러한 식품 구매 관리의 목적은 아래와 같다.

첫째, 업체에서 원하는 식품을 구매하기 위하여 구매자는 식품을 철저히 검토하여야 한다.

둘째, 조건을 충족시킬 수 있는 식품과 서비스는 납기, 포장, 운송, 지급조건을 포함하고, 특히 납품기한에 있어 재고와 지급조건은 공급자의 신용도와 밀접한 관계가 있다.

셋째, 적당한 가격으로 필요한 양을 적기에 구입하고, 공급자의 경쟁도와 상관관계를 갖는다. 따라서 경쟁은 편의성, 그 정도에 따라 완전경쟁 매점 및 독점으로 구분하는데 구매에서는 완전경쟁이 가장 용이하므로 시장조사를 철저히 조사하여 완전경쟁의 상품을 구입한다.

넷째, 독매점 상태의 식품이라도 공급자의 수를 하나 이상으로 늘려 경쟁도를 높여 구매한다.

3 중요한 식품구매관리

모든 조직의 식품구매활동은 공통적으로 매우 중요한 기능이며 기업활동의 중추적 기능을 가지고 있다.

특히 현대에 있어서는 생산시설의 기계화, 고도의 산업분화로 인하여 구매활동은 단체급식소, 기업, 가정에서 매우 중요한 위치를 차지하게 되었다.

적절한 품질의 식재료 구입이 되지 않는다면 생산과정의 품질을 통제하기 어렵다. 그러므로 양질의 원재료 선택 단계인 식품구입이 무엇보다 중요하다.

효율적인 구매관리의 조건

- 원활한 물품공급
- 투자 최소화
- 품질유지
- 원가최소화

(1) 단체급식에서의 구매의 중요성

구매 경쟁력을 확보하기위해 구매전담부서를 설치하고 구매전문 인력양성을 위해 많은 노력을 하며 단순한 일차적인 활동이 아니라 이윤창출과 급식품질향상을 가능하게 하는 핵심적인 경영기능으로 인식해야한다. 식품구매 업무는 급식활동의 기초 과정으로 구매에 있어 식품이 가진 특수성, 감별법과 유통환경에 대하여 선택요령을 잘 파악하면 원가절감과 이익을 극대화를 창출할 수 있다.

(2) 기업에서의 구매의 중요성

기업에서 구매역량은 경영성과를 결정짓는 주요요소로 간주하고 생산시설이 고도로 기계화되고 자동화되어 있기 때문에 제품의 가격 중 인건비가 차지하는 비중보다 재료비가 차지하는 비중이 커지게 되어 필요한 원재료를 언제, 어디서, 누가, 어떻게 구입하느냐 하는 문제가 기업의 이윤창출에 미치는 영향이 커지게 되었다.

(3) 가정에서의 구매의 중요성

가정에서 구매를 진행할 때 무엇보다 식품 구매자에 의해 영양적으로 우수하고 안전한 식품이 선택하여야 한다. 또한 생산과 소비가 분리되어 가정생활에 필요한 모든 물품은 시장을 통해 구입한다. 따라서 적절한 구매활동의 여부에 따라 가정경제와 소비생활에 큰 영향을 주게 된다.

4 최근의 식품구매 관리변화

식품구매 관리에 있어 각 급식소에서 요구하는 식재료를 가장 유리하게 구매하도록 하여야 하며, 각 요구부문에 대하여 이용가치가 높은 구매정보를 제공하고, 부문 상호간의 조정을 적극적으로 추진하여야 할 것이다.

그리고 원가절감을 위해 구매부문의 이와 같은 조언을 적극적으로 받아들이는 태세를 갖추어야 할 것이다.

또한 기업경영에 있어서의 구매의 기능은 구매전문 부문으로써의 책임권한과 타부문에 대한 조언을 통한 두 가지 측면에서 파악하는 것이 현대적인 구매관리의 기능이라 볼 수 있다.

과거에서 현대까지 구매는 주로 가격에 중점을 두는 경향으로 이것은 현대에 있어서도 중요한 요건임이 변함없는 사실이다. 그러나 현대에서는 비용을 더한 “구매원가의 절감”을 기초로 하는 관리로 기업이윤의 증대를 도모한다는 점을 강조하고 있다. 또한 이익을 통한 경영에서의 주요기능으로 고도로 훈련된 전문요원에 의해 이루어지며 집중관리 되고 있다.

✣ 그림 1.2 | 식품구매의 기능변화

과거		현대
서비스 기능 타부서 종속기능 필요부서에서 구매요구서 접수 후 구매 비전문적 요원 분산관리	⇨	이익창조기능 경영의 중요기능 구매계획에 의해 구매 훈련된 전문요원 집중관리

The News!

안전한 식품 공급망, 블록체인과 ERP가 열쇠 새로운 차원의 투명성 만들어…오염 식품 막을 최고의 방어책될 듯

<푸드로지스틱스>는 "Could Blockchain Provide the Key to a Safer Food Supply Chain?" 라는 기사에서 블록체인과 ERP의 결합은 안전한 식품 공급망을 위한 키 메이커가 될 수 있다고 보도했다. 블록체인을 사용하면 회사는 제품 생산에 참여한 2차 또는 3차 공급업체뿐 아니라 첫 시작점인 농장 등에 대한 데이터와 지식에도 접근할 수 있게 돼 식품 공급망은 앞으로 더욱 복잡해질 것이다. 하지만 일명 '디지털 장부' 의 개발은 지속해서 변화하고 있는 글로벌식품 공급망의 환경을 개선할 답이 될 수 있다. 결합된 블록체인과 ERP 기술은 회사가 프로세스와 장비의 비효율성뿐만 아니라 기타 사고의 원인을 찾으려 할 때 필요한 데이터를 제공하며, 소비자 역시 건강한 식품을 제공받음으로써 건강하고 행복한 삶을 영유할 수 있게 만들 것이다.

출처: 물류신문(http://www.klnews.co.kr) 2019-12-02.

2장

식품의 유통과 구매시장

1. 식품의 유통이란?
2. 식품의 유통경로
3. 식품별 유통구조
4. 식품의 유통제도
5. 구매시장조사

02 식품의 유통과 구매시장

1 식품의 유통이란?

(1) 유통이란

유통은 사회를 변화시키고 선도하는 경제활동으로 인식되고 있다. 유통 환경의 변화는 치열한 경쟁 상황에서 지속적인 우위를 창출하기 위해 능동적인 유통관리 및 유통 전략을 필요로 하고 있다. 유통은 생산자로부터 소비자 또는 최종 사용자에게로 상품 및 용역이 제대로 도달할 수 있도록 유도하는 모든 관련 경영활동으로 생산에서 소비로 이어가는 경제활동을 말한다.

유통의 주체는 인간(기업)이며, 객체는 생산물(식품)으로 유통 활동이 차지하는 사회·경제적 비중은 생산활동이나 소비활동 못지 않게 중요하다.

유통기능은 농수산물이 생산자로부터 소비자나 사용자에게 이전되는 과정에서 수행되는 제반 서비스 활동이다.

1) 유통의 기능

유통은 다양한 시스템이 유기적인 관계로 얽혀 있어 그 구조를 이해하고 활용함으로써 유통의 효과를 극대화해야 한다. 유통산업이 식품의 생산과 소비의 중간단계에서 단순히 상품과 서비스를 중개하는 제한적 역할에 그치는 것이 아니라, 다양한 고급정보를 공유하고 중간자적 입장에서 이해관계를 조정하는 등 새로운 가치를 창출하는 기능을 수행할 수 있어야 한다.

유통의 기능은 다음과 같다.

첫째, 생산에서 소비까지의 장소적 거리를 조정하는 기능을 가진다.
둘째, 제품 생산 시기와 소비 시기를 조정하는 시간적 기능을 가진다.
셋째, 생산되는 양과 소비되는 양의 분할·연결의 기능을 가진다.
넷째, 생산과 소비의 가격적 거리를 조정하는 기능을 가진다.
다섯째, 생산과 소비와의 인적 거리를 조정하는 기능 등으로 이러한 여러 가지 기능들이 상호 보완적으로 결합하고 있다.

2) 유통조직

유통조직은 상품이 생산자에서 최종 소비자에 이르기까지 거치게 되는 모든 조직을 일컫는다. 유통조직은 크게 수집기구, 중계기구와 분산기구로 나눌 수 있는데, 수집기구에는 산지 수집상, 반출상, 협동조직, 그리고 대도시 상인들의 수집대리인이 포함된다. 중계기구는 수집기능과 분산기능을 연결시켜 주는 도매시장을 일컫고 분산기구에는 노매상과 소매상이 포함된다.

2 식품의 유통경로

농산물이 생산자에서 최종 소비자에 이르는 과정에서 유통기구와 조직을 어떤 형태로든 거치게 되는데 이를 유통경로라 한다.

- 상적유통: 사람을 통한 경로
- 물적유통: 상품의 이동경로

유통활동이 차지하는 사회·경제적 비중은 생산활동이나 소비활동 못지 않게 중요하다.

유통활동은 인류의 역사와 같이 한다고 볼 수 있으나, 하나의 산업으로 등장한 것은 18세기 산업혁명에 의해 공산품이 대량 생산되면서부터 볼 수 있다. 유통의 궁극적인 역할은 생산과 소비의 연결을 통한 수급조절 및 가격형성에 이바지함으로써, 자원을 합리적으로 배분하고 국민경제의 균형을 달성하는 데 있다 하겠다.

최근 도시화에 따른 유통의 광역화, 소득증대에 따른 식품 소비구조의 다양화 및 고급화로 인하여 유통의 수요가 증대되고 있다. 특히 우리나라의 경우 짧은 유통역사로 물적기반과 상적기반이 전통적이고 낙후될 수밖에 없었다. 1985년 가락동 공영도매시장이 건설되고 전국적으로 근대 도매시장이 개설되기 시작하였고 선진적인 유통시스템이 차츰 갖추어져 가고 있다.

(1) 산지유통

산지유통은 농산물 유통과정의 출발점이며 도매시장과 소매시장의 유통의 효율성에 직접적인 영향을 주게 된다. 그리고 가격의 수준 및 안정성은 생산자의 소득 수준 및 안정성에 이어진다. 우리나라에서 산지 유통되는 농산물 판매 유형은 크게 정부 또는 농협에 의한 수매, 산지 판매, 소비지 판매, 전자상거래 등의 네 가지 유형으로 구분할 수 있다.

1992년부터 높은 유통비용, 가격의 변동성, 가격의 비대칭성에 대응하기 위하여 현대적 유통시설인 산지 유통센터(APC)가 전국적으로 건설, 운영되어 현대적인 상품화시설, 저온시설과 저온유통체계(cold chain system) 기반의 대형운반 차량으로 소비지 도매시장과 물류센터, 대형 유통업체에 출하하고 있다. 산지유통센터는 산지에서부터 선별, 포장, 유통, 판매까지의 전 과정을 수행하는 유통기구로서 급변하는 유통환경 속에서 표준 규격화된 농산물의 생산유통과 부가가치 창출을 통한 농가 수취가격 제고 등을 도모하는 핵심 수단으로서의 역할을 하고 있다.

또한 수산물의 CAS(Cells Alive System) 시스템은 수산식품 거점 단지 내에 들여온 냉동시스템의 이름으로 생산, 가공, 판매와 유통으로 연계되는 원스톱 체계이다.

(2) 도매시장 유통

농수산물 도매시장은 농수산물 집하, 중계 및 분산 등 물적 유통기능뿐만 아

✢그림 2.1 | 공영도매시장 현황

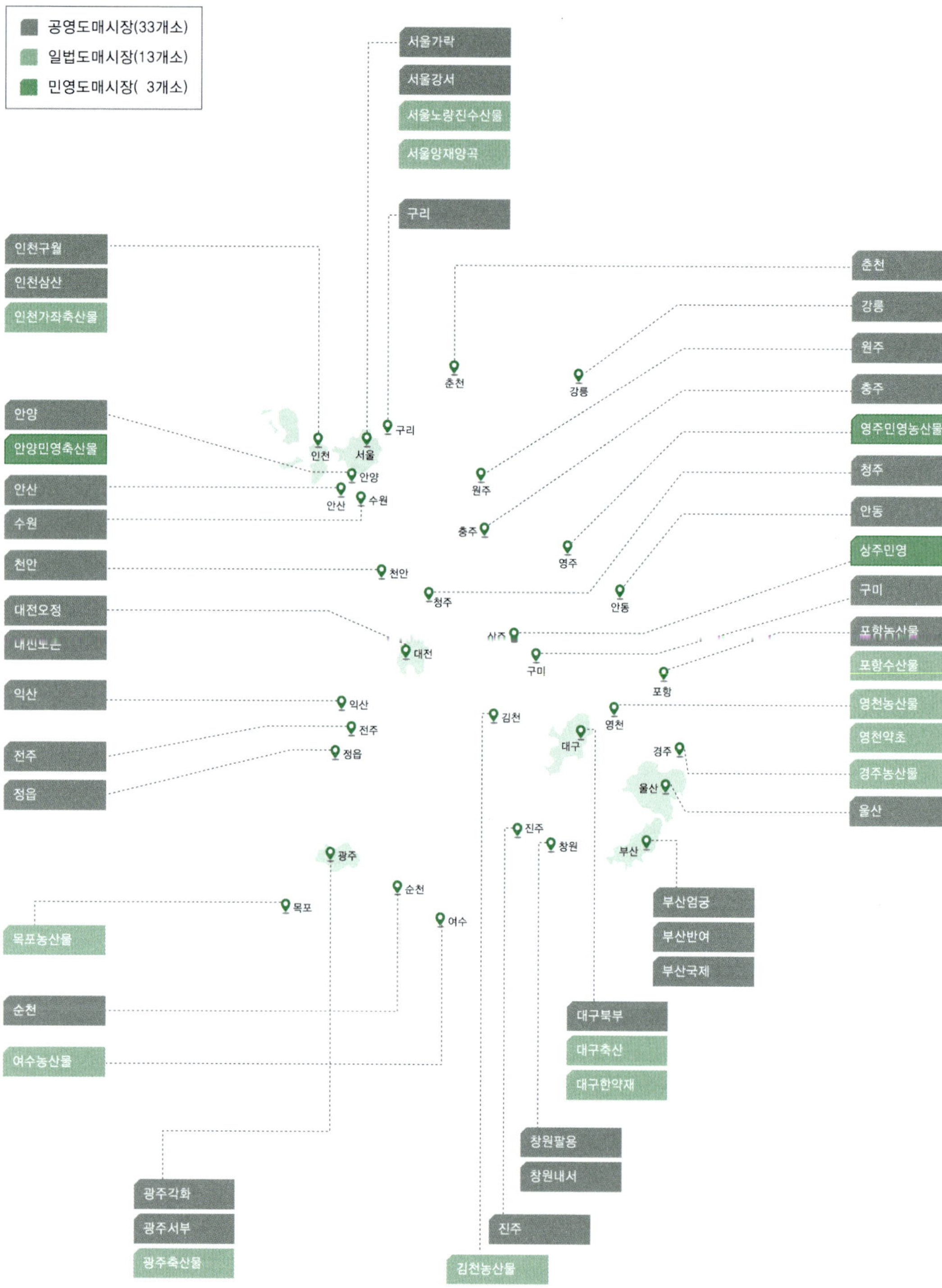

출처: 한국농수산도매시장협의회

니라 가격형성을 통한 수급조정, 유통정보의 수집 및 전달기능 등을 담당함으로써 농수산물 유통기구 중 중추적인 역할을 수행하고 있다. 도매시장은 크게 산지 도매시장과 소비지 도매시장으로 구분할 수 있다. 2017년 12월현재 48개 농협 산지 공판장과 194개 수협 위판장이 산지에서 도매기능을 담당하고 있으며 소비지 도매시장은 농수산물 유통 및 가격안정에 관한 법률에 의해 지방 자치단체장이 개설한 전국도매시장 49개소(공영도매시장33개소, 일반법정도매시장 13개소, 민영도매시장 3개소)와 121개 도매법인이 있다.

도매시장의 거래방식은 주로 경매, 입찰, 수의계약 방법 등이 사용된다. 우리나라, 일본, 대만의 일부 도매시장에서는 경매 또는 입찰방식이 이용되고 있는 반면 미국 및 유럽 연합 국가들은 수의계약 방식을 주로 사용하고 있다.

도매시장과 도매물류센터에서 도매 유통을 분담하고 특히 도매물류센터에서는 예약수의 거래에 의해 출하된 물품을 물류센터에서 직영점등의 소매점과 대량수요처, 식자재업체로 직배송하거나 현장 판매하는 새로운 유통시스템이 운영되고 있다.

도매시장의 기능

- 가격형성
- 수급조절
- 배급기능
- 유통경비절감
- 대금결정

(3) 소매시장 유통

농산물 유통과정의 최종 단계인 소매시장은 농산물을 최종 소비자의 수요 형태에 따라 분산 공급하는 역할을 담당한다. 소매시장은 그 유형이 매우 다양하기 때문에 일정한 분류기준을 제시하기 어려운 점도 있지만 독립 소매점, 일반소매시장(재래시장), 대규모 소매점(백화점 및 쇼핑센터), 수퍼마켓 등의 거래규모에 의한 분류방법이 많이 사용되고 있다.

최근에는 대형유통업체의 할인점, 수퍼체인, 편의점 등 소매의 새로운 업체와 서구형 외식업체 중심으로 소비자에게 판매되는 실정이다.

(4) 스마트 유통

스마트 유통이란 유통과정에서 필요한 정보를 다양한 ICT 기술 활용함으로써 유통과정에 있어 시장에 가지 않아도 안심하고 농산물을 구매할 수 있고, 스마트폰과 같은 정보기기로 전 유통과정을 한눈에 파악할 수 있는 시스템을 만드는 것이다. 바코드, QR코드와 같은 광학인식기술을 이용한 식품 유통구조를 개선하고, 인터넷을 활용한 전자상거래 등이 이미 식품 유통에 폭넓게 활용되고 있었다.

GPS, RFID, GIS, QR코드 기술을 이용하는 것은 물론이고, 공급사슬관리(SCM), 자동분류기, 자동저장반출장비(ASRS)를 이용하여 정보화 시킨 유통 체계이다. SCM을 통해 원재료의 생산, 유통 등 모든 공급망 단계를 최적화해 수요자가 원하는 제품을 원하는 시간과 장소에 제공하는 '공급망의 관리'를 이뤄내며, 짧은 시간에 대량 상품의 입출고를 관리하기 위한 방안으로 RFID 방식이 도입되어 이용된다. 각 업체의 실시간으로 변하는 수요량을 파악하면서 그 위치나 수량까지 고려하여 자동적으로 공급망을 구축해 주는 것이다. 이렇게 유통 식품들의 정보 체계가 구축이 되고 실시간으로 유통할 공급망을 조성해준다면, 상품을 물류센터에 저장하지 않고 상품 입고 즉시 배송처 별로 분류하여 출고하는 물류방식으로 물류 속도를 높이고 재고 비용을 절감시켜 물류효율성을 높일 수 있다.

✣그림 2.2 | IoT기반 식품 유통/품질 모니터링 기술 개념도

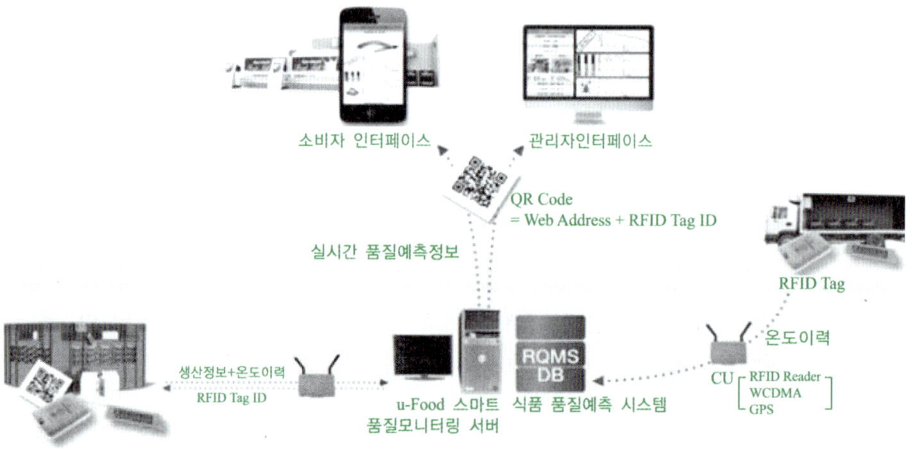

출처: 한국식품연구원

3 식품별 유통구조

최근에는 산지에 직접 소비자가 연결되어 신선한 식품을 안전하게 구입하는 방법이 있고 이 방법이 점점 확산되고 있다. 하지만 아직까지 도매상을 경유하는 시장의 점유물이 대부분 시장경제를 차지하고 있다. 그래서 식품을 구입할 경우 식품의 유통구조를 파악하는 것이 무엇보다 중요하다. 지금껏 많이 이용되는 몇 가지 식품의 유통에 관해 알아본다.

(1) 일반미 유통

전체 쌀 생산량 중 정부 수매를 제외한 나머지 부분은 농협조직을 통한 계통판매와 상인조직을 통한 판매로 대별할 수 있다. 상인조직을 통한 유통은 도매시장을 경유하는 경로와 산지와 소매상이 직접 연결되는 산지 직거래로 구분된다. 쌀의 산지 유통경로〈그림 2.3〉은 생산자단체에 의한 유통물량이 전체 유통물량 가운데 차지하는 비중이 59%로 차지하는 비중이 가장 크며, 나머지 물량은 도정업자 20%, 정부수매 11%, 직거래 10% 순으로 유통되고 있다.

산지를 중심으로 한 쌀 유통경로는 크게 생산자단체, 도정업자, 직거래 3가지 형태로 나타난다. 국내 쌀의 유통은 크게 생산자, 생산자단체, 도매상, 소매상,

✣그림 2.3 | 양곡 유통구조

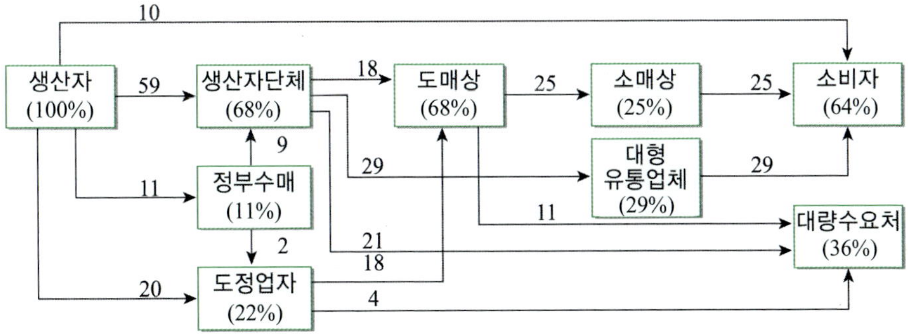

주 : 조사지역은 김제→서울, 당진→서울, 평택→서울, 김해→부산, 상주→부산 임

출처: 농산물유통공사

소비자에 이르는 전통적인 유통경로에서 생산자, 소비자의 직거래에 이르기까지 대략 2~5단계의 유통경로로 구성되고 있다.

농협, 농업회사법인, 영농조합법인 등 생산자단체의 68% 물량은 도매상 (18%), 대형유통업체(29%), 대량수요처(21%)로 분배되고, 도정업체의 22% 물량은 도매상 (18%), 대량수요처(4%)로 분배되며 나머지 10% 물량은 소비자 직거래로 이어진다.

(2) 축산물 유통

축산물은 보통 3~7단계의 유통과정을 거치는데 도축장은 반드시 거쳐야 하는 유통 구조이다. 다른 농수산물에 비해 전문 유통업체가 필요하고 유통경로가 다양하게 나타난다. 소, 돼지의 주요 유통과정은 사육(생체운반) → 도축(지육 또는 부분육 운송) → 식육포장처리(지육 또는 부분육 운송) → 판매장·음식점 등 보통 3~4단계를 거치지만 많은 경우 6~7단계까지 늘어나는 경우도 있다. 농산물과 달리 도축 가공 단계가 반드시 필요해 기본적으로 유통단계가 많을 수밖에 없는 구조다. 특히 축산물은 생축에서 지육, 그리고 정육 등 상품화 과정에서 유통경로에 따라 가격변동이 다양하고 복잡하다.

① 생축 유통단계

첫째, 사육농가에서 사육된 소가 수집상을 거쳐 도축장으로 이어지는 경로

둘째, 사육농가가 인근 가축시장에 직접 출하한 소를 반출상들이 구입하여 도매시장(도축장)으로 보내는 경로

셋째, 사육농가가 소를 협동조합에 출하하면 협동조합은 이를 서울 가락동 축협공판장(도축장)으로 보내는 경로이다.

② 지육 유통단계

생축 유통경로를 거쳐 도축장으로 수송된 소는 일정한 계류기간을 거친 후 도축되고 도축된 소는 앞, 뒷다리를 중심으로 네 등분된 상태(지육상태)로 소매점인 정육점으로 보내지는 단계이다.

③ 정육 유통단계

지육상태의 쇠고기는 다시 소매점에서 뼈를 분리하고 각 부위별로 해체되어 정육상태로 소비자에게 판매되는 단계이다.

여기서 살아 있는 소의 판매나 구매가 이루어지는 시장을 가축시장, 소가 도축되어 지육상태로 판매되는 시장을 도매시장, 정육이 소비자에게 전달되는 정육점은 소매시장이 된다. 특히 소 및 쇠고기의 경우 도매시장의 기능이 대단위 도축장에 의해 수행되고 있다는 점이 큰 특징이다.

수입돼지고기는 수입판매업체(수입상)로부터 중소 도매상을 통해 소매점으로 유통되는 2~3단계 구조를 주로 나타내고 있다. 예외적으로 수입판매업체에서 직접 구입·판매하거나 직수입하는 경우도 있다. 납품비용 회수, 배송, 관리비용 등의 부담에 따라 수입판매업체에서 직접 판매하는 비중보다는 중소도매상을 통한 유통이 대부분을 차지하고 있으며, 수입판매업체는 수입과 공급에 집중되고 있다.

✣그림 2.4 | 축산물의 유통경로(쇠고기)

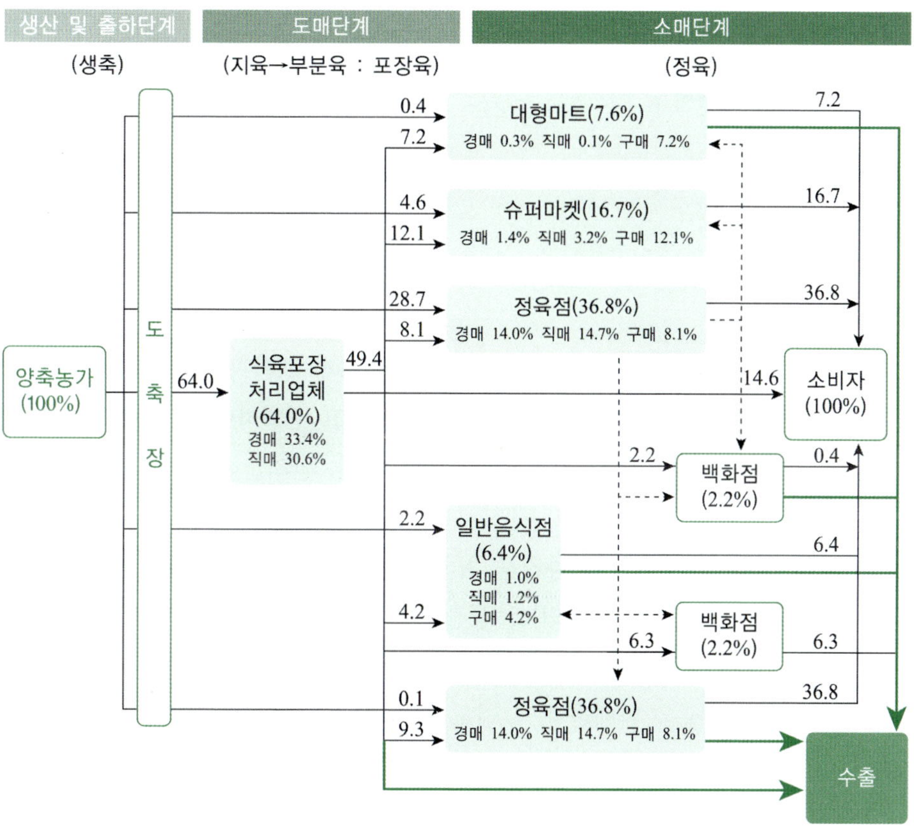

자료: 축산물품질평가원

✣ 그림 2.5 | 수입육 유통구조(돼지고기)

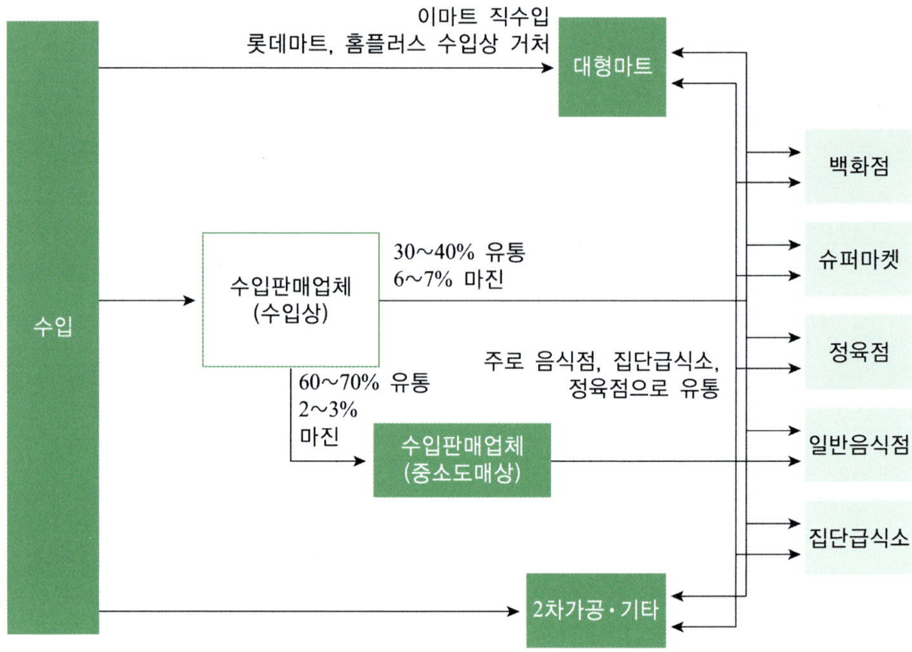

자료: 축산물품질평가원

(3) 농산물의 유통

농산물의 일반적인 유통 경로는 크게 생산자 → 도매자 → 소매자 → 소비자로 나타난다. 생산자는 농산물을 생산하고 선별하여 포장하고 개인이나 생산자 단체별로 도매시장에 농산물을 출하한다. 산지출하는 개별출하와 조합이나 생산자 연합조직을 만들고, 생산품에 대한 품질, 차별성을 바탕으로 고정적 출하처를 확보해 농가소득 증진을 위해 노력하고 있다. 출하자는 시장 내 도매시장법인에 판매를 의뢰하게 되고, 상장된 상품은 경매에 의해 중도매인에게 판매된다. 중도매인은 정산을 마치고 적정금액을 가산하여 대량 수요자나 소매상에게 낙찰받은 물품을 판매한다. 그리고 마침내 소매상이 소비자에게 상품을 판매하게 되는 것이다. 수많은 유통과정을 거치면서 특정 경제 주체의 과다 이윤 추구, 많고 복잡한 유통단계와 높은 물류비 등의 요인들은 생산자의 수취가격과 소비자 판매가격의 문제점을 만든다.

✢그림 2.6 | 농산물의 일반적인 유통경로

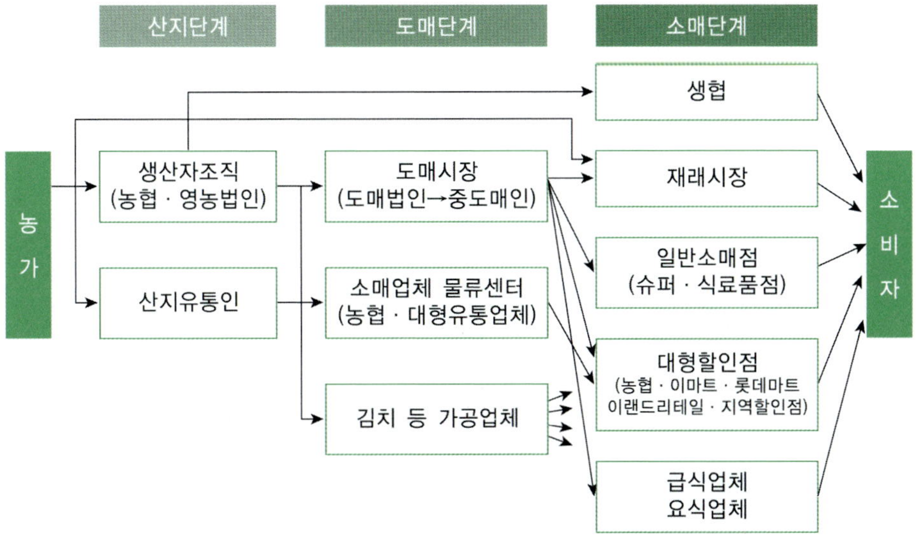

① 농산물 유통과정

- **생산**: 생산자는 정성으로 생산하고 선별, 포장한다.
- **반입**: 개인이나 생산자 단체별로 도매시장에 농수산물을 출하한다. 농산물은 주로 저녁 6~10시 사이에 수산물은 저녁 9시~다음날 새벽 3시 사이에 반입된다.
- **상장**: 출하자는 시장 내 도매시장 법인에 판매를 의뢰한다.
- **경매**: 상장된 상품은 경매에 의해 최고 가격을 제시한 중도매인에게 판매, 농산물은 밤 10시부터 수산물은 새벽 1시부터 활발히 경매가 진행된다. 최근에는 기존의 경매 흐름을 유지하면서 무선 응찰기로 응찰가격을 입력하는 전자경매 방법을 많이 이용한다〈그림 2.7〉.
- **정산**: 도매시장 법인은 중도매인에게 낙찰된 가격에서 상장 수수료를 공제하고 즉시 출하자에게 대금을 지급한다.
- **배송**: 중도매인은 적정 금액을 가산하여 대량 수요자나 소매상에게 낙찰 받은 물품을 판매한다.

✣그림 2.7 | 농산물의 전자 경매절차

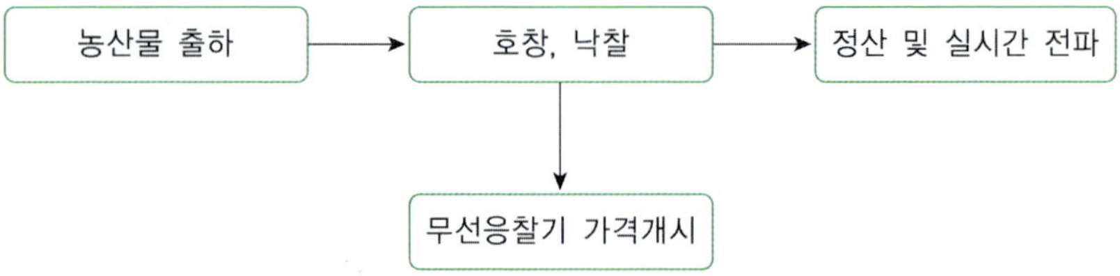

② 유통인

- **지정도매인**: 출하자가 위탁한 농수산물을 경매에 의해 중도매인 또는 매매참가인에게 판매한 후 소정의 위탁 수수료를 받는다.
- **중도매인**: 경매에 참가하여 도매시장에 상장된 농수산물을 매수하여 소매상인 등에 도매거래를 하며 중개영업을 할 수 있다.
- **매매참가인**: 대형 수퍼마켓 운영자나 농수산물 가공판매업자 등, 대량 실수요자로서 중도매인과 같이 경매에 참가하여 물품을 매수한다.
- **관련상품상인**: 도매시장을 이용하는 사람들에게 편의를 제공하기 위해 각종 농수산물 가공식품이나 절임류, 포장재 등을 판매하는 상인이다.
- **직판상인**: 중도매인으로부터 농수산물을 매입하여 소비자에게 직접 판매하는 직판시장의 상인이다.

✣그림 2.8 | 유통인 중심의 유통체계도

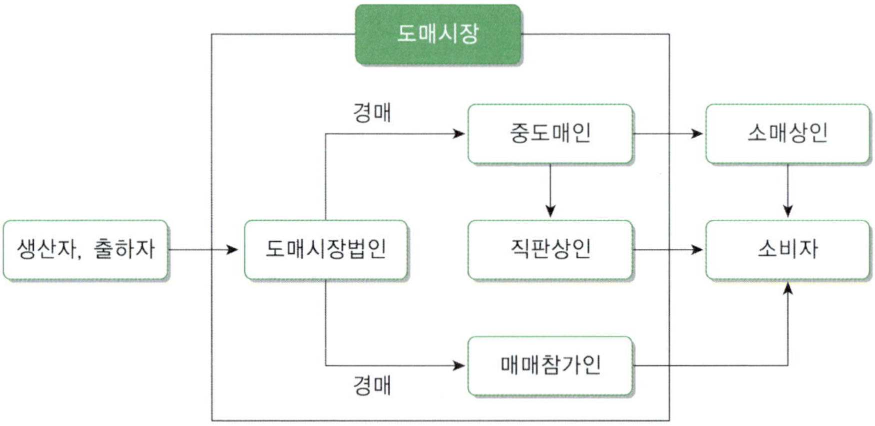

(4) 수입 농산물 유통

수입 농산물유통의 수입업사는 방대한 소식과 정보망을 갖춘 그룹 계열 종합상사 및 대형유통업체, 단일 또는 동종품목을 집중적으로 수입하는 대·중규모의 전문 수입업체, 소규모 업체들의 수입업무를 대행해 주는 수입전문 오퍼상, 국영무역형태로 정부대행업체와 품목별 실수요자들로 구성된 중·소업체 등으로 나눌 수 있다.

수입한 농산물은 서류검사, 관능검사, 이화학 검사 등을 거치게 되는데 쇠고기 등의 육류와 쌀, 옥수수 등의 곡류는 농림수산식품부 산하의 검역소에서 그 밖의 수입품목은 식품의약품안전청, 시·도의 보건환경연구소에서 검사업무를 담당하고 있다.

(5) 수산물 유통

수산물 유통은 수산업협동조합이라는 공동조직을 조직함으로써 산지 위판장을 통해 판매에 있어 적정가격을 형성하고 영세한 개개 생산자의 의사표시를 통제할 수 있고 통일된 의사에 의거하여 거래될 수 있어 생산자인 어업인의 입장이 매우 강화되며, 협동조합이라는 조직력을 활용하여 생산자는 수산물의 판매에 소요되는 시간과 경비를 절약할 수 있다.

수산물 구매자가 적절한 종류와 수량의 수산물 구매를 요청하면 광범위한 집하기능이 필요하고 생산자에 대한 계속적이고 안정적인 출하를 촉진시켜 안정된 가격으로 거래를 주선할 수 있으며, 매매쌍방이 납득할 만한 적정가격을 형성하고 능률적인 집하와 분산을 통해 거래를 활성화하게 된다.

연근해산 수산물<그림 2.9>의 약 87%는 수협 산지위판장을 경유하는 계통출하를 통해 지역 전통시장, 소비지 도매시장, 대형유통업체, 저장 가공 식자재업체 등 대량수요처로 유통되며, 나머지 13% 정도는 장외도매상(벤더, 중간유통업자 등)을 통해 유통되고 있다. 산지 위판을 거친 연근해산 수산물이 가장 많이 유통되는 곳은 전국의 전통시장과 장외도매시장, 지역 내 소비로 전체 연근해산 수산물의 약 35~40%가 유통되는 것으로 추정된다. 2018년 도매시장 통계연보를 통해 소비지 도매시장의 수산물 거래실적(수입제외)을 살펴보면, 제도권 시장인 소비지 도매시장으로 출하되는 비중은 약 18% 수준에 불과하다. 최근 대형소매업체가 산

✣ 그림 2.9 | 연근해산 수산물 유통경로

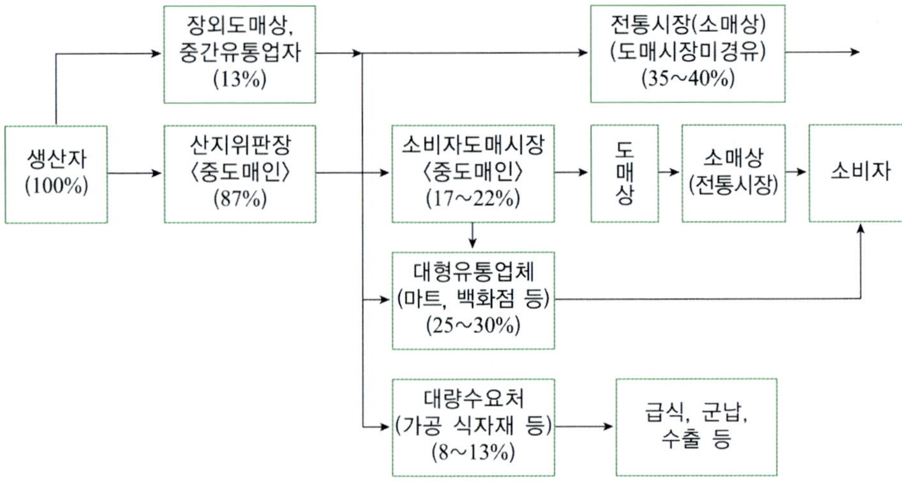

출처: 해양수산부

지에서 취급규모가 큰 중도매인에게 직접 수산물을 매입하는 비중이 점차 늘고 있는데, 대형마트, 백화점, SSM 등 대형유통업체를 통한 유통 비중은 25~30% 수준이다.

원양(수입) 수산물〈그림 2.10〉은 대부분 냉동상태로 유통되며, 원양운반선이 국내 입항하기전 원양선사와 양륙지의 1차 도매업자간 경쟁입찰 또는 수의계약 형식으로 도매거래가 이루어지거나, 부산국제수산물도매시장에서 경매를 거친다.

원양산 수산물은 하역 이후 냉동창고에 입고되어, 바로 소비지 도매시장, 대형소매업체로 유통되거나, 필요에 따라서는 2차 도매업자를 거쳐 소비지로 출하된다. 원양산(수입산) 수산물은 원양선사 및 수입업자를 통해 국내로 반입된 이후 1차 도매업자를 통해 유통되는 물량이 거의 대부분을 차지하고 있다. 1차 도매업자가 2차 도매업자를 통해 판매하는 물량이 전체의 약 30~35% 가까이 되며, 저장 가공업체로 유통되는 물량이 40~45% 정도로 비중이 매우 크다.

1차 도매업자가 대형유통업체로 공급하는 물량은 전체 유통량의 15~20% 수준이다〈그림 2.10〉.

✣ 그림 2.10 | 원양(수입)산수산물 유통경로

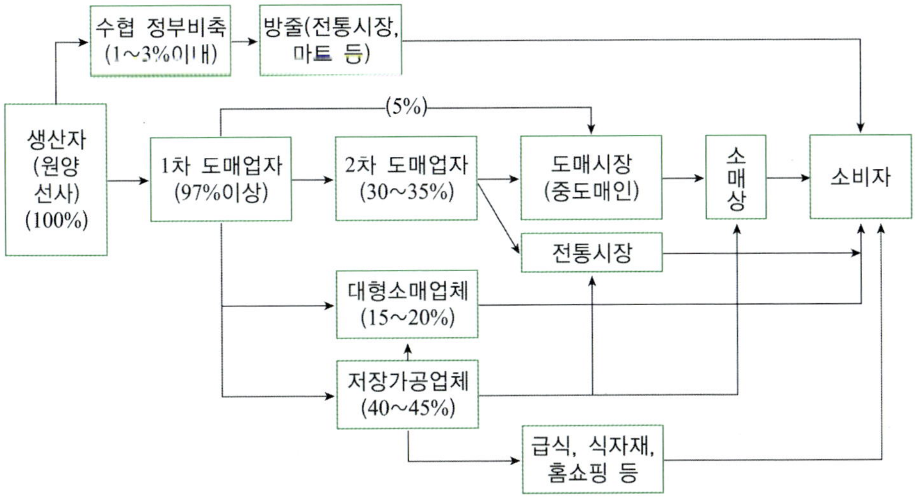

출처: 해양수산부

(6) 농 · 축 · 수산물 유통의 문제점 및 활성화 방안

농축수산물은 공산품과는 다르게 유통에 많은 어려움이 따른다. 그래서 식품의 특성을 고려하여 신선도를 유지하는 농축수산물 유통방법을 모색해야 한다.

그 중 그림 <그림 2.11>과 <그림 2.12>에 농축산물 유통의 문제점과 활성화 방안과 일반적 농산물 유통단계 문제점과 개선방법이 나타나 있다.

✣ 그림 2.11 | 농축산물 유통의 문제점과 활성화 방안

문제점	➡	활성화 방안
복잡한 유통구조		공영도매시장의 효율적 운영
높은 유통마진율		유통개선 관련 재정 지원
생산자 단체활동 미약		상품의 표준화, 규격화 유도
제도권 시장의 미발달		물류 등 유통시설 적극 설치
수급조절 기능의 정부정책 미흡		유통정보 시스템 구축
유통기관의 활동 미약		산지 직거래 강화

✣그림 2.12 | 일반적 농산물 유통단계 문제점과 개선방법

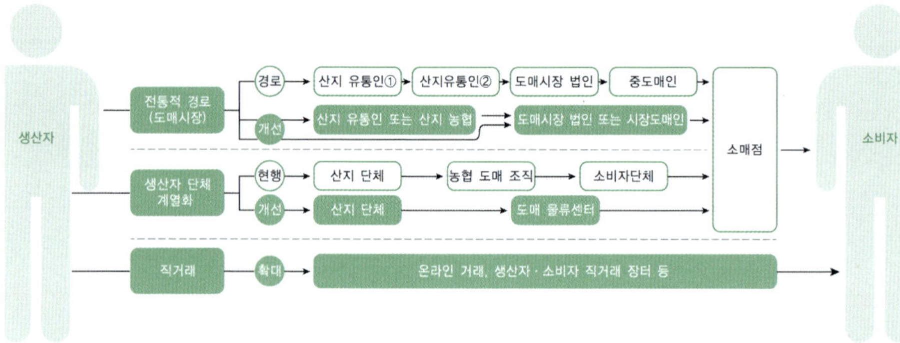

출처: 농림축산식품부

4 식품의 유통제도

사회 경제제도의 하나인 유통조직은 각 나라의 정치, 사회적 상황, 경제발전 정도, 유통환경의 여건과 유통관련기관의 유기적 연계성 등에 따라 결정되며 다음과 같이 4가지 유형으로 분류된다.

(1) 정부주도형

정부주도형은 직·간접으로 정부가 유통에 개입하여 유통조직에 강력한 영향력을 행사하는 형태이다. 정부는 시장시설 투자에서 유통조직이나 활동에 이르기까지 직접 개입하며, 도매시장 역시 정부의 직접 투자로 설치되고 그 관리 역시 정부 관할조직에 의해 행해진다.

정부주도형 유통제도의 장점은 공익성이 강하고 투자규모는 큰 반면 재무투자 수익률이 낮아 민간부문이 투자하기 어려운 유통시설 및 하부구조를 활성화하고, 유통정보, 규격, 포장화, 교육훈련 등의 시장조성 기능을 강화한다는 점을 들 수 있다.

단점으로는 유통산업의 경쟁력을 약화시키므로 장기적인 안목에서 볼 때 자원의 효율적인 배분을 저해할 우려가 있으며, 정부의 지나친 유통활동에 대한 개입으로 부분적으로는 공급과잉이나 수요부족 현상을 초래하여 수급에 차질을 빚을 수 있다는 점이다. 우리나라를 비롯한 동남아시아 국가, 대만과 일본이 정부주도형 유통제도로 운영되고 있다.

(2) 마케팅보드형

마케팅보드형은 호주, 뉴질랜드, 캐나다 등 주로 영연방국가에서 행해지는 유통제도이다.

농산물의 수급균형을 유지하고, 가격을 안정시키며 유통경로의 공동개척의 목적을 가지는 마케팅보드는 품목별로 관리·운영하는 형태이다. 마케팅보드의 주요 기능은 각종 자료를 근거로 하여 대상 품목의 생산량을 계획하고 개별 농가의 생산 및 출하정도를 결정한 후, 생산 후 물량을 수매할 때 등급, 운송, 가공, 저장 등을 지도 감독하고, 수매품을 규격화하여 판매하며, 대금을 생산자에게 계산해 준다. 또한 농산물을 해외수출, 잉여분의 타목적 전용, 광고선전, 생산능률향상과 품질향상을 위한 연구지도 등의 업무를 수행하는 것이다.

(3) 민간주도형

민간주도형 유통제도는 생산자, 상인, 소비자가 시장원리에 의해 농수산물을 유통시키고, 정부에서는 경쟁가격 유지, 독점가격 방지, 유통인에 대한 각종 서비스 제공, 소비자 보호 등에 관한 규제를 법률로 실시하고 직접 유통에 참여하지 않는 유통제도이다.

이러한 유통형태는 민간기업의 활동을 최대한 보장하고 정부나 단체의 개입을 최소화하여 자유경쟁에 의한 효율의 극대화를 가지는 것이 목적이다. 또한 민간주도형 유통구조가 활성화되기 위해서는 경제규모가 크고 시장이 광범위하며, 생산에 있어서도 완전경쟁을 추구할 만큼 충분한 요소를 갖추어야 한다. 또한 교통·통신 수단 등의 유통산업의 간접자본이 충분히 발달되고, 유통정보의 수급이 원활하고 등급화, 표준화가 잘 이루어져 보급되어야만 한다. 민간주도형 유통제도를 운영하고 있는 나라는 미국이 대표적이다.

(4) 혼합형

앞에서 설명한 정부주도형, 마케팅보드형 및 민간주도형 유통제도가 부분적, 혹은 전체적으로 혼합된 형태로 서부 유럽의 여러 나라가 이 혼합형 유통제도로 운영되고 있다. 이들 국가에서는 정부가 유통시설을 사회간접자본으로 인식하고 적극 지원하고 있으며, 공동시장의 형성, 외국 무역량의 증대 등으로 개별 기업의 자유경쟁이 최대로 보장되고 있다.

5 구매시장조사

식품의 구매에 앞서 각 식품의 품목, 품질, 수량과 가격 등 구매시장의 실태를 파악하여 적절한 구매방법을 찾아내어 비용절감과 이익증대를 추구하는 것이 구매시장조사이다. 이러한 구매시장 조사는 원가 계산의 기본이 되는 구매예정 가격 결정과 합리적인 구매계획수립의 목적이 있다.

(1) 식품구매시장조사

1) 시장조사의 의의

급식소나 업소에 위생적이고 합리적인 영양식을 제공할 수 있도록 가능한 신선하고 양질의 안전한 식품을 적정한 가격에 구입하는 것이 무엇보다 중요한 일이다. 시장가격은 일정시간에 시장에서 실제로 상품이 거래되는 가격을 말하며 이 가격의 결정은 상품의 수요나 공급의 관계에 의존하게 된다. 따라서 해당 식품의 시장출하 상황으로 물가동향을 자세하게 조사하여야 한다.

2) 시장조사의 목적

① 식품재료비 예산산출

현재 유통되고 있는 식품의 단가를 파악하여 식품재료비 산출시 기초 자료로 활용하여 식단의 질을 높이거나 유지하는 데 중요하다.

② 합리적인 식단작성

계절식품을 잘 파악할 수 있고 이를 활용하여 좀더 합리적이고 경제적인 식단을 작성하는 데 필요하다

③ 경제적인 식품구매

시장의 변동상황을 정확히 조사, 분석하여 동일 품목이라도 포장법, 생산지와 신선도에 따른 가격차이 등에서 식품감별 안목을 향상시켜 검수시 활용하도록 한다.

3) 시장조사 방법

① 구매담당자는 식단에 따라 시장조사 대상품목을 발췌하여 도매와 소매가격을 조사하되 상품(上品)을 기준으로 한다.

✣표 2.1 | 품목별 가격 산정방법

구분	가격 산정방법	비고
농산물	가락, 구리시장에서 조사된 가격은 최빈가를 우선 적용 단, 최빈가가 없을 경우 중앙값 또는 평균값을 적용 ※ 지방자치단체를 당사자로 하는 계약에 관한 법률시행규칙 제8조에 의거 일반관리비 적용비는 학교별로 탄력저 적용	
수산물 축산물	시장이나 마트에서 판매되는 수산물과 축산물은 학교급식에서 사용하는 식재료 사양 적용의 문제로 일반 시장조사에는 어려움이 있어, 식재료 납품업체 가격 중 중앙값 또는 평균값을 적용	
공산품	하나로마트, 온라인 조사(구리시장, 농협하나로클럽), 식재료 납품업체의 가격 중 중앙값 또는 평균값을 적용	

자료: 서울 교육청

✢그림 2.13 | 학교급식에서의 시장조사자료관리

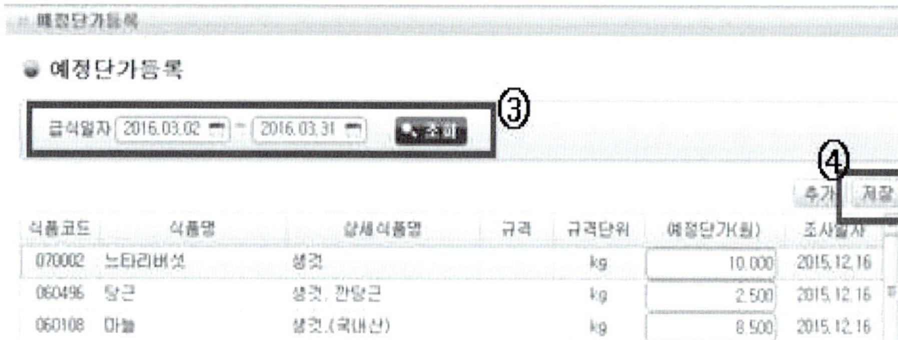

출처: 송탄제일고 학교급식전자조달시스템

② 계절별 물품수급 동향을 파악하여 합리적인 식단작성에 반영할 수 있도록 여러 시장과 다양한 물가정보를 효과적으로 이용, 물품을 구매하는 데 차질이 없도록 한다.

4) 시장조사서 작성요령

① 매월 혹은 매주 1회 이상의 시장조사를 실시하는 것을 원칙으로 하여 식단에 포함된 식품을 위주로 조사한다. 이때, 도매가와 소매가를 병행해서 실시한다.

② 조사된 식품의 단위를 kg으로 환산하여 현재 시중단가를 기재한다.

③ 시장조사 시점의 전, 후에 포함된 납품가격을 공급받고 있는 단가와 함께 기재하여 가격비교를 할 수 있도록 한다. 공산품의 경우 단위가격을 기재하며 비고란에 업체명을 표시, 현재 공급받고 있는 제품과 비교·구별할 수 있도록 한다.

✢그림 2.14 | 시장조사서의 예

급식물품 시장조사서

1. 조 사 일:　　년　　월　　일
2. 조사장소 :
3. 조 사 자 :

◆ 급식기간:　　년　　월　　일 ~　　년　　월　　일

(단위: 원)

번호	품명	물품설명	규격	단위	사용 수량	조사 가격	총합계
1							
2							
3							
4							
5							
6							
합　　계							

✢그림 2.15 | 시장조사 결과

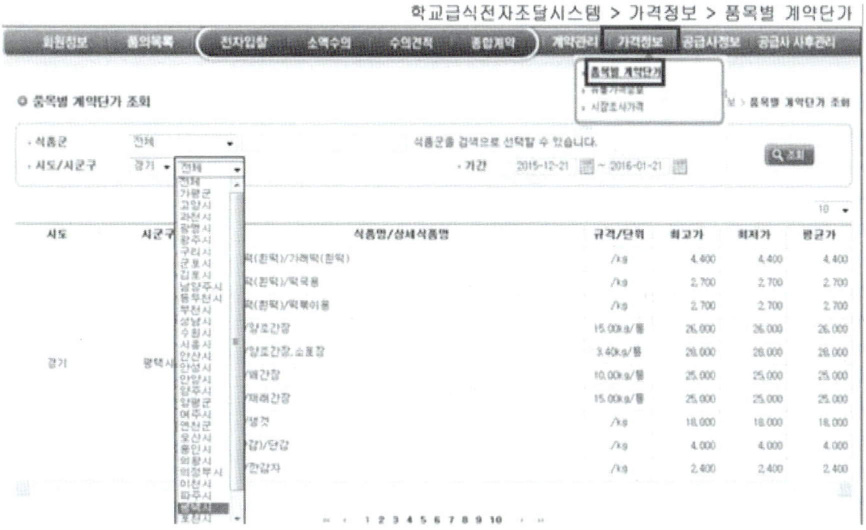

출처: 송탄제일고 학교급식전자조달시스템

(2) 가격결정

물품의 가격은 합리적으로 정해야 하지만 통상적으로 구매측은 조금이라도 싸게 사려고 하며 판매측은 조금이라도 비싸게 팔려고 한다. 그러므로 적정한 표준을 설정하여 풍부한 자료를 갖추어 놓고 되도록 과학적으로 타당한 가격결정이 되도록 노력해야 한다. 구매담당자는 현재의 가격보다도 최종 비용이 적절한 것을 목적으로 해야 한다는 것이다. 가격만을 중요하게 고려하여 부당하게 값을 내리면 공급사정이 나빠질 경우 거래업자가 납품을 하지 않는 경우도 생기게 된다. 따라서 구매담당자는 품질, 수량, 납기와 가격 등 4가지 요소를 동시에 고려해야 하기 때문에 가격이란 구매를 위한 주문조건의 하나임을 인식하고 단순한 가격구매자가 되지 않도록 주의한다. 그러므로 구매담당자는 상품의 가격을 정확하게 파악하기 위해서 가격형성을 지배하는 경제법칙이나 가격형성에 영향을 미치는 요인 등 가격에 대한 전반적인 사항에 대해서 잘 알고 있어야만 한다.

1) 가격결정에 영향을 미치는 요인

① 상품의 원가 및 성질

상품의 가격결정에 있어 가장 기본적인 요인은 바로 상품의 원가이다. 상품의 원가란 해당 상품의 생산에 투입되는 재료비, 인건비, 경비를 총괄적으로 지칭하는 것으로 이들의 합계액이 바로 그 제품의 제조원가가 되는 것이다. 한편 다른 상품의 성능, 품질과 속성 등도 가격결정에 많은 영향을 미친다.

② 시장의 특수성

시장의 규모, 지리적 위치, 구매빈도나 구매관습 등의 시장 특수성은 가격 결정에 많은 영향을 미친다. 특히 구매빈도는 생산업자의 이윤과 직결되고 있기 때문에 가격결정에 직접적인 영향을 미치는 요인이 된다.

③ 시장수요의 탄력성

수요의 탄력성은 소득탄력성과 가격탄력성의 두 가지로 구분되는데, 소득탄력성은 수요변화율/소득변화율로, 가격탄력성은 수요변화율/가격변화율로 각각 표시된다. 어떤 상품의 수요탄력성이 작을 경우에는 높은 가격으로 결정되며, 반대로 수요탄력성이 큰 경우 그 상품가격은 낮게 결정된다. 이와 같이 시장의 수요탄력성은 가격결정에 있어서 직접적인 영향을 끼친다.

④ 경쟁업제의 가격

특정 기업의 가격정책은 종종 타기업의 가격결정에 중대한 영향을 미친다. 이것은 물품을 확보하는데 있어 경쟁에 유리한 고지를 점령하려는데서 연유되기 때문이다.

⑤ 유통과정의 마진

유통과정의 단계수나 이윤의 폭은 판매가격의 결정에 직접적인 영향을 가진다. 즉 유통과정 중 도매상이나 소매상 등 중간과정이 많은 경우나 각 단계별의 이윤폭이 클 때는 판매가격이 자연히 높게 결정된다. 그러므로 유통과정을 단축시킬 수 있는 방안을 찾는 것이 무엇보다 중요하다.

⑥ 마케팅 전략

특정 기업의 마케팅 전략이 판매가격 결정에 직접적인 영향을 주고 있다. 즉, 판매촉진을 위한 홍보활동이 큰 경우에는 판매가격이 높게 결정된다.

⑦ 심리적 요인

특정 상품이 장래에도 수요가 계속 진행될 것이라는 심리적인 신뢰가 생기게 되면, 그 상품의 가격은 일반적으로 높게 결정된다. 이와 같이 가격결정에 영향을 미치는 심리적 요인이라 하는 것은 특정 상품의 장래 수급관계에 대한 신뢰의 심리적 문제이다. 또 하나의 심리적 요인으로는 구매자들의 가격인하 성향을 들 수 있다. 즉, 구매자들은 속성적으로 가격을 할인하려는 경향이 있기 때문에 이러한 속성의 강약에 따라 가격은 영향을 받게 된다. 다른 한편으로는 구매담당자와 판매자와의 관계가 친숙해지게 되면 가격은 보통 높게 결정되는 경향이 있다.

2) 가격의 기능

① 가치척도로서의 가격

대부분의 경우 가격은 물품 가치의 유일한 척도로 이용되고 있다. 그러나 품질과 가격 사이에는 아무런 연관이 없을 때가 종종 있다. 그러므로 소비자들은 가격에 지나친 관심을 두는 것보다 구입할 상품의 가격결정요소를 염두에 두고 상품을 구입해야 한다.

② 수요·공급 조절기능으로서의 가격

경쟁시장에 있어 어느 한 상품의 수요가 공급을 앞지르게 되면 해당 상품의 가격이 상승하게 된다. 그러나 반대의 경우에는 상품의 가격은 내려가 상품의 생산이 제한되거나 정지되어 수요와 공급을 조절하게 된다.

③ 생산 및 유통 원가의 조정기능으로서의 가격

제품이나 서비스를 개량하는 것은 항상 많거나 양질의 자재나 부가물 또는 숙련된 체계를 요구하는 것이다. 이러한 요소들은 각각 생산원가를 증가시키게 되고 그만큼의 가격상승이 초래된다. 그러나 생산원리의 반영인 가격이 비싸다고 반드시 높은 품질로 판단하는 것은 그릇된 것이며, 보다 나은 자재나 기술의 도입으로 개량된 제품가격의 상승분만큼 항상 소비자의 만족을 수반하지 않는다는 것도 주의를 기울여야 한다.

④ 상품화 정책의 반영으로서의 가격

생산원가나 판매비로 나타나는 가격과 실제로 소비자에게 전달되는 가격 사이에는 상당한 차이가 있는 경우가 많다. 이는 특정 업체가 시장을 독점하고 있을 때 가격 외 폭등으로 나타나고, 소비자는 비싼 것을 인식하고도 필요에 의해 사게 된다. 독점이 아닌 통제가격 정책에서도 실제 제조원가와는 달리 소비자에게 불리하게 가격이 정해지는 경우도 있다. 예를 들어 싼 가격에 시장에 내놓았더니 잘 팔리지 않아서 가격을 올렸더니 잘 팔렸다는 경우로 이는 주로 전문품에 속하는 물품이 많다. 그러므로 이런 종류의 가격정책은 주로 소비자의 의식에 의해 정해지게 된다.

3) 가격결정의 원리

① 원가기준 가격결정법

원가기준 가격결정법은 가장 널리 이용되는 가격결정방식으로 원가계산의 방법에 의해서 재료비, 노무비와 경비 등으로부터 총 원가를 구하고 여기에 이익을 계산해서 가격을 결정하는 방법이다. 공급자의 일방적인 사정에 의해 결정되나 동일한 제품을 계속 생산하는 경우에 이 방법은 편리하다.

② 수급기준 가격결정법

수요공급의 경제원칙에 따라 시장이 특정 제품에 대해 지불하고자 하는 가격을 기준으로 하여 가격을 결정하는 방법으로, 수급기준 가격결정법이 특히 소비재의 가격결정에 많이 이용된다. 생산자만을 생각하지 않고 구매자의 입장도 고려하므로 가격에 융통성이 있다.

③ 경쟁기준 가격결정법

가. 모방 가격결정법

- 식료품이나 원자재 등에서 유사한 제품에 대해 심한 경쟁을 벌이며 판매되는 경우: 기업이 가격결정력을 가지지 못하므로 시장에서의 수급작용에 의해 가격이 결정되는 경향이다.
- 몇 개의 대기업이 업계를 지배하고 있는 과점의 경우: 형태, 품질, 기능면으로 제품의 차별화를 시도하여 소비자들에게 가격의 민감성을 둔화시켜 경쟁자들의 가격을 기준으로 가격을 설정하게 된다.
- 원가측정이 곤란한 경우: 기업의 독자적 가격결정에 대해 경쟁자나 구매자 반응파악이 어렵다고 생각되어 경쟁자의 가격을 모방하여 가격을 결정하게 된다.
- 업계의 가격이 수요·원가변화 등에 대한 것과 결합되어 비교적 적절한 가격이라 인정되는 경우이다.

나. 입찰 가격결정법

경쟁입찰에 의해 납품하거나 구매할 때 결정되는 가격결정법이다. 자세한 내용은 다음 장에서 알아보기로 한다.

The News!

軍 급식유통센터 개장

강원지역 최전방 부대 장병들에게 신선한 식재료를 보다 효율적으로 보급할 수 있게 됐다.

센터는 연면적 2498㎡ 규모로 대형 냉장과 냉동 창고, 소규모 분류와 포장실, 부식 검수와 검사실을 비롯해 차량 18대가 동시에 작업이 가능한 출하 대기장 등으로 구성됐다. 특히 최첨단 시설과 함께 진동 지게차와 습식 바닥청소차 등 현대화된 장비도 구비돼 있다.

이번 센터 개장으로 도내 장병들에게 필요한 모든 식재료들이 저온유지 상태로 수납과 검사, 분류, 포장, 적재와 배송이 한 장소에서 이뤄지게 됐다. 이번 센터 건립으로 냉장 센터에서 저온 유지 상태로 보관해 있다가 장거리 부대로까지 전달할 수 있게 된 만큼 위생적 공급이 가능해졌다. 현재 식재료에 대한 모든 검사는 수의장교 등 군 전문 인력이 담당하고 있다. 이와 함께 부대는 소규모 분류와 포장을 민간 업체를 통해 추진하며 장거리 부대에 대한 보급도 민간 위탁배송을 맡겨 지역경제에도 기여할 것으로 전망하고 있다.

출처: News 1 2020 - 02 - 11

3장

식품구매계약과 구매방법

1. 구매계약
2. 구매법률
3. 계약의 유형
4. 구매방법의 종류

03 식품구매계약과 구매방법

1 구매계약

(1) 계약이란?

계약은 일정한 법률적 효과의 발생을 목적으로 두 사람 이상이 계약당사자가 제시한 의사 표시의 합의를 가져 이루어지는 법률 행위이다. 또한 협의로는 채권의 발생을 목적으로 하는 것으로 서로 대립되어 있는 2개 이상의 의사가 청약과 승낙으로 합치하는 것을 일컫는다.

이러한 계약의 정의를 기술하면 아래와 같다.

첫째, 법률행위이다.
둘째, 상호 대립하는 2개 이상의 의사표시가 존재해야 한다.
셋째, 복수의 의사표시가 합치하여야 한다.
넷째, 의사표시는 서로 다른 의의를 가지고 있어야 한다.
다섯째, 특정인 간에 채권·채무의 문제를 발생시키는 것을 목적으로 한다.

(2) 계약의 성립

계약은 법률행위이므로 구매할 물자에 대한 청약행위와 이러한 청약행위에 대한 상대방의 승낙으로 성립된다. 즉, 두 개의 의사표시인 청약과 승낙이 합치하여야 성립하게 된다. 청약이란 어떠한 특정 내용의 계약을 성립시키기 위하여 상대방에게 요청하는 의사표시 행위이며, 승낙이란 청약자가 제시한 계약내용에 합의를 표명하여 계약을 성립시키고자 하는 의사표시를 말한다. 승낙은 청약자에 대하여 하여야 하며, 그 내용은 청약의 내용과 일치하여야 한다. 따라서 청약에 조건을 붙이거나 변경을 가하여 승낙을 하면 이것은 승낙이 아니고 청약의 거절인 동시에 새로운 청약을 한 것으로 보게 된다. 청약과 승낙이 합치되면 합의가 이루어지는데 구매계약이 성립하기 위해서는 합의 이외의 합법성을 갖추어야 한다.

(3) 계약의 효과

구매계약의 법적 효력은 입찰이라는 청약행위가 낙찰에 의하여 승낙되어 그 승낙된 사실을 낙찰자에게 통보하여 낙찰자가 이를 접수한 순간부터 발생한다. 또한 이와 같은 효력은 해제나 해지, 계약의 종료로 소멸된다.

(4) 계약의 소멸

1) 해제

계약의 해제는 계약체결로 인하여 발생하는 법률효과를 소급하여 무효로 하는 것을 말하며, 상대방의 동의를 필요로 하지 않고 해제권을 가지고 있는 자의 일방적인 의사표시로 이루어진다. 즉 해제는 계약의 효력을 소급하여 소멸시키는 작용을 하므로 해제를 할 때에는 당사자간의 계약이 체결되지 않았던 상태로 되돌아가는 것이다.

2) 해지

계약의 해지는 계약의 효력이 소멸하다는 것은 해제와 같으나, 미래에 대한 법률효과를 무효로 하는 것을 말한다. 즉, 계약체결 당시로 소급되지 않고 장래에 대해서만 효력이 소멸되는 것이다. 이러한 해지의 경우에도 역시 손해배상을 청구할 수 있다.

(5) 식품의 계약기간

각 단체급식소나 업소에서 사용하는 일반적인 식품의 계약기간은 보관할 수 있는 창고의 크기와 수량, 사용되는 기간, 지불시기 등을 고려하여 설정한다. 식품의 계약기간은 대체로 주간계약, 월간계약과 3개월 단위의 분기 계약으로 구분할 수 있다. 식품의 신선도 등을 고려하여 적절한 계약방법을 채택해야 한다.

- 주간계약 식품
  채소류, 육류, 과실류, 난류, 어패류, 반가공제품
- 월간계약 식품
  설탕, 식용유, 밀가루와 단무지, 오이지 등의 침채류
- 4분기(3개월 단위) 계약 식품
  가격 변경이 적은 식품류인 조미료, 고춧가루, 깨 등

2 구매법률

모든 구매행위는 시작과 동시에 법률을 통해 규제받을 수 있다. 구매자가 이러한 실정을 모르고 무책임한 일을 했다가는 회사가 곤란한 입장이 될 수도 있고 법정에서 비싼 대가를 치르고 결말을 낼 수도 있다는 것을 명심해야 한다.

구매자는 그들이 구매를 함에 있어 법적으로 유효한 약속이거나 특정한 절차를 밟거나 할 때 이를 자세히 알고 행해야 한다는 것이다.

다음에 열거하는 것들은 구매에 있어서 법률적으로 중요한 것을 요약한 것이지만 어떤 특정한 거래를 시작할 때에는 이보다 더욱 상세한 정보를 가지고 있어야 한다.

(1) 계약 관련 법률

계약은 제의, 수락 그리고 고려하는 시간이 따르게 되는 것으로 급식업체나 음식 서비스 사업은 경우에 따라 상품과 용역에 대한 계약이 따르게 된다.

예를 들면, 한 식품 사업체가 입찰을 위한 광고를 내면 응찰과 낙찰을 받고, 판매자는 보증금을 걸고 계약을 작성한다.

어떤 구매주문이 일정한 기간 내에 도착을 요구하면, 이것은 주문을 한 것으로 간주한다. 판매자가 주문을 받았다 하더라도 그 판매자가 물품의 인도를 약속하지 않은 이상은 계약이라고 할 수 없다. 만약 주문받은 것 중의 일부분만 보냈다 하더라도 판매자는 그 나머지 부분을 보낼 것으로 계약한 것과 같다.

당초의 계약에 대해서는 양쪽의 동의 없이는 어떤 변경도 계약을 위반하는 일이 된다. 만약 대안이 있어서 이를 승낙하면 그 계약은 성립된다.

본래의 계약에 대해서 서면 또는 구두에 의한 추가 또는 변경은 그 본래의 계약에 대한 목적에 합당하면 그 계약의 부수 조항으로 인정된다. 그러나 만약 한 당사자만 주장한다면 그것은 계약이라 볼 수 없다. 반드시 양쪽(구매자, 공급자) 모두가 합의하여야 한다.

구매자는 어느 정도의 대금을 지불할 것인가에 동의하는 반면, 판매자는 상품이나 또는 용역을 어느 기간에 어떤 조건으로 제공할 것인가를 동의하게 된다.

계약의 불이행은 곧 계약을 파기한 것으로 간주되어 벌을 받게 된다. 계약을 맺었다 하더라도 명확한 조건이 빠져 있을 때에는 적정한 통고에 의해 양쪽 중 어느 쪽에서도 취소할 수가 있다. 조건이 애매하거나 기타 다른 이유로 해서 계약 자체가 효력을 갖지 못하는 수가 있다.

한 가지 또는 그 이상의 문제점이 어느 한쪽에 의해 발생한다면, 그 계약은 양쪽의 충분한 합의가 이루어지지 않았으므로 효력을 가질 수 없게 된다. 정확한 금액을 사정할 수 없을 때에는 대략의 가격을 정하고 그 계약이 법적으로 유효할 수가 있다. 물론 양쪽 모두가 용납할 수 있는 범위 내일 때 말이다. 경우에 따라서는 물품의 양 또는 순도에 있어서 초과 또는 부족한 경우가 생길 수가 있다.

어떤 계약에 있어서 가격의 변동이 일어나게 되면 공급업자는 반드시 구매자에게 그 변동 사항을 통고하여야만 한다. 가격 또는 수량에 있어서 양쪽의 합의가 필요할 경우에는 그 물품의 일부분만 받기를 합의해도, 그 나머지 부분에 대한 가격과 수량에 대해서도 동의한 것으로 간주할 수가 있다.

어떤 특별한 조건, 행사 또는 사실의 변화가 예상되는 계약에 대해서는 신축조정에 관한 규정이 있어서 가격, 수량 또는 조건들에 대해서 변경을 인정하는 사례가 있다. 계약은 보통 특정한 기간을 명시하고 있지만, 계약조건에 구매자와 공급자 양쪽이 원할 경우에 그리고 합의할 경우에는 그 기간 이전이라도 조정할 수 있는 계약이 성립되기도 한다.

(2) 계약취소관련 법률

취소에 대한 조항은 어떤 조건이 발생했을 때, 유효하다고 규정하기도 한다. 구매자와 공급자 모두 취소에 의해 손해를 보지 않기 위해서는 이를 보호받을만한 조항들을 명확히 집어 넣어야 한다.

취소는 어느 한 당사자의 과실에 의해 일어날 수 있기 때문에 취소 조항에 대한 이해가 분명하지 않을 때에는 법적인 견해를 미리 받아내는 것이 좋다.

납품기일을 못 지키거나, 잘못된 상품·수량·품질의 상품을 납품하거나, 기타 계약과 다른 변경 사항도 계약 불이행이 될 수 있다. 이 행위에 대해 이의를 제기하지 않으면, 그 이후 이것을 주장할 수 없게 된다. 이러한 과실이 계속되더라도 이의를 제기하지 않으면 불이행을 주장할 수가 없다.

과실에 대한 서면 확인서를 받았다 하더라도 그것은 1회에 국한될 뿐 계속되는 과실에 대해서 책임을 지지 않는다. 천재지변에 의한 계약 불이행, 즉 화재, 지진, 또는 홍수에 의한 것들은 불가항력적인 것이어서 과실에 의한 계약 불이행이라고는 보지 않는다.

계약을 수행할 수 없을 때는 더 이상 계약을 수행할 수 없음을 통보해야 한다. 또한 손해를 보게 된 당사자는 그 손실에 대하여 소송을 제기할 수도 있다. 구매자는 의무조항에 명시한 발생된 경비상의 손해 그리고 앞으로 일어날 손해에 대해서도 보상을 청구할 수 있다. 만약 구매자측에서 취소를 하게 되면 그 역시 손해보상을 청구해서 손실을 보충할 수 있다.

취소에 대한 상호 동의는 반드시 문서로 이루어져야 한다. 계약조건 중 어느 한 부분에 대한 취소를 상호 동의하더라도, 그 계약의 나머지 부분에 대한 상호 합의된 확인이 빠질 때에는 그 계약 전체가 취소될 수가 있으므로 주의하여야 한다.

식품과 물품 계약할 때에는 납품기일을 명확히 해야 한다. 만약 동의한 기일을 어겼을 때에는 계약 불이행이 발생하게 된다. 계약 관련 법률에는 '기일 엄수'라는 조항이 있으며, 구매자는 그 기일을 지키지 못한 판매자측의 상품 또는 용역을 거절할 권리를 갖게 된다. 법령과 규정을 어기고 작성한 계약도 당연히 무효가 된다. 조건부 계약일 때에는 그 조건이 충족되지 않았을 때 구매자 공급자 양쪽이 똑같이 자유 재량권을 갖게 된다.

(3) 대행 관련 법률

구매활동에 있어서 구매자, 공급자와 기타 사람들은 각기 그들 상사를 대표하는 대리인이다.

공급자는 주문을 받고 가격을 합의하며, 공급날짜를 약속하며 다른 조항들을 말할 수 있을 것이다. 하지만, 그들이 구매주문을 받아서 회사에 돌아가 관계된 인사승인을 얻지 않은 한 법적으로 책임을 지는 것은 아니다.

구매자들도 또한 특별히 승인된 자가 아니고서는 그러한 행위에 대한 책임을 지는 것은 아니다. 물론 어느 정도까지는 회사가 위임한 권한을 행사하기는 하지만, 대체로 제한된 범위 내에서 계약을 할 수 있으며 어느 때는 제한된 금액 범위 안에서만 결정권을 행사할 수 있을 것이다. 그 이상의 행위에 대해서는 보다 더 확인된 책임자만이 행할 수 있을 뿐이다.

학교급식에서 활용되고 있는 물품공급계약서가 <그림 3.1>에 나타나 있다.

✣그림 3.1 | 물품 공급 계약서 예시

학교 급식 물품 공급 계약서

학교 급식 물품을 공급함에 있어 ○○중학교를 "갑"이라 칭하고 을(를) "을"이라 칭하여 학교 급식 물품 공급 계약을 다음과 같이 체결한다.

제1조 (공급물품종류 또는 명칭) :

제2조 (계약기간) 2020 . . . ~ 2020 . . .

제3조 (물품 공급)

1. 공급물품의 품질은 최고의 품질로 한다.
2. "을"은 "갑"이 정하는 시간 및 장소로 납품하여 학생급식에 지장을 초래하지 않도록 한다.
3. "을"은 "갑"에게 급식 물품을 공급함에 있어 제조(생산, 구입 포함) 운반 납품시까지 그 가격, 수량, 질, 신선도 포장용기의 상태 등이 적정하도록 유지하여야 하며 특히 위생적 관리를 철저히 하여야 한다.
4. "을"은 불량, 부정식품, 신선치 못한 식품, 유효기간 경과식품을 공급하여서는 아니되며 이에 따라 발생된 모든 사고에 대하여는 민·형사상의 모든 책임을 진다.

제4조 (공급가격)

1. "을"은 시장가격보다 저렴한 가격으로 물품을 납품하여야 하며 "갑"이 시장조사를 하여 가격 및 품질이 문제가 있어 이의 시정을 요구할 경우 즉시 시정하여 물품을 공급하여야 한다.
2. 정부가격 통제 시는 고시가격으로 한다.
3. 물가상승으로 당초 약정된 금액으로 공급이 어려울 경우 재조사하여 가격을 협의 결정하며 또한 물가가 하락하여 당초 약정된 금액이 시장가격보다 비쌀 때에는 시장가격보다 저렴한 가격으로 협의 결정한다.
4. "을"은 계약기간동안 공급물품의 월별 가격표를 "갑"에게 제출하여야 한다.

제5조 (검수)

1. "갑"이 지정하는 공무원이 공급물품을 검수하여 수량이 부족 또는 불량하다고 보아 보충 또는 반품(대체)을 요구할 경우 즉시 이에 응해야 한다.
2. "갑"이 필요할 경우는 언제든지 검사기관에 의뢰할 수 있으며, 이에 필요한 비용은 "을"이 부담한다.

제6조 (납품물품의 반품)

"을"은 "갑"이 요구하는 물품검사 시 불량물품이 있을 때는 "을"은 즉시 교체·납품하여야 하며 이로 인한 경비는 "을"의 책임으로 한다.

제7조 (대금지급)

"을"은 공급물품에 대한 구비서류를 갖추어 월 1회 이상 청구서를 "갑"에게 제출하고 "갑"은 수입된 예산 범위 내에서 대금을 지급한다.

제8조 (계약의 해지 및 파기)

1. "을"의 공급물품 견적단가가 타 업자에 비하여 고가임이 판명되었을 때는 "갑"은 "을"에게 객관적인 자료를 첨부하여 일방적으로 해약을 통보할 수 있으며 "을"은 이에 대하여 대응할 수 없다.
2. 다음의 경우에는 계약을 파기·해약할 수 있다.
   가. "을"이 본 계약 사항에 대하여 그 의무를 충실히 이행하지 않아 급식에 지장을 초래한 경우 단, 이 경우에 손해 배상청구는 별도로 한다.
   나. 학교 급식의 목적달성을 위한 "갑"의 정당한 요구에 "을"이 불이행하는 경우
   다. "을"이 부당업체로 인정되는 경우
   라. "을"이 공급하는 물품이 하자가 있다고 인정되는 경우
   마. 검수 과정에서 정량미달 및 불량품으로 시정지시(서면통보)를 3회 이상 받고도 시정을 하지 않는 경우 일방적으로 계약을 파기할 수 있다.

제9조 (권리양도)

"을"은 "갑"의 승낙 없이 본 계약으로부터 발생되는 권리와 의무를 제3자에게 양도할 수 없다.

제10조 (기타)

1. 본 규정에 규정되지 않은 사항은 예산회계법, 계약사무처리규정, 민법 및 상관습법에 따르고 "갑"과 "을"이 해석상 차이가 있을 경우 "갑"의 뜻에 따른다.
2. 본 계약사항을 증명하기 위하여 계약서 2부를 작성하여 "갑"과 "을"이 1부씩 보관한다.

2020 년 월 일

계약자 갑:

을:

* 대한영양사협회 자료

(4) 보증 관련 법률

구매관련 법률에서 보증은 어떤 품목에 대해서 그 품목이 구매자에게 주는 특정한 효과를 보장하는 것을 의미하고 보장이란 묵시적이기도 하고 또는 구매목적에 뚜렷하게 표시되기도 한다. 또한 상품이란 그것을 구매하는 사람들에게 맞을 것이라는 양해하에 판매되는 것이다.

판매자가 그의 상품이 구매자의 목적에 맞지 않는 것을 알고 파는 경우에는 이 보증의 규약을 어긴 유죄의 판정을 받을 수 있다. 방문 판매원의 경우 그의 상품이나 서비스가 어떻게 사용될 것인가를 알고 있어야 한다

상인의 허풍이라든가 판매사의 어떤 제품에 대한 설명이 보증으로 해석 될 수는 없다. 반드시 그 회사의 책임 있는 사람의 확인이 있거나, 보증서로 책임의 한계를 명확히 하지 않은 이상 보증이라는 것은 존재하지 않는다.

(5) 상품 소유권 관련 법률

물품을 구매하거나 판매할 때에는 반드시 그 소유권, 또는 명의를 인도하게 된다. 그 시기와 장소가 매우 중요한 요소가 된다.

명의 변경은 어느 시점에 행해지지만 물품은 그것이 기업에 인도되고 납품서에 확인을 받는 것으로 확인된다. 판매자는 그 이후에는 아무 권한도 행사하지 못하며, 구매자가 이를 갖게 된다.

상품 인도가 거절되었을 때에는 판매자가 회수해 가거나 그의 경비로 처리해야 한다. 또 구매자는 이로 인한 손해가 증명될 수 있으면 이에 대한 청구도 할 수 있다.

그러나 구매자는 인도 거절에 대한 법적으로 인정될만한 정당한 이유를 가지고 있어야 한다. 그렇지 않을 경우에 판매자가 앞에 말한 반대의 권리를 갖게 된다.

인도된 상품(free on board)은 그 시점부터 구매자의 책임하에 들어간다. 보험, 수송비, 기타 다른 경비도 그러하다. 수송 도중 운송기관에 의한 손상이 있더라도 판매자는 그 사고가 출발지 인도장소에서 일어나지 않는 한 책임을 지지 않는다. 판매자는 물품을 본선 인도 운송기관에 넘긴 다음에는 구매자가 파산 기타 이유로

대금을 지불하지 못하거나 할 때에도 이를 회수할 권한을 갖지 못한다.

어느 판매자가 비록 구매자가 지불을 끝내지 않은 상품을 가지고 있다 하더라도, 술 같은 것을 저장하고 있는 상태에서 구매자가 파산한 경우라도 판매자는 오로지 물품 대금 미지급 상태의 청구자일뿐 그 물품을 마음대로 처분하지 못한다.

(6) 식품에 대한 등급 기준

1) 우리나라의 식품등급기준

우리나라의 식품 등급 기준에 관해 살펴보면, 농림축산식품부가 2011년 11월부터 시행하는 '쌀 등급 의무표시제'에 따르면 쌀 등급은 '특·상·보통'의 3단계로 나뉜다. 쌀알의 수분 함유량·싸라기(부스러진 쌀)·분상질립(흰 반점이 있는 쌀)·피해립(금이 간 쌀)·열손립(열에 의해 손상된 쌀) 등을 검사해 등급을 매긴다. 손상이 없는 쌀(완전립)이 많이 들어 있을수록 높은 등급을 받는다. 미국과 일본의 경우 완전립의 비율이 90% 이상을 유지하는 반면 우리나라는 60~70%에 그치는 실정이다.

우유는 체세포수는 젖소의 건강을 나타내는 판단 기준 가운데 하나다. 세균·곰팡이로 인해 유방염에 걸리거나 스트레스를 많이 받은 젖소에서 나온 원유는 체세포 수가 많은 경향이 있다. 식품의약품안전처는 원유의 체세포수에 따라 1~5등급으로 나눈다. 원유 1mL당 1등급은 20만개 미만, 2등급은 20만~35만개 수준이며 최하 등급인 5등급은 75만 개 이상이다. 우유 1등급은 1A와 1B로 다시 나뉘는데, 알파벳 없이 1등급이라고 표기한 제품 대부분은 1B등급에 속할 가능성이 크다. A와 B를 가르는 기준은 원유(가공을 거치기 전 젖소에서 바로 얻은 젖) 1mL 당 들어있는 세균수다. 위생적인 시설에서 생산된 우유일수록 세균수가 적다는 사실에 근거해 1A등급과 1등급(1B), 2~4등급 순으로 구분한다

달걀은 우선 크기와 무게에 따라 5가지 왕란 > 특란 > 대란 > 중란 > 소란 순으로 중량규격을 나눌 수 있다〈그림 3.2〉. 달걀 품질에 따라 나뉘는 등급은 1+, 1, 2, 3등급으로 구분한다. 축산물품질평가원이 달걀의 외관, 난황(노른자) 퍼짐 정도, 이물질 등을 평가해 등급을 매긴다.

✣그림 3.2 | 달걀의 중량 규격

2) 미국의 식품등급기준

1953년에 제정된 미국 농수산물 시장법은 그 영향력이 매우 넓은데, 특히 청과물과 가공식품에 대하여 품질검사와 등급규정을 마련하고 있다.

미국 농수산부에서는 검사와 통제를 하는 부서가 분류되어 있는데 곡물, 유가공 식품, 청과물, 채소, 가금류와 알, 육류 등으로 구분한다.

각 부서에서는 해당 품목에 알맞는 품질검사 기준을 마련하고 있다. 이러한 검사 기준이 시장에서 그 상품의 등급을 결정하는 데 이용되고 있다. 등급 기준의 변경은 연방정부에서 행하고 있는데, 가공되고 있는 과일과 채소류 등에서 그 예를 찾아 볼 수 있다.

각 식품의 기준은 처음에 임시로 정해 놓았다가, 점차 시행을 해본 다음 무리가 없으면 확정시키기도 한다. 미국 농무성에서는 처음 1956년에 생선과 조개류에 대해서 시작했다가 점차 가공된 수산식품에 대해서도 이를 적용하게 되었다.

적용된 식품의 등급이 처음부터 강제성을 띤 것은 아니었으나, 점차로 개인이나 단체에서 이를 활용하기 시작했고, 마침내 이를 증명하는 증빙서가 구매자에게 품질을 보장하는 것이 되어 구매자들은 이러한 것을 요구하게 되었다.

대개 상품의 포장에 이 등급을 기준하는 문서의 번호가 찍히게 되어 구매자는 이를 확인할 수 있게 된다. 검사관은 품질검사를 할 때 때때로 점수로 표시하기도 한다. 예를 들어 어떤 검사품이 같은 급이더라도 89점짜리가 80점짜리 상품보다는 훌륭하다는 것을 알 수 있을 것이다. 가격이 같다면 높은 점수를 받은 상품을 구매해야 함은 마땅한 일이다.

가공식품의 경우에는 색깔에 의해서, 육류의 경우에는 지방(등심의 경우 마블) 분포도로, 버터의 경우에는 색으로 조직과 소금 성분의 과다와 기타 요소로 판정되는 것이다.

시장 중개인들은 이러한 등급에 의해 구매를 하지만, 팔 때에는 고유 상표로 판매하기도 해서 이러한 등급을 소비자가 곧바로 알기는 어렵다. 청과물과 채소가 가끔 예외이기는 하지만 계란, 유가공 식품, 육류, 가금류 등은 등급에 따라 판매된다.

미국에서는 이러한 규정이 주마다 다를 수도 있는데, 플로리다에서는 감귤류에 대해 등급을 규정하고 있기는 하지만, 라벨이나 포장용기 등에 표시하도록 강요하고 있지는 않다.

그러나 대량으로 구매하면서 등급표시를 위하여 구매자의 비용으로 이를 표시하기 위한 공란을 마련해 두고 있다. 비용의 문제 때문에 소규모 구매자들은 이러한 요구를 하지 못하고 있기도 하다.

때때로 최상급의 상품을 구매하는 측에서는 같은 등급에서도 최고의 점수를 받을만한 물건을 구입하기 위해 좀더 세세한 조건들을 붙이기도 한다.

식품의 등급심사는 자발적으로 받을 수도 있지만, 위생등급이라든가, 품목표시, 혹은 수량이 맞지 않을 때에는 압류 또는 폐기처분이 되는 수도 있다. 건강에 해롭거나 상품표시가 실제와 다르거나 위생기준에 미달될 때 표시된 품질에 미달되거나 실제의 함량과 수량이 부족할 때에는 법에 따른 처벌을 받을 수도 있다. 이러한 위법 행위에는 자격박탈, 벌금, 금고 또는 이를 병과할 수 있다.

검사관은 요청에 의해 상주해서 하는 계속 검사, 또는 때때로 필요에 의해 받는 수시 검사를 할 수 있다. 특히 식육 포장업, 가금류 처리장, 계란, 유가공 식품, 청과류, 채소 등은 계속 검사를 받는다.

구매자가 보낸 샘플에 대해서는 그 샘플에 대한 등급만 검사받을 수 있고, 한 무리의 상품 전체에 대한 등급검사를 받고자 할 때에는 검사관이 임의로 선정한 여러 개의 샘플이 모두 합격되어야만 전체의 등급검사를 받을 수 있다.

(7) 주류에 대한 기준

주류에 한해서는 그 품질 요구 사항과 기타 법령이 정하는 바에 의하여 여러 가지 기준에 합당해야만 시장에 내놓을 수 있게 한 법적 기준이 있다. 주류에 대한 규제는 미국의 경우 상무성의 담배, 무기류 등과 함께 특별한 취급을 받는다. 또한 술을 마신 고객이 일으키는 사고나 손해에 대한 주류를 취급하거나 판매하는 자에게 책임을 규정한 제정법인 드램 샵 법(dram shop act)을 내부분의 미국 주에서 시행하고 있다. 이 법령은 주류 제조업자나 도매상들의 마케팅 관습을 고쳐나갈 수 있도록 높은 벌금 혹은 법원의 판결을 받을 수 있도록 강화하고 있다.

또한 우리나라에서도 국민보건증진법에 의거하여 국민건강과 청소년 음주에 대한 주류의 광고 등 여러가지 제재를 행하고 있다.

3 계약의 유형

(1) 일반경쟁에 의한 계약

1) 일반경쟁계약 의의

일반경쟁계약이란 입찰 및 계약에 관한 사항을 신문에 게시, 널리 공고하여 응찰자를 모집하고 그들을 상호 경쟁시켜 예정가격을 비교한 후 가장 타당성 있는 입찰가격을 제시한 응찰자에게 낙찰시키는 계약방법이다.

2) 계약절차

공고 → 입찰등록 및 입찰 → 개찰 → 업체조사 → 낙찰 및 계약체결

그림 3.3 | 학교급식 전자조달시스템 이용 구매계약 과정 흐름도

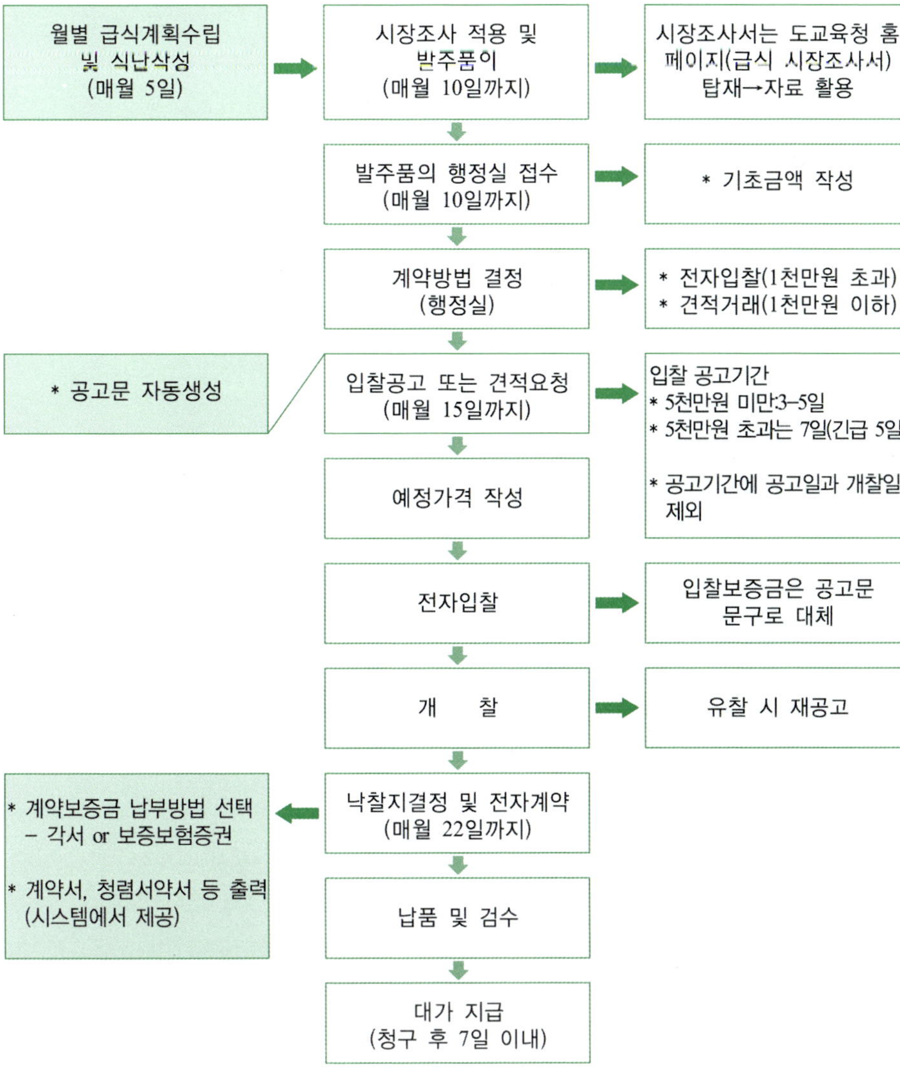

자료: 제주도교육청

① 공고

어떤 물품을 언제까지 얼마만큼 사겠다는 것을 알리는 단계로 공고 기간은 보통 10일(긴급시 5일)이다.

입찰의 주요 공고내용

- 입찰에 부할사항(계약조건)
- 경쟁참가자의 자격에 관한 사항
- 계약조건 등을 제시하는 장소
- 입찰집행의 일시 및 장소
- 입찰보증금에 관한 사항
- 입찰시효에 관한 사항
- 기타 필요한 사항

그림 3.4 | 입찰 공고문예시

학교 급식물품 납품업체 선정 공고

2020학년도 급식물품 납품업체 선정을 위하여 아래와 같이 공고합니다.

2019 . .

○ ○ ○ 학 교 장

1. 납품품목
   농산물(야채·과일류), 축산물(육류), 수산물, 공산품, 잡곡류, 김치류, 떡류(희망품목 택1)
2. 제안서 제출 및 등록
   가. 기간: 2019 . . ( ) ~ . ( ) (일간)
   나. 장소: 본교 행정실 (09:00~16:00)
3. 제출서류
   가. 급식물품 납품희망 참가신청서 1부(서울시교육청및 학교홈페이지, 서무실에 비치)
   나. 등기부등본(법인에 한함) 또는 주민등록등본(개인사업자) 1부
   다. 인감증명서 1부
   라. 사업자등록증, 영업허가증 사본 각 1부 (원본제시)
   마. 제안서 1부(아래내용을 요약하여 작성하고 붙임서류 첨부)
   <제안서 붙임서류>
   –취급식품의 배상 책임보험 가입증 사본 (본사, 대리점)
   –사업장(작업장, 사무실) 기구·시설현황 (사진 첨부), 직원현황
   –냉동, 냉장차량·탑차 보유현황(차량등록증 사본 첨부)
   –식품취급자, 배송담당자의 건강진단 여부(건강진단증 사본 첨부)
   –사업장(작업장) 및 냉동·냉장차량의 정기소독 여부(전문업체의 소독필증 사본 첨부)
   –납세증명서
   –2019학년도 납품거래실적(거래 기간 명시)

-주요취급품목가격표(견적서): 200○.　월 현재 기준
-HACCP 인증업체인 경우 관련서류(최근서류)
바. 사업장(작업장) 위치도 및 연락처 1부 (자세히 기재)
4. 선정방법 및 기타
가. 1차 심사: 제안서 접수 후 급식소위원회에서 서류심사(2019　.　.~　.　)
나. 2차 심사: 학교운영위원회에서 현장방문 확인평가(2019　.　.　~　.　)
다. 최종업체통보: 2020.　.　.(　)개별통지
라. 평가서류는 공개하지 아니하며, 제출서류는 반환하지 않습니다.
마. 자세한 사항은 우리학교 행정실로 문의(☎ 02-○○○-○○○○)하시기 바랍니다.

* 대한영양사협회자료

② 입찰

본인이 직접 가져오던지 우편(입찰조건이 명시된 방법)으로 이루어진다. 입찰자격에 원칙적으로 제한이 없으며 입찰을 원하는 사람은 소정의 서류를 갖추어 입찰보증금과 함께 응찰한다. 경쟁입찰은 2인 이상이 응찰했을 때 성립된다.

표 3.1 | 입찰용 물품설명서

현품설명서(입찰용)

기관명: ○○중학교
기간: 2018.12.01.~2019.01.07

NO	식품명/상세식품명	규격	단위	총량	식품설명
51	팽이버섯/생것			40	(일반농산물) 국산, 특, 갓이 펴지지 않고, 진공, 싱싱한 것
52	표고버섯/리기다소나무, 말린것			2	(일반농산물) 국산, 특 건표고(통)
53	피망/녹색과			9	(일반농산물) 국산, 특, 색이 선명하고 윤기가 뛰어나며 싱싱한 것, 크기 일정
54	피망/적색과			4	(일반농산물) 국산, 특, 색이 선명하고 윤기가 뛰어나며 싱싱한 것, 크기 일정
55	호박/서양호박, 생것			10	(일반농산물) 국산, 특, 처음과 끝의 굵기가 일정하고 싱싱한 것, 마디호박
56	호박/애호박, 생것			82	(일반농산물) 국산, 특, 처음과 끝의 굵기가 일정하고 싱싱한 것, 태극
57	홑잎나물/생것			8	(일반농산물) 세발나물
기초금액: 13,338,800원					

자료: ○○ 중학교

✢ 그림 3.5 | 입찰참가신청서

입찰 참가 신청서

신청인	회 사 명		법인(사업자) 등록번호	
	대 표 자		전 화 번 호	
	주 소			
입찰 개요	입찰공고번호	부학식협 제 19 - 0626호	입 찰 일 자	2019. 07. 10
	입 찰 건 명	2019년 부산학교급식 식자재 2학기 공동구매 물품 입찰 건		
대리인	본 입찰에 관한 일체의 권한을 다음의 자에게 위임합니다.		사용인감	본 입찰에 사용할 인감을 다음과 같이 신고합니다.
	성 명			사용인감 (인)
	주민등록번호			

반드시 사용 인감

본인은 위의 번호로 공고한 귀 조합의 일반(제한.지명) 경쟁입찰에 참가하고자 귀 조합에서 정한 공사(물품구매)입찰 유의서 및 입찰공고사항을 모두 승낙하고 별첨 서류를 첨부하여 입찰참가 신청을 합니다.

◆붙임 서류 : 1. 사업자 등록증 사본
2. 입찰 특약 조건

반드시 인감

2019. 07. 10.

신 청 인 : 상호명+대표(이사)명 (인)

부산학교식자재조합협의체 귀중

자료: 부산교육청

다음 사항들을 무효한 입찰로 처리될 수 있다.

- 참가자격이 없는 자의 입찰
- 입찰보증금을 납입하지 않은 자의 입찰
- 공고된 일시를 경과하여 도착한 우편입찰
- 동일인이 2통 이상 입찰서를 제출한 입찰
- 기명날인하지 않은 입찰
- 입찰내용을 알 수 없거나 불명확한 입찰

③ 개찰

개찰은 공고에 표시한 장소와 일시에 입찰자의 앞에서 행해야 한다.

④ 낙찰 및 계약체결

낙찰은 계약대상자를 선정하는 과정으로 입찰에 의하여 업자의 청약을 승낙하는 법률행위이다. 계약체결서 목적금액, 이행기간, 보증금액, 계약위반시 보증금의 처분, 위험의 부담 등을 계약서에 상세히 기술한다.

✣ 그림 3.6 | 업체 계약현황

2018년12월 1월 학교급식 현품설명서 및 학교급식업체 계약현황

날짜(2018-11-28 14:39:15)

□ 2018.12월~2019.1월 학교급식 식재료 구매 계약 내역

(단위 : 원)

식품군	계약업체명	대표자	예정가격	계약금액	낙찰율 (%)	계약기간	비고
농산물	㈜농부	조**	13,343,183	12,012,900	90.030	[illegible]	2인수의견적
공산물	㈜현준푸드	배**	23,691,431	20,850,600	88.009	〃	〃
수산물	다다수산유통	이**	9,717,121	8,747,600	90.022	〃	〃
축산물	혜성(주)	정**	26,340,479	23,184,500	88.018	〃	〃
친환경물류	하이원	이**		1,636,750		〃	1인수의견적
합계				66,432,350			

붙임 1. 계약서 각 1부.

2. 기타 제반서류 각 1부(별첨). 끝

자료: 춘천 OO 중학교

3) 일반경쟁계약의 장단점

물품구매시 일반경쟁계약일 경우 장단점은 다음과 같다.

① 장점

- 기회를 균등하게 부여한다.
- 정실, 의혹감을 배제할 수 있다.
- 유익한 가격으로 구매할 수 있다.
- 새로운 거래처를 발견할 수 있다.

② 단점

- 불성실한 거래처의 참여를 방지할 수 없다.
- 긴급한 경우 소요시간에 맞추어 구매하기가 곤란하다.
- 업자담합으로 낙찰이 어려운 경우가 발생한다.
- 수속이 복잡하다.

(2) 제한경쟁에 대한 계약

1) 개념

계약을 공고할 때 일정한 자격요건을 구비한 상대방만이 경쟁입찰에 참가할 수 있도록 제한하고, 자격조건을 갖춘자만으로 경쟁하게 하여 가장 유리한 상대방을 선정, 계약을 체결하는 방법이다. 특수한 기술, 계약기구, 생산설비를 요하는 경우, 풍부한 자산과 신용을 요하는 경우, 상당한 경험과 실적을 요하는 경우에 적합하다.

일반경쟁에 의한 절차와 같지만 공고에서 입찰참가자격 제한요건(제한기준)을 포함하여야 한다.

2) 제한경쟁계약의 장단점

① 장점

- 불성실한 거래처의 경쟁참가를 배제할 수 있다.
- 계약이행의 확실성을 보장할 수 있다.
- 절차의 간소로 경비절감이 가능하고 경쟁에 의하여 유리한 가격으로 계약할 수 있다.

② 단점

- 계약의 독단성(정실의 기입)을 조성할 우려가 있다.
- 일반경쟁보다는 경제성 확보가 곤란하다.
- 업자간의 업무내용이 동일하기 때문에 업자담합의 우려가 많다.

✣그림 3.7 | 제한경쟁입찰 예시

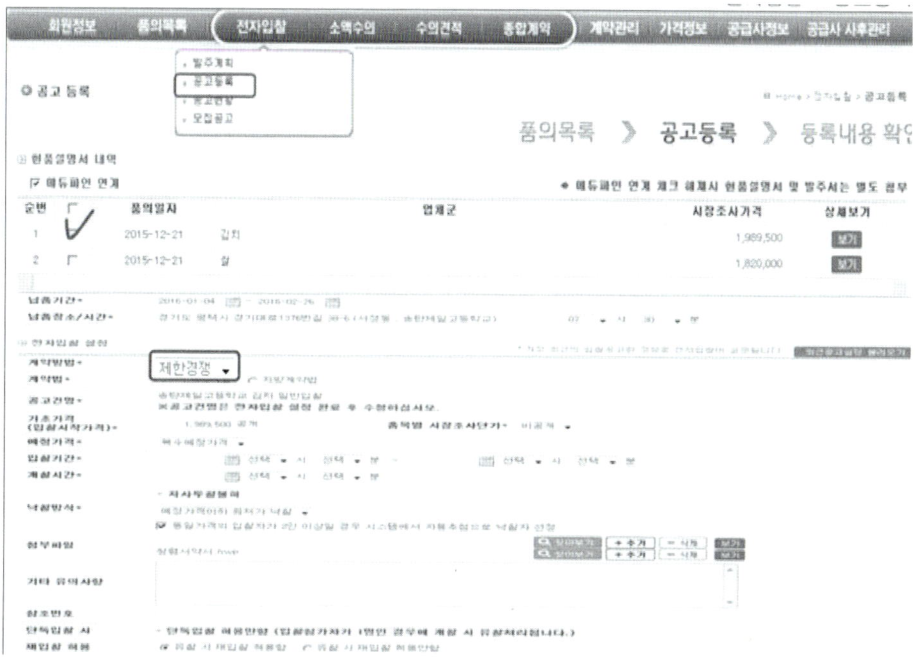

출처: 송탄제일고

(3) 지명경쟁에 의한 계약

1) 개념

계약담당자(구매요원) 등이 경쟁에 참가할 상대방을 미리 결정하고 지명하여 상대방으로 경쟁입찰하게 하여 가장 유리한 상대방을 선정, 계약을 체결하는 방법이다.

계약의 성질, 또는 목적상 경쟁상대자가 소수인 경우, 일반경쟁에 의하는 것이 불리하다고 인정되는 경우에 적합하다.

국가기관의 사례

- 5인 이상 지명, 5인 이상 지명수락으로써 성립
- 대상자가 제한된 경우 전원 지명 5인 이상 지명수락도 성립

2) 계약절차

지명	유리한 상대방을 선정하여 지명하되, 공정성을 기하여야 한다.
지명통지	선정된 상대방에게 지명통지(입찰안내서의 송부)를 한다. 입찰안내서는 일반경쟁에 의한 방법의 공고내용과 같다.
등록~계약	일반경쟁에 의한 방법과 동일하다.

(4) 수의계약

1) 개념

수의계약은 계약내용을 이행할 수 있는 자격을 가진 특정인과 계약을 체결하는 방법이다. 특정업자와 계약이 유리하다고 판단될 때와 경쟁입찰시 낙찰자가 없어 유찰될 때에도 보통 이 방법에 의한다.

2) 계약조건

① 계약의 목적, 또는 성질상 경쟁을 불허하는 경우
② 긴급을 요함으로써 경쟁에 의할 수 없을 경우
③ 경쟁에 의하는 것이 불리한 경우
④ 소액구매의 경우(예 국가의 경우 100만원 미만의 공사, 제조, 50만원 미만의 재산매입, 물건의 차입, 대여, 재산매각)
⑤ 경쟁입찰에 의한 계약체결이 실패한 경우

3) 계약절차

견적서의 요구 → 계약보증금의 납부여부 결정 → 협의 → 계약

4) 수의계약의 장단점

① 장점

- 절차가 간소함으로써 경비절감이 가능하다.
- 신용있는 거래처의 선정이 가능하다.
- 상대방의 실정을 숙지하고 있으므로 안정된 거래가 가능하다.
- 공고로 인한 물가의 자극을 어느 정도 방지할 수 있다.
- 경쟁입찰
  - 일반경쟁입찰: 신문, 관보, 게시 등을 이용
  - 지명경쟁입찰: 몇몇 업자를 지명하여 계약조건을 제시한 후 적당하면 입찰시키는 방식
- 특정인과 단독계약을 체결하는 방법으로 복수견적, 단일견적의 두 방법이 있다.

② 단점

- 정실에 흐르기 쉬워 공정성이 결여된다.
- 불공정하고 불리한 가격으로 계약되기 쉽다.
- 새로운 거래처의 발견이 곤란하다.

그림 3.8 | 학교급식의 식품 공급체계

출처: 김포시 교육청

(5) 계약에 따른 식품의 구매방법

식품의 구매는 앞서 설명한 다양한 방법으로 이루어지는데, 각 업체의 경영자나 영양사가 직접 구입하는 방법과 대규모의 단체급식인 경우에는 식품 구매담당자를 두고서 구입하는 경우가 있다. 가정에서는 주부들이 작은 단위로 소매상을 통하여 구입하는 데 비하여 병원이나 대규모의 식품을 소비하는 단체급식소에서는 대단위 포장식품들을 다량으로 도매상을 통해서 구입한다.

식품을 구입하는 방법에는 여러가지가 있으나 신선하고 안전한 식품을 구입하기 위해서는 최적의 구입방법을 연구해야 한다.

첫째, 구매계획을 세우고 구입시기, 구입장소, 수량, 신선도, 가격 등을 고려해야 한다. 식품구입이나 업자와의 계약을 체결하기에 앞서서 앞의 절차를 고려해야 한다.

둘째, 구입시기나 계절에 따라 저렴한 가격으로 살 수 있는가의 문제 및 창고의 저장조건 등을 고려하여 적합한 시기에 식품을 구입하도록 한다.

셋째, 경쟁입찰방식으로 필요한 품목, 수량을 표시하여 업자에게 견적서를 제출하고, 품질이나 가격에 대해서도 검토한 후에 계약을 체결하도록 한다.

넷째, 수의계약방식으로 필요한 품목 등을 담당자가 결정하여 구매한다.

1) 공급업체와의 계약

공급업체를 정할 땐 다음과 같은 점을 중요시하여 선정한다.

① 업체의 경력, 경영내용
② 업체의 취급품목
③ 업체의 시설
④ 납입능력(수량, 운반능력)
⑤ 업체의 위치, 교통사정
⑥ 업체의 위생관리의 양부
⑦ 영업의 열의, 서비스
⑧ 가격, 품질

출처: 뉴스피크 안양시 학교급식식재료업체방문

이와 같은 조건을 기본으로 해서 단수 또는 복수의 공급업체를 결정한다. 한 사람의 공급업체와의 계약의 경우 상호관계가 친밀하게 이루어지는 이점이 있지만 가격, 품질 등을 고려할 때 경쟁이 없으므로 불리한 점이 나올 수 있다. 여러 업체를 선택했을 경우에는 반대로 품질, 가격면에서 경쟁이 되므로 유리하지만 사무적으로는 복잡하고 위생면에서 감독이 철저하지 못한 점 등이 있다.

2) 구입시 위생관리

식품 재료는 산지인 생산에서부터 소비에 이르기까지 복잡한 유통과정을 거치기 때문에 식품위생과 관련된 문제를 예방, 해결하기 위해 많은 식품 관련 지식을 가지고 취급해야 한다.

① 식품의 신선도에 대하여 특히 중요시한다.
② 공급업체의 위생 관리에 대해 주의를 요구한다.
③ 공급업자에게 매월 1회 검변을 받게 하고 그 증명서를 제출하도록 하는 것이 바람직하다.
④ 식품구입용기는 청결한 것을 사용하도록 제시한다.
⑤ 공급업체의 점포 또는 그 부근에 소화기계 전염병이 발생했을 경우는 즉시 납품을 정지시켜야 한다.

4 구매방법의 종류

식품구매방법은 구매하려고 계획한 물품의 성질, 구매량, 시장조건, 조직의 규모, 입지조건, 구매부문의 업무범위 등에 따라 달라지게 된다. 그러므로 어떠한 유형이 가장 적절한 것인지를 잘 선택해야 한다.

일반적으로 많이 이용되고 있는 구매의 방법은 다음과 같이 분류될 수 있다.

(1) 구매담당부서에 의한 분류

1) 집중구매

본사구매 또는 중앙구매라고 하며, 조직 전체에서 필요로 하는 물품을 한 개의 업소나 특정 조직부문(구매부서나 용도과)에 집중시켜 구매하는 방법으로 고가 품목이나 조직 전체에서 공통적으로 사용하는 물품, 대량 사용 물품, 구매절차가 복잡한 물품의 구매에 주로 사용된다.

① 장점

- 조직의 요구를 집중시킬 수 있으므로 대량구매에 따른 구매가격의 인하가 가능하다.
- 구매조직이 하나이므로 구매방침이 일관되고 절차도 잘 지켜진다.
- 구매품의 발주, 독촉, 검사, 수령지불 등의 구매업무를 종합하여 행하므로 비용이 절감된다.
- 구매부문의 책임자로서 모든 구매활동을 직접 관리할 수 있으므로, 스탭으로서의 책임을 원활히 달성할 수 있다.
- 거래처의 업자가 한정되므로 품질관리가 수월해진다.
- 잉여품의 전용을 효과적으로 하여 재고량을 감소시킬 수 있다.
- 전문적인 지식·기능이 활용되므로 구매기능의 향상이 기대된다.

② 단점

- 한 개 업소에서 여러 가지를 취급하므로 비전문적이며 능률이 저하된다.
- 담당부서에서 사용부서까지 불품입고에 시간이 많이 소요되므로 긴급필요시에 불리하다.
- 각 부문에 있어 구매의 자립성이 없어 절차가 복잡하다.

2) 분산구매

현장구매 혹은 독립구매라고도 하며, 각 사업소나 조직 내 부문별로 필요한 물품을 분산하여 독립적으로 구매하도록 하는 방법으로 시장성 품목, 구매지역에 따라 가격의 차이가 없는 품목, 소량품목, 사무용 소모품 및 수리부속품의 구매에 유리하다.

① 장점

- 구매수속이 간단하여 비교적 단기간에 가능하다.
- 자주적 구매가 가능하다.
- 긴급수요의 경우에 유리하다.
- 거래업자가 근거리에 있을 경우 운임 등 기타 경비가 절감되고, 차후 서비스면에서 유리하다.

② 단점

- 집중구매에 비하여 경비가 많이 들고 가격도 비싸진다.
- 공급원의 위치가 먼 경우, 적정한 시기에 구매하기 어렵다.

(2) 구매시기에 의한 분류

구매하는 시기를 기준으로 구분하는 구매방법으로 정기구매와 수시구매를 들 수 있다.

1) 정기구매

계속적으로 사용되는 물품을 구입할 때 이용되는 구매방법으로, 재고량이 일정한 양에 도달하였을 때 자동적으로 구입되거나 생산계획에 따라 정기적으로 구입되는 경우가 있다.

2) 수시구매

수시구매는 사용부서에서 구매요구서가 들어올 때마다 수시로 구매하여 공급하는 방식으로 비정상적이며 돌발적으로 이루어지는 방법이다.

(3) 구매계획에 의한 분류

1) 예측구매

계속적으로 사용되는 물품에 대해서 장래의 수요를 예측하여 일정량을 미리 구매하여 재고로 보유하고 필요시에 즉시 사용할 수 있도록 하는 구매방법으로 저장목적이나 계획생산 품목 등의 구매에 적합하다. 예측구매에서 투기적 이익을 얻기 위해 사전에 행한 구매는 제외한다.

① 장점

- 재고 고갈의 방지로 사용, 또는 생산활동의 원활을 기할 수 있다.
- 수량할인, 수송비의 감소 등 경제적 구매가 가능하다.
- 계획적인 구매로 조달비용의 절감을 도모한다.
- 유망한 품질의 재료를 확보하거나 장래 재료부족의 위험이 없도록 할 수 있다.

② 단점

- 자금의 사장화 및 보관비용이 증대된다.
- 생산계획의 변경 등에 대응하기 어렵다.
- 시장가격이 떨어져도 재고품의 가격은 떨어지지 않는다.

2) 투기구매

가격변동에 의한 이익을 도모할 목적으로 장기간의 수요량을 미리 구매하여 재고로 보유하는 구매방식으로 가격이 상승하였을 때 일부를 전매할 수 있다. 투기구매가 필요한 경우, 그 방침은 투기구매의 재정적 영향의 중요성에 따라 회사의 최고 경영기관에서 결정하는 경우가 대부분이다. 계속적인 가격상승이 명백한 경우에 유리한 구매방식이나 가격동향에 대한 예측의 부정확으로 인한 손실의 위험이 크다고 할 수 있으며, 구매 본연의 업무는 아니다.

(4) 구매량에 의한 분류

1) 일괄 위탁구매

구매하고자 하는 물품의 양이 소량이면서 종류가 다양한 경우에 특정업자에게 구입원가를 미리 책정해서 일괄 위탁하여 구매하는 방식으로, 구매담당자가 모든 구입물품에 대한 내용을 정확하게 파악하기 어려울 때 유리하다.

2) 공동구매

협력구매를 위하여 경영자나 소유자가 서로 다른 조직체들과 공동으로 구매하는 방식으로 공동구매를 하려는 각 조직체가 구매하려는 각 품목에 대한 명세서에 동의해야만 한다.

공동구매는 구매량이 할인을 받을 수 있을 정도로 많아지게 되므로 원가절감 효과가 기대되고, 개별구매의 경우보다 공신력 있는 공급업체를 선정할 수 있어 공급력이 개선되고 강화될 수 있다는 장점을 지닌다.

① 장점

- 재고가 없으므로 보관비용의 절감을 도모할 수 있다.
- 초과구매를 방지할 수 있다.
- 생산용품이나 생산방법이 새롭게 채택될 경우 유리하다.
- 사전에 구매가 예상될 때 유리하다.

② 단점

- 필요한 시기에 맞추어서 구매하기가 어렵다.
- 구매하는 물품의 조달비용이 증가된다.
- 소량 구매 및 구매량이 일정하지 않으므로 수량할인의 혜택을 받지 못하여 가격결정에 불리하다.

(5) 장기계약구매

어떤 물품이 계속해서 대량으로 필요한 경우에 장기계약을 체결하고 일정한 시기마다 일정량을 납품하도록 하는 구매방법으로 가격변동이 적다는 전제조건이 필요하다. 구매자는 비교적 저렴한 가격에 안전하게 물품을 공급받을 수 있으며, 판매자는 수량이나 단가 등을 사전계약으로 결정하게 되므로 이윤폭이 다소 줄어들 수 있다.

The News!

학교급식 식재료, 사전 품목승인 받아야 납품 가능

–aT 사이버거래소, '주취급품목 사전승인제도' 시행–

앞으로 학교급식 식재료 납품업체는 취급품목에 대한 냉장·냉동시설을 반드시 갖춰야 수의계약이나 입찰에 참여해 학교에 납품할 수 있다. 식재료 공급업체가 취급품목에 적합한 냉장·냉동 등의 보관시설을 갖췄는지 사전에 서류 및 현장심사 등을 통해 확인한 후 심사에 통과한 업체만 학교급식 전자조달시스템(eaT)을 통해 수의계약 및 입찰에 참여할 수 있도록 하는 제도다.

출처: 식품저널 2019. 07. 12

4 장

식품구매조직

1. 식품구매조직의 관리
2. 식품구매담당자
3. 식품구매담당자의 업무
4. 식품구매담당자의 구성
5. 식품구매관리의 업무수행 평가

04 식품구매조직

식품구매부서의 업무내용으로는 구매방침, 구매계획, 구매시장조사, 거래업체의 선정과 평가, 구매가격분석, 구매계약, 납기관리, 입출고관리, 운반관리, 재고관리, 구매활동의 업적평가, 구매비용관리 등을 들 수 있다.

1 식품구매조직의 관리

구매기능은 급식경영에 있어 가장 기본적인 요소로 구성되며 모든 급식 관리 영역에 직·간접으로 연결되어 있다. 구매부서의 모든 관리기능, 즉 계획, 조직, 인력의 선발과 훈련 그리고 통제 등이 잘 이루어지면 식품구매업무가 더욱 효과적으로 나타난다.

(1) 계획(planning)

구매부서의 목표를 확인하고 이 목표달성을 위한 방법을 모색하여 그 중에서 가장 최선의 방법을 선택하는 것이 주된 과제가 되며, 이때의 목표는 조직여건과 필요에 맞게 세워져야 한다. 계획의 특성에 따라 지속적인 계획과 특정계획이 있고 기간에 따라 장기와 단기 계획이 나타난다.

(2) 조직(organization)

구매계획을 수행하기에 앞서 사람과 일을 결합시켜가는 과정이다. 적합한 구매부서의 담당 인원에 대한 인적자원과 구매관련 예산, 필요기자재에 관련한 물적 자원을 잘 조직화해야 한다.

(3) 구매인력의 선발과 배치(staffing)

구매인력은 회사 내부의 타부문의 사람이나 현재 구매부문 인력에 의해 추천된 사람 또는 회사 외부로부터 구인광고 등에 의해 대체로 배치된다. 하지만, 조직 내의 타부문에서 선발되는 경우가 회사의 조직, 방침 등의 일반적 교육시간을 단축할 수 있으므로 바람직하다고 할 수 있다.

소규모나 중간규모의 업소에서는 구매전담인력을 따로 고용하는 경우가 드물고 대규모 업체에서는 제품계열별 구매전문가, 검수 담당자, 창고관리자를 두기도 한다. 이들 구매인력을 선발할 때에는 기술적인 면, 개념적인 면과 인간적인 면 등 기술한 직무기술서를 참고하여 기술적 자질과 광범위한 경험을 중시하여야 한다.

(4) 구매인력의 교육훈련(trainning)

신입자 교육훈련은 주로 직장내 훈련(On - the - Job)이 많이 이용되고 있으며, 여러 종류의 구매업무를 통해 구매에 필요한 적성을 체득하도록 한다. 규모가 작은 조직에서는 신입사원이 훈련 없이 즉시 구매업무를 담당하고 시행착오를 거듭하며 업무를 습득하기도 하지만 대규모 조직에서는 우선 대략적 훈련을 받은 후 실무를 담당하게 된다.

어떠한 경우든 회사의 목적, 구매활동, 구매방침 등은 기본적으로 인식되어 있는 상태여야 한다.

또한 외식업체나 유통 관련업체가 주체하는 세미나 등을 통한 직장의 훈련 역시 최근 증가추세에 있어 구매관리자들의 기량과 능력을 증진시키는 좋은 교육훈련이 되고 있다.

(5) 구매의 통제(controlling)

구매계획에 의거한 각종 업무에서의 통제이며, 구매부서는 구입한 물품이 납품되어 필요한 부문에 인도될 때까지 관리를 통제하여야 한다. 작은 규모의 급식소는 소유주가 직접 모든 물품의 입·출고를 관리할 수 있으나 대규모의 급식소는 구매부서의 담당자가 이를 일일이 기록하고, 경영주는 보고를 통한 관리를 하게 된다.

✣그림 4.1 | 구매조직의 관리

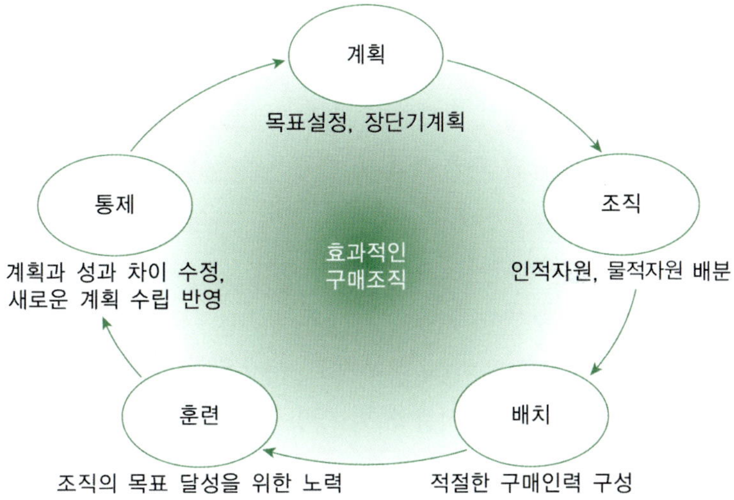

2 식품구매담당자

(1) 식품구매담당자

구매담당자는 책임 있는 구매업무를 수행해야 함은 물론이고, 다음과 같이 식품 구매관리 업무수행에 차질이 없도록 해야 한다.

첫째, 청렴해야 하고
둘째, 신뢰성이 있어야 하며

셋째, 적극적이고 자발적이어야 한다.
넷째, 근면하고 성실하며
다섯째, 임기응변과 재치가 있어야 하며
여섯째, 성격이 치밀하고, 대인관계가 원만해야 하며
일곱째, 효율적인 직무 수행능력이 있어야 한다.

(2) 식품구매담당자의 자격조건

바람직한 구매담당자로서의 자격은 개인적인 성격, 교육의 배경 및 업무의 경험 등의 범주에서 평가될 수 있다. 구매업무의 중요성에 따라 특히, 구매담당자가 갖추어야 할 다음과 같은 자격조건이 강조된다.

1) 지식

식품의 분류와 기능, 유통경로, 시장동향, 계절식품과 대체식품 및 신제품 등에 대한 전문적인 식품학 및 영양학적 지식을 가지며 활용하는데 있어 충분한 이해를 가져야 한다.

2) 청렴

구매업무의 중심인 발주처의 선정과 가격결정의 과제를 생각할 때, 여러 가지 과학적인 방법의 도입에도 불구하고 그 최종 결정은 여전히 개인적인 판단에 의거하게 되므로 구매담당자는 항상 행동의 윤리성이라는 문제를 직면하게 된다. 그러므로 구매담당자는 구매 및 자재처분 업무에 있어 청렴하고 조심성 있는 행동을 하여야 하며, 유혹이나 부정한 뇌물에 빠지지 않는 강직한 성격이어야 한다.

3) 신뢰성

정상적인 생산작업의 진행을 위해 타부문의 구매요구에 합당한 재료의 공급이 이루어지고 있다는 신뢰성을 필요로 한다.

4) 근면과 성실

식자재나 공급원에 관한 지식은 교육과 경험에 의해 습득되는 것이므로 구매담당자는 근면하고 성실하게 장기간의 근무가 가능한 성격의 소유자여야 한다.

5) 협력

구매담당자는 타부서와 유연하게 협력하는 능력을 가져야 한다. 그러기 위해서는 접촉하는 모든 관계자의 의견을 충분히 받아들이며, 자신의 직책을 존중함과 동시에 업무처리의 원활성을 저해하지 않는 범위 내에서 타인의 직책도 존중하도록 한다.

6) 임기응변

식품의 구매에 있어 가변적인 요소들이 존재하기 때문에 많은 상황들이 나타난다. 이러한 예상치 않던 일이 발생한 경우에 대처할 수 있는 능력이 있어야 한다.

7) 적극성

구매에 있어 보다 유리한 조건을 모색하기 위하여 공급원의 변경에 대해서 항상 조사를 행하며, 식자재의 변경 등에 자발적이고 독창적으로 대응할 수 있어야 한다.

8) 치밀한 직무수행 능력

모든 구매거래에 있어 무엇보다도 기업의 이익을 지향하며, 기업의 방침을 신뢰하고 이에 따라 업무를 수행하여야 한다. 또한 편견을 가지지 않는 구매활동으로 최고의 효과를 거둘 것을 목표로 하여야 한다.

3 식품구매담당자의 업무

구매 담당자의 업무는 직무명세서와 직무 기술서를 통해 알 수 있다. 이 서류들은 구매담당자를 선정하는 데 있어 중요한 역할을 한다.

(1) 직무명세서(Job specification)

직무명세서란 구매 업무분석의 결과에 의거하여 직무수행에 필요한 구매담당자의 행동·기능·능력·지식 등을 일정한 양식에 기록한 문서를 말하며, 인적요건에 초점을 둔 것이다 직무명세서에는 작성자와 작성 일자를 비롯하여 한 주 단위로 직무 관련 업무 진행 사항을 간략하게 기재하도록 한다〈그림 4.2〉.

직무명세서에 나타난 구매담당자의 자질요건은 아래와 같다.

① 구매담당자는 구입할 식품들에 익숙하여야 하고, 식품에 관한 여러 가지 사항을 알려고 하는 태도를 갖추어야 하며, 업소에서의 주방장, 창고관리자 등이 사용하게 될 물품의 조건, 구입방법 등에 익숙하여야 한다.

② 구매담당자는 구매업무와 관련된 사람들과 친밀해야 하고, 공급업체와도 공정한 거래를 해야 한다.

③ 구매담당자는 구매활동뿐만 아니라 업소에서 일어나는 모든 활동에 대해서 명확히 알아야 하고, 전체적으로 조직에 이익이 되는 일을 하도록 노력해야 한다.

④ 기타 위의 능력 이외에 일에 대한 경험, 정직과 성실, 일에 대한 성취 욕망 등으로 자질 요건을 평가할 수 있다. 구매에 있어 경제, 윤리와 법률적 건전성이 무엇보다 요구된다.

✣ 그림 4.2 | 직무명세서의 양식

직무 명세서					
작 성 자		입사일자			
소속부서		직　　책			
작성일자		해당분야 경력			
직무개요					
직무구분	내	용	난이도	중요도	빈도
			1(낮음) ~ 5(높음)		

(2) 직무 기술서의 내용

직무기술서란 구매 업무에 대해 직무분석을 통하여 구매업무의 성격이나 직무개요, 요구되는 자질, 직무내용, 직무방법 및 절차와 작업조건 등을 알아낸 후, 분석한 구매업무에 대한 주요사항 등을 정리하고 기록한 문서이다. 구매담당자의 업무내용은 직무기술서(Job description)를 통해 알아 볼 수 있다. 직무기술서는 구매담당자가 수행해야 할 직무의 내용, 즉 업무의 내용을 기술하게 되는 것으로 아래에 나타나 있다. 일반적으로 직무기술서가 직무명세서보다 먼저 작성되어진다. 직무기술서의 예가 <표 4.1>, <표 4.2>에 나타나 있다.

① 구매/조달 업무

- 품질 표준과 물품배달 일정을 수립하고, 이에 상응하는 최고 가치의 상품을 비용으로 확보한다.
- 시장상황, 재료의 공급정도, 경제적 조건을 예측한다.
- 생산부서 관계자와 협력하여 구매/제조 의사결정을 포함한 재료와 서비스에

대한 명세서를 개발한다.

- 명세서와 맞지 않은 물품의 반송권한을 행사한다.
- 목록, 물품 카탈로그, 가격표 및 할인에 관한 문서철을 보관·관리한다.
- 물품, 서비스에 관한 계약을 체결한다.
- 다양한 재료와 서비스 구입의 방법을 시장에서 구입할 것인지, 계약에 의해 구입할 것인지를 결정한다.
- 법률 고문이나 기타 관계자에게 구입계약내용에 관한 자문을 구한다.
- 운송경비와 이동의 최적 방법을 결정한다.
- 재료와 서비스의 필요량에 따라 구매주문서를 발송한다.
- 배달이 정확하게 이루어지도록 구매주문서를 감시한다.
- 과적, 부족, 가격변동 등에 관한 정보를 교환 및 업무조정을 한다.

② 거래처/공급업자와의 유대관계 업무

- 거래처의 선택 및 순위 결정에 관한 체계를 세운다.
- 공급자를 선택하고 합리적인 계약기간을 협상한다.
- 공급업자들간에 생산품질, 서비스, 신뢰성, 가격 등의 차이를 비교한다.
- 조직 내의 다른 부서간의 문제발생시 이를 해결하기 위한 중재자 역할을 한다.
- 입찰내용공고와 견적서 제출내용을 감독한다.
- 친절한 거래를 통하여 조직에 대한 좋은 인상을 심어준다.
- 신상품, 자재 및 공정을 파악하기 위해 판매대리인과 함께 일을 한다.
- 필요시에는 공급업자의 시설을 조사한다.

③ 재고/창고관리 업무

적절한 식자재 제공과 자본 투자의 최소화를 위해 필요한 재고수준을 결정한다.

- 식자재 저장관리비용을 최소화한다.
- 재고량, 주문품, 식자재 수요 등에 관한 기록을 감독한다.

④ 인사관리 업무

- 인력 수요의 결정, 직무명세서의 개발, 구매 및 저장관리 업무의 적격자의 선발업무를 수행한다.
- 구매부서 및 창고관리부서의 직원을 훈련, 관리한다.
- 조직 내의 다른 직원과 구매부서간의 직원들간의 유대관계를 촉진한다.

⑤ 일반적인 업무

- 조직의 목적에 맞게 일의 우선 순위를 세운다.
- 조직의 정책수립팀을 지원한다.
- 업무체계 내에서의 자재의 흐름, 즉 자재의 선택에서 제품의 생산, 제공에 이르는 흐름을 감독한다.
- 책임의 범위 내에서 조직의 운영을 위한 예산을 개발·감독한다.
- 자료처리 프로그램을 지원한다.
- 책임의 범위 내에서 모든 조직의 운영에 관한 에너지 보존을 촉진한다.

표 4.1 | 병원 영양사의 직무기술서 예

직명	일반식 영양사
직무개요	환자식, 일반식 식단작성 및 식품재료 주문, 부식의 질 검수, 조리지도 및 배식 점검, 환자방문, 영양가 분석, 소관업무, 장부 정리 및 통계
직무수행 요건	• 책임: 환자 일반식 영양관리 및 작업, 위생관리 • 직무지식 : 영양학 및 단체급식 관리의 기본지식과 식품재료 규격 및 검사법 • 정확도 : 식단계획 시 식품재료 분량 결정과 통계처리에 정확성을 기해야 함 • 감독 : 영양과장의 감독하에 있음.
자격	영양학을 전공하여 영양사 면허증을 소지한 자로 병원이나 단체급식소에서 3 개월 이상 현장 실습을 한 유경험자가 바람직함.

표 4.2 | 학교급식 영양교사의 직무기술서의 예

식재료 구매 및 보관관리	수요예측
	구매계획
	시장조사
	구매요구서 작성
	발주
	식재료 검수
	인수 및 반품된 식재료 조치
	검수일지 기록
	식재료입출고관리와 수불부 작성
	재고조사

출처: 이경은(2014), 영양사 직무분석연구

4 식품구매담당자의 구성

구매부문의 직위의 수는 급식소나 업무에 따라 크게 차이가 있게 되는데, 구매활동이 중앙 집중화되면서 일반적으로 구매부문의 규모는 커지고 있다. 구매부문의 직위의 전형적인 형태는 구매관리자, 구매담당자, 독촉계, 창고계 및 서기이다.

(1) 구매관리자

구매부문의 장으로서 많은 경우에 회사의 고급 간부로 구매방침을 정하고, 그것을 감독하는 일을 수행한다.

① 회사의 방침에 합치하는 구매절차를 정하고 감독
② 구매방침과 절차가 능률적으로 완수될 수 있도록 구매부문의 내부조직을 구성
③ 구매요원의 선정, 훈련, 급료 등의 인사계획 작성
④ 공급자의 선택, 주문, 독촉, 보관 및 지불을 위한 승인 등 부문활동에 관한 감독
⑤ 건전한 공급자 관계의 유지, 발전
⑥ 구매부문과 사내 타부문과의 협력
⑦ 기타 공급사정 및 가격동향 등의 구매예측 등

(2) 구매담당자

일반적으로 구매업무를 직접 접하고 있는 사람으로 업무내용의 명확성, 교육훈련을 통한 지식과 기능을 고도화하여 현금을 원활하게 움직이는 업무를 수행한다.

① 구매요구의 체크
② 발주
③ 조정

④ 납품의 독촉
⑤ 보고 및 조치의 파일
⑥ 계약서의 작성
⑦ 연락유지

(3) 창고담당자

창고담당자는 재고자재, 소모품 및 설비기계 등의 모든 것에 대한 물리적 보관 책임을 갖는다. 재고품의 불출은 적절한 권한자의 명령에 의한 것이며, 경우에 따라 재고 기록을 유지하며 일반적으로 표준재고품의 구매요구 책임도 가해진다.

5 식품구매관리의 업무수행 평가

구매업무의 수행도는 제품제조에 필요한 물품을 항상 경쟁상대보다 싼 가격으로 계속적으로 구입해야 하며, 회사의 최대 지출인 물품구입비 지출이 적정하도록 해야 한다. 또한, 구매활동이 회사의 이익을 적극적으로 창출해야 하며, 구매업무가 효율적이어야 한다는 점 등으로 구분하여 평가할 수 있다.

(1) 물품구입비 지출의 적정성

구매담당자는 생산계획의 원활한 수행에 필요한 물품을 적정한 품질과 적정한 가격으로 인수해야 한다는 조건 아래에서 납기와 수량을 확보해야 한다. 그러므로 구매부문에 송부되어 온 구매요구서 그대로 구입을 해서는 안 된다. 물품구입비가 적정하게 유지되도록 구매담당자는 다음 항목을 고려해야 한다.

첫째, 구매요구서가 관리규정에 따라 올바른 절차를 거쳐 발행되었는가?
둘째, 시기적으로 적절한 구매인가?

셋째, 납기가 너무 이르거나 늦지 않은가?
넷째, 수량이 너무 많거나 적지 않은가?

(2) 급식소나 업소의 이익창출에 대한 공헌도

생산성을 향상시키기 위한 관리기술의 하나로 구매담당자는 재고 증강, 분량 손실도, 원가절감 비율 등을 통해 이익을 스스로의 활동에 의해 직접적으로 창출한다는 인식을 갖는 것이 중요하다. 또한 창출된 이익을 정량적으로 명시하는 데도 노력하여야 한다.

(3) 구매업무의 효율성

구매업무에 있어서 생산성 향상, 즉 투입시간당 산출량 증가에 노력해야 한다.

- 양적 생산량의 향상: 투입시간에 대한 사무절차량의 향상
- 질적 생산량의 향상: 투입시간에 대한 업무충실도의 향상
- 생산량의 향상: 컴퓨터 등의 효과적 활용

또한 인건비 절감을 위한 사무자동화나 시간제 고용직의 활용을 적극적으로 행한다. 그러나 구매활동의 평가는 여러 가지 평가요소로 구분되어지므로 그만큼 어렵다고 할 수 있는데, 여기서는 급식소에서 구매자 능력의 평가에 기본이 되는 몇 가지 척도를 소개하고자 한다.

① 재료비 예산

규모가 큰 급식소에서는 판매액에 대한 재료비를 예측하게 되는데, 여기에는 식재료비 외에 광고비, 세제비, 야근 수당 등도 포함된다. 사후에 실제 비용과 비교하여 능력평가의 지침으로 삼을 수 있다.

② 재고 회전율(inventory turnover)

재고 회전율을 통해 구매자와 구매능력이 간접적으로 평가될 수 있다. 재고

회전율이란 1년 동안의 판매액을 1년 동안 보유했던 식품의 단가로 나누는 것인데, 저장된 식품의 단가는 1년 동안 항상 같을 수 없기 때문에 평균치를 이용한다.

재고 회전율 측정시 어떤 종류의 식품들 몇 가지를 이용해서 할 것인가도 정해야 하는데, 대개는 저장수준에 적합한 식품 가지수를 고정시켜 사용하는 것이 효과적이다. 자세한 내용은 제9장에서 다시 논하기로 한다.

③ 공급업체와의 관계

구매자는 공급업체의 배달시간을 관리해야 한다. 배달이 늦게 되거나 식품이 적합치 않아 되돌려 보내지는 횟수가 많게 되면 공급업체의 교체에 대해 재촉을 받을 수 있다.

④ 재고의 고갈

급식소에서 재고 고갈의 빈도는 재고수준에 문제가 있음을 나타낸다. 재고 고갈이 너무 잦은 이유는 보유하고 있는 재고가 너무 적기 때문이며, 이는 적정 재고량을 너무 적게 산출하였거나 최저 재고의 발주 시점에서 구매가 제대로 이루어지지 않은 것을 의미한다.

⑤ 중량 구매단가(As Puchased price: AP price) 체크

정기적으로 현재 거래 중인 공급업체의 AP가격과 다른 공급업체의 AP가격들을 체크해 봄으로써, 거래처별로 단가의 차이를 알 수 있다. 시장의 동향을 파악하는 일은 어렵고 많은 시간을 요할 수 있으나 구매자의 능력을 파악하기 위해서는 반드시 이와 같은 검토를 할 필요가 있다.

⑥ 기타 평가지침서

앞에서 기술한 것들 외에도 여러 가지가 있지만, 각 급식소나 업소상황에 따라 변형된 형태이다. 그러므로 구매자의 능력을 평가하기 위해 창고에 물품이 없어 식품을 구입하는 횟수, 재고 수준, 과잉 구입이나 사용자들이 거부한 것들로 인한 손실, 재고가 등을 파악하여야 한다.

The News!

'상품권 받고 급식재료 구입' ···교육부, 학교영양사 특별조사

일부 식품 대기업들이 학교 영양사들에게 급식재료를 구입하는 대가로 백화점 상품권이나 카드포인트 등을 줬다가 공정거래위원회에 적발됐다. 교육부는 또 교육현장에서 이같은 비리가 발생하지 않도록 급식 담당자에 대해 재료구매 등에 있어 청렴의 의무를 다하도록 하고 식품제조·납품업체 등에 대해서도 비리 예방 특별교육(연수) 등을 병행하도록 시·도교육청에 요청할 계획이다

Newsis 2017-09-24

5장

실제적인 식품구매활동

1. 현장의 식품구매절차
2. 실무에서 중요한 수요예측
3. 현장의 식품구매관리 서식

05 실제적인 식품구매활동

식재료 구매는 구매활동 시작에서 완료까지의 진행과정으로 일정한 절차를 밟게 되고, 각 구매활동과정은 모두 기록으로 남게 된다. 개인의 구매활동과 근본적인 점에서는 차이가 없으나 구매의 합리성이나 구매 의사결정에 참여하는 사람의 수와 규모에 차이가 있다.

1 현장의 식품구매절차

(1) 식품구매활동

식품에 있어서 구매관리는 적정의 품질을 적당한 양과 적당한 가격에 구매하여 최적의 상태로 유지하여 보관하는 것이다. 또한, 이를 필요로 하는 부서에 적당한 시기에 조달하여 상품인 식단 제공을 원활하게 함으로써 기업의 영업을 활성화하는 것에 그 의의를 찾을 수 있다. 특히 식재료의 양과 질이 한층 다변화되어 가고 있는 현대의 외식시장에서 구매관리는 검수 및 재고관리와 더불어 기업의 원가관리에 대한 지대한 영향을 끼치는 요소 중에 하나임이 분명하다. 이러한 의미에서 식품자재는 구매 부서의 인적 구성에서부터 체계적이고 효율적인 물품관리에 이르기까지 조직적으로 관리되어야 한다. 즉 정기적이고 치밀한 시장조사를 통하여 용도에 적합한 물품 및 원재료를 구매하고 해당되는 물품 및 원재료 취급업체를 주기별로 평가하여 우량업체를 선정하고 납품시간 및 기일을 알맞도록 관리하는 것이다. 또한 각 원재료의 유효기간, 포장상태 등 보존특성을 잘 파악하여 저장기간과 구매시점을 적절히 관리하고 불량품 또는 사용 불가능한 물품 등의 처리, 재활용, 반품 방안을 모색하는 등 구매관리 활동이 총체적으로 통제하고 관리된다.

✣ 그림 5.1 | 위탁급식업체의 구매절차

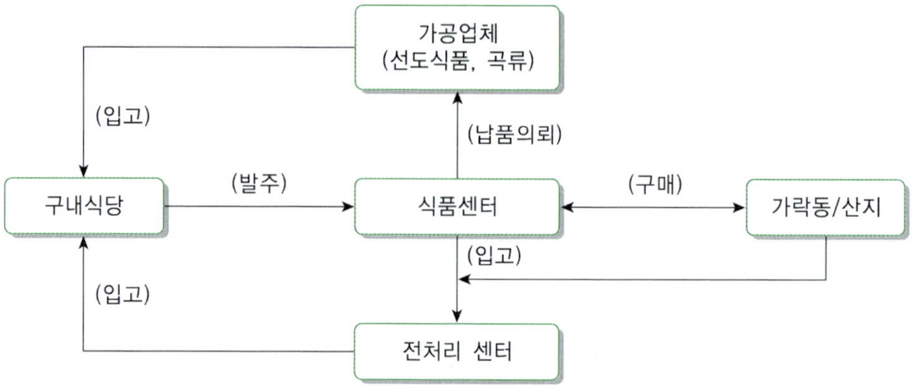

출처: (주)아워홈

✣ 그림 5.2 | 학교급식의 친환경식재료구매절차

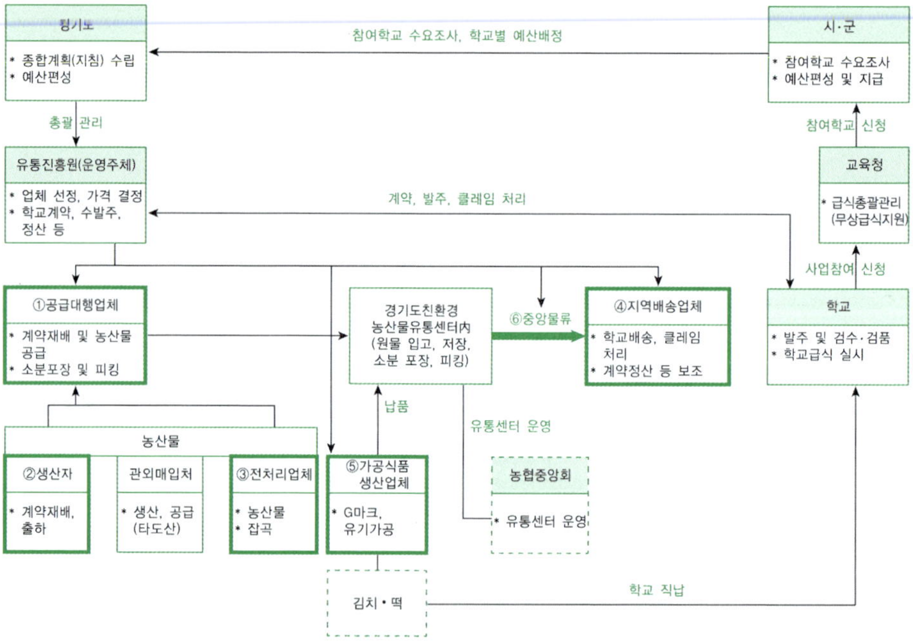

출처: 경기 농식품유통진흥원

(2) 급식소의 식품구매절차

급식소의 구매절차는 구매활동의 시작에서부터 완료될 때까지의 진행과정을 말하며, 조직의 규모나 구매방침, 구매계획, 또는 구매상황(신구매, 재구매) 등에 따라 그 절차에 다소의 차이가 있기는 하나 대략적인 구매절차는 다음과 같다. 즉, 우선 식품구매의 필요성에 대한 인식으로 사용 부서에서 제기되어 식재료를 얼마만큼, 왜 구입해야 하는가를 구매부문에 인식시킨 후, 그 필요성이 인정되면 구매요구서에 필요한 양과 가격을 정확히 기술하여 구매부문에 송부하며, 이때부터 구매부서의 구매활동이 시작되게 된다.

구매부서는 구매요구서를 검토한 후 공급원을 선정하여 가격, 품질, 납기, 수송조건 등 구입조건을 가장 유리하도록 계약하고 발주하며, 납품기일을 지키도록 주문의 독촉을 한다.

납품서가 도착하면 발주서를 대조하여 시정사항이 없는지 확인하고 모든 기록과 자료를 유지하여야 하는데 특히 구매주문서는 법률적인 계약서류가 되므로 잘 보관하도록 한다. 마지막으로 발송한 물품이 도착되면 검수절차를 거쳐 수령하고 창고에 입고시키며, 물품대금이 지불되도록 처리한다.

1) 급식소의 요구에 맞는 품목 및 필요량의 결정

급식소에서는 구매하고자 하는 상품이나 서비스가 왜 필요한가를 분석하고 그 필요한 내용을 확인해야 한다. 이와 같이 필요성과 필요한 품목을 분석하고 확인하면서부터 구매활동은 시작되는 것이다. 대부분의 구매요구서는 구매담당자들이 다양한 부문에서 요청되어지는 물품들의 품목이나 그 수량을 관리하는 권한을 가지고 있다. 급식소에서 구매를 요청하는 곳은 주로 세 곳으로서 급식생산부서, 창고관리부서와 구매부서 자체이다. 급식생산부서는 가장 빈번하게 구매를 요청하는 대표적인 곳이며, 창고관리부서는 적정 재고를 유지하기 위해 구매를 요청한다.

또한 대규모 급식소에서와 같이 구매부서에서 재고관리를 함께 관장하고 있는 경우, 재고량이 재주문 시점에 도달했을 때 구매부서 자체에서 직접 구매를 요청하기도 한다. 구매담당자들이 물품의 필요량과 품목을 결정하고자 할 때는 실제로 이를 요청한 부서의 관리자들과 구매 수량이나 품질, 용도 등에 대해 충분한 협의를 거치는 것이 바람직하다.

2) 수요예측 필요

구매량의 결정에 앞서 적절한 수요예측이 필요하다. 급식업체의 수요동향을 결정하는 요인들을 찾아내고 그것이 전체 수요량에 미치는 영향을 분석하여 미래의 영향력을 사전에 짐작할 수 있는 것이다.

3) 재고량 조사 및 발주량의 결정

생산부서에서 물품의 구매요청이 들어오면 구매담당자는 공급업체에게 주문할 발주량을 결정하게 된다. 발주량을 결정하고자 할 때는 식단의 레시피(recipe)로부터 식재료의 산출량을 고려하여 구매량을 결정한다.

비저장품인 경우는 이 양을 구매량으로 결정하여 발주해도 되지만, 저장품인 경우는 창고의 재고량을 먼저 확인한 뒤에 재고량이 필요량보다 적을 경우에 적정 재고 수준을 유지하기 위해서 부족한 양만으로 결정한다.

한편 재고관리부서에서는 보유하고 있는 재고량이 최적 재고량 즉 모자라지도 남지도 않고 가장 적절한 양이 되도록 재고를 관리하고 유지해야 한다. 만약 재고가 너무 적다면 물품이 없어서 고객이 원하는 음식을 제공할 수 없게 되어 고객의 불만을 일으킬 수 있고, 너무 많은 재고를 보유하게 되면 현금이 불필요하게 물건으로 묶여 있게 될 뿐만 아니라 창고의 공간도 너무 많이 차지하게 된다.

따라서 전반적인 재고 품목의 수준을 적정량으로 유지하도록 끊임없이 노력해야 할 것이며, 가능한 한 구매담당자는 적정 발주량을 결정하고 적정 시기에 적정량을 발주하도록 함으로 재고가 적정하게 유지될 수 있도록 해야 한다.

4) 물품구매명세서의 작성

물품구매명세서는 구입명세서, 물품명세서, 시방서 등으로도 불리우며 구매하고자 하는 제품의 품질, 특성을 기술한 서식이다. 이는 구매자와 공급업체가 함께 이해할 수 있는 서식으로 작성하여 물품주문서와 함께 거래처에 보낸다. 물품명세서는 물품의 사용부서, 검수부서, 창고관리부서가 모두 보유하여 각각의 관리업무에 참고가 되기도 하므로 전체 업소의 품질 표준을 유지하는 데 매우 중요한 서식이 된다.

5) 물품구매청구서의 승인 및 발주서의 작성

물품을 구매할 필요가 있게 되면 각 요청 부서에서는 필요한 내용을 기술하여 구매청구서를 작성한다. 생산부서에서 물품이 필요하게 된 경우에는 구매청구서가 먼저 작성된 후 이것이 구매부서로 넘겨져서 재고 조사 및 발주량 결정으로 이어지게 되지만, 구매부서나 창고부서의 경우에는 재고조사 및 발주량 결정 후에 구매청구서가 작성되어진다.

어떤 단계로 구매 청구서가 작성되든 간에 각 청구서에는 원하는 물품의 이름과 수량을 정확히 기술하여야 하고 물품구매에 책임을 지고 있는 관리자에 의해 승인을 받아야 한다. 이와 같이 승인된 청구서의 내용은 책임자의 허락 없이 변경될 수 없으며 이 청구서의 내용에 근거하여 구매담당부서에서는 각 거래업체별로 물품을 주문하기 위해 발주서를 작성한다.

6) 공급처의 선정

공급처를 선정하는 방법은 계약의 방법에 따라 공식적인 방법과 비공식적인 방법으로 나누어지며, 공급처를 선정한 후에는 구매자와 판매자(공급처)간에 서로의 필요를 만족시킬 수 있도록 협상을 하여 계약을 체결한다. 계약을 할때는 물품 공급시에 필요한 제반 절차 즉 날짜, 가격과 배달 조건 등에 관하여 명시하고 예기치 않게 상황이 변화할 경우 계약조건을 재협상할 것 등의 내용을 포함하는 계약서를 반드시 문서로 작성한다.

공급처의 선정을 위해서는 업체의 과거 실적평가나 카탈로그, 전문지, 전람회, 전시회 등을 통한 신규업체 개발 등이 필요하며 안정된 공급과 유리한 구매를 위해서는 품목별 3개 업체 이상의 공급처를 선정하는 것이 바람직하다.

공급처의 선정기준으로 다음 조건들을 들 수 있다.

① 공급처의 지리적 위치

운송시간, 기상적 요인, 운반비용, 사고위험 등의 영향

② 공급처의 자금능력

식재료 확보능력, 거래선으로서의 우선순위 결정 등

③ 공급처의 인적 관리

노사관계 등으로 인한 공급차질, 납품업체의 불만 있는 종업원의 불성실한 납품 태도 등

④ 공급가격 및 품질

적정한 가격으로 적정 이상의 품질을 획득하려고 노력하는 데 결정요인이 있다. 또한 선정된 공급처에 대해서도 지속적인 평가가 이루어져야 하는데, 상기의 선정기준에 의해 점수를 부여하고 이에 따라 3개 업체 중 하위 업체에 대해서는 기간을 두고 제4의 공급처를 물색하여야 한다.

평가요인(Evaluation Factor)으로는 상품 제조기술, 상품 관리능력, 생산능력, 가격경쟁력, 시장점유율, 판매능력, 자본력, 인적 관리능력, 신용도, 성실도, 협력도와 납기 이행능력 등을 들 수 있다.

7) 물품의 배달 및 검수

공급처가 주문받은 물품을 배달할 때에는 배달 통지서인 납품서(또는 거래 명세서)를 구매자에게 송부하게 되는데, 구매담당자는 이 납품서를 발주서와 대조하여야 한다. 이때 어떤 잘못이 발견되면 회계부서에서의 대금지불이 이루어지기 전에 시정을 요구하여야 한다.

한편 물품의 검수부서에서는 납품서에 적힌 내용대로 물품이 배달되었는지, 배달된 물품의 품질이 구매명세서에 적힌 내용과 일치하는지를 검사하여야 한다.

8) 저장 및 재고 관리

검수가 끝난 물품은 구매를 요청한 부서로 바로 전달되어진다. 급식소에서 구매하는 물품의 대부분은 비저장품이므로 배달된 물품은 즉시 조리와 생산부서로 이동되지만, 육류나 가공품 및 기타 저장품인 경우에는 각 물품을 보관하기 적

표 5.1 | 위탁급식(외부운반) 업체 제안서 평가표

<table>
<tr><th colspan="2">구분</th><th colspan="2">평가항목</th><th>배점</th><th>배점</th><th colspan="5">배점기준</th></tr>
<tr><td rowspan="16">기술
(제안서)
능력
평가
(100)</td><td rowspan="4">객관적
지표에
의한
평가
(40)

(계약
담당자)</td><td colspan="2">• 위탁급식 운영 실적
– 객관적 자료제출 상태
(최근 2년간 학교 위탁급식 운영 실적)</td><td>10</td><td></td><td colspan="5">10점: 8개교 이상
8점: 4~7개교
6점: 1~3개교</td></tr>
<tr><td colspan="2">• 제안업체 인력 보유상태
– 급식 위탁 수행 조직
(개인별 4대보험 납부 증명자료: 보험료 납부고지서 사본)</td><td>10</td><td></td><td colspan="5">10점: 12명이상
8점: 6~11명
6점: 1~5명</td></tr>
<tr><td colspan="2">• 신뢰도
– 단체급식과 관련하여 HACCP, ISO 인증서 보유, 음식물 배상책임 보험 가입
(배상책임 능력)여부(1인당 1천만원, 사고당 3억원 이상 인정)</td><td>10</td><td></td><td colspan="5">10점: 3개 모두 보유
8점: 2개 보유
6점: 1개 보유</td></tr>
<tr><td colspan="2">• 제안업체 경영상태
– 제안사의 부채비율</td><td>10</td><td></td><td colspan="5">10점: 자산중 부채비율 50% 미만
8점: 자산중 부채비율 50% 이상
6점: 자산중 부채비율 100%이상</td></tr>
<tr><td rowspan="12">주관적
평가
(60)

(신정반)</td><td colspan="4"></td><td>탁월
10(5)</td><td>우수
8(4)</td><td>보통
6(3)</td><td>미흡
4(2)</td><td>불량
2(1)</td></tr>
<tr><td rowspan="4">급식
운영
계획</td><td>식재료비 구성 비율</td><td>5</td><td></td><td></td><td></td><td></td><td></td><td></td></tr>
<tr><td>급식제조원가 계산 내역서</td><td>5</td><td></td><td></td><td></td><td></td><td></td><td></td></tr>
<tr><td>표준식단표</td><td>5</td><td></td><td></td><td></td><td></td><td></td><td></td></tr>
<tr><td>식재료의 품질</td><td>10</td><td></td><td></td><td></td><td></td><td></td><td></td></tr>
<tr><td colspan="2">식재료 구매 조달방법, 신선도 유지 방안, 잔반 및 쓰레기 처리계획</td><td>10</td><td></td><td></td><td></td><td></td><td></td><td></td></tr>
<tr><td rowspan="3">시설·
안전
관리</td><td>급식시설의 위생 상태관리 방안</td><td>5</td><td></td><td></td><td></td><td></td><td></td><td></td></tr>
<tr><td>안전관리 계획 및 안전관리 보험 가입 실태, 사고보상 대책</td><td>5</td><td></td><td></td><td></td><td></td><td></td><td></td></tr>
<tr><td>최근 2년간 급식사고 유무</td><td>5</td><td></td><td></td><td></td><td></td><td></td><td></td></tr>
<tr><td rowspan="2">급식
운반
방법 및
절차</td><td>본교까지 운반거리 및 소요시간</td><td>5</td><td></td><td></td><td></td><td></td><td></td><td></td></tr>
<tr><td>조리 후 배식까지 보온·보냉 대책</td><td>5</td><td></td><td></td><td></td><td></td><td></td><td></td></tr>
<tr><td colspan="4">합 계</td><td>100</td><td></td><td></td><td></td><td></td><td></td><td></td></tr>
</table>

자료: 식약처 자료

합한 저장창고로 보내지고 창고담당 직원은 물품을 입고하여 두었다가 필요시에 출고를 하도록 한다.

9) 물품의 평가 및 후속 조치

납품된 물품의 평가는 배달된 물품에 대해서 물품 품질이나 상태, 배달 및 서비스 등을 평가하여 이를 다음의 구매활동에 반영되도록 해야 한다.

10) 구매 기록의 작성 및 대금지불

구매업무의 종결은 구매과정을 서류로 남기고, 여러 가지 기록들을 파일로 보관하며 대금을 지불하는 것으로 이어진다. 구매과정에 사용되었던 기록을 보관해 두면 다음 주문시에 참고가 될 수 있으며, 계약서나 발주서와 같이 법률적인 효력을 갖는 서류는 일정 기간 동안 반드시 보관해 두어야 한다.

✣그림 5.3 | 식재료 구매관리의 순서

예정 식단	식품별 1인 순사용량, 전체 사용량 기간 식단과 발주시기
↓	
구입 계획	공급업체, 식품선정 식품별 구입
↓	
발 주	발주방법, 발주량의 산출
↓	
검 수	검수방법, 식품별 감별법
↓	
보 관	기기설비의 종류, 품질관리, 재고관리
↓	
조 리	
↓	
식재료비 통제	원가관리, 예산반영

(3) 호텔에서의 식품구매절차

① 각 업장의 주방은 필요한 예상 식재료를 구매청구서로 작성해 총주방장에 세 보낸나.

② 창고담당자는 재고량을 파악하여 총주방장에게 보낸다.

③ 총주방장은 각 단위 주방의 청구서와 재고량을 검토하여 구매청구서를 작성하여 구매부서에 보낸다.

④ 구매부서는 납품업체를 선정하고 양질의 식재료를 적기에 구매한다.

⑤ 검수과는 납품 식재료를 주방에서 주문한 품질, 수량, 가격 등을 검수하여 최상의 식재료를 확보한다.

⑥ 검수를 마친 식재료를 창고에 입고한다.

⑦ 각 단위 주방은 필요한 식재료 반출청구서로 작성하여 총주방장의 서명을 받는다.

⑧ 창고에서는 총주방장의 결재를 획득한 식재료 반출청구서에 의하여 각 단위주방에 식재료를 반출한다.

✣ 그림 5.4 | 호텔 식품 구매절차 순환구조

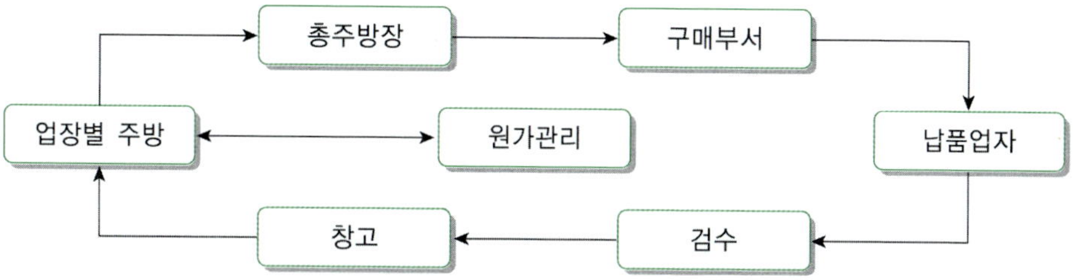

2 실무에서 중요한 수요예측

(1) 수요예측의 수행

수요예측은 수요분석을 토대로 시장조사나 각종 예측조사의 결과를 종합해서 장래의 수요를 예측하는 것이다. 급식소는 수요분석을 통해 외부의 경제적 요인이나 급식소 활동 그 자체가 수요량에 어떻게 작용할 것인지 예측하여 적절한 생산계획을 세우게 된다. 수요예측은 기간에 따라 장기예측·연차예측·단기예측 등으로 구분되며, 여러 가지 예측방법이 이용될 수 있다. 수요예측은 급식소 활동의 기본을 이루는 것으로서, 구입·조리·배식 등의 계획에 빠져서는 안 된다.

업체의 수요는 월 단위, 주 단위, 일 단위 그리고 시간 단위로 변동이 생기게 되므로, 가능한 한 단기간의 예측 모델을 세우는 것이 작업원들의 생산 일정의 계획이나 다른 기본적인 운영전략을 세우는 데 도움이 된다.

수요예측에서 가장 기본적인 자료는 급식소나 여러 업소에서 보유하고 있는 과거의 업무기록이다.

이러한 과거의 업무기록은 정교한 예측모델이 개발되기 오래 전부터 음식 생산량 결정할 때에 사용되어 왔었다. 이러한 기록이 정확하고 완벽한 것이 아니고서는 미래의 수요를 예측하는 데 있어서 신뢰성을 확보하기가 어렵다.

생산량이나 사용된 식품항목에 관한 과거 기록이 미래의 수요예측에 효과적으로 도움을 주기 위해서는, 매일매일 기록이 이루어져야 하고 날짜, 요일, 식사를 제공한 시간 또는 끼니, 제공한 날의 특수 상황(special event, holiday), 날씨 등을 반드시 기록할 필요가 있다.

또한 이와 함께 수요예측시에 참조해야 할 또 한 가지 기록은 매 끼니 혹은 하루의 메뉴 항목별 판매량에 관한 정확한 기록의 누계이다. 이는 특정 메뉴에 대한 고객들의 수요라든지, 날짜나 기타 특별한 행사로 인해 수요가 어떻게 변동하는가를 예측하는 데 큰 도움을 주게 된다.

✣그림 5.5 | 수요예측의 개발과정

수요예측체계의 목표설정
↓
과거 자료의 수집과 요약
↓
필요한 수요예측체계 개발
↓
자 료 처 리
↓
결과의 분석 및 평가
↓
수정 및 보완
↓
수요예측체계 과정에 관한 흐름도를 구상
↓
장차 업소에서 기대되는 변화 예상
↓
확정된 수요예측체계를 실행
↓
실행결과 평가
↓
수정 및 자료보존

(2) 수요예측 모델

1) 모델의 내용

급식소나 업소의 경영를 위해 다양한 예측 모델이 개발되어 왔으며, 최근에는 컴퓨터를 도입한 정보체계(computer - based information system)를 사용한 정교한 모델이 개발되어 이용되는 추세이다. 예측 모델을 선택할 때에 고려해야 할 점으로는 비용, 정확도, 과거 자료의 타당성, 예측기간 및 소비행동의 유행 등이라고 하였다.

① 비용

예측 모델을 도입하기 위해 소요되는 비용에는 개발비와 운영비가 포함된다.

② 정확성

예측 모델의 우수성이란 미래에 발생할 업무를 얼마만큼 정확하게 예견하는가에 따라서 판단된다. 아무리 비싼 비용을 투자해서 만든 정교한 모델이라도 정확도가 떨어진다면 쓸모없는 것이 되므로, 업소관리자는 이에 대해 신중한 의사결정을 해야 한다.

③ 과거 자료의 타당성

대부분의 예측 모델은 과거의 행동유형이 미래에도 계속 지속될 것이라는 일반적인 가정에 근거하고 있다.

④ 예측기간

예측기간(forecasting lead time)이란 예측이 필요한 미래의 시점을 의미한다. 대개 이 기간은 단기·중기·장기로 분류되며, 이 기간은 예측해야 할 내용이 무엇인가에 따라 달라진다. 예를 들어 비저장 물품의 생산에 관한 것이라면 단기예측이, 통조림과 같은 저장식품이라면 중·장기의 예측이 필요한 것이다.

⑤ 소비 행동의 유형

많은 예측 모델은 과거에 관측된 행동유형이 미래에도 지속될 것이며 아울러 이러한 행동은 이미 알려진 유형으로서 발생할 것이라는 가정에 근거하고 있다. 하지만 이 소비행동의 유형은 불규칙적으로 발생한 어떤 요인에 의해 영향을 받을 수도 있으며, 이러한 설명할 수 없는 요인들은 예측의 오류를 낳게 할 수도 있다. 모든 예측 모델이 모든 행동에 관한 자료에 똑같이 적용될 수는 없으므로 상황에 맞는 적합한 모델을 잘 선택해야 한다.

2) 모델의 유형

① 주관적 예측법(subjective model)

이 방법은 예측에 필요한 자료가 없다거나, 과거의 자료가 시간적 흐름에 따라 일치되지 않는 상황일 때 많이 사용된다. 이 경우 과거와 미래 장기계획간에 관계가 별로 성립되지 않으므로, 예측과 관계된 의견이나 정보를 조합하여 예측하게 된다.

주관적 예측 모델의 한 예가 델파이 기법(delphi method)이다. 이 방법은 전문가에게 몇 가지 선정된 내용에 관해 각자의 의견과 그에 관한 가정을 제출하도록 한 후, 기업측의 분석자가 검토하고 이를 다시 조정하여 새로운 추정을 계속하도록 하는 방법이다. 이 델파이 기법은 시간과 비용이 많이 소요되기 때문에 급식소의 예측에는 그다지 적합하지 않다.

이외에 사용되는 예측기법으로는 시장조사법(market research), 위원회 합의법(panel consensus) 등이 있다. 시장조사법에서는 실제로 시장에 관한 가설을 도출하고 이를 시험하는 체계적, 공식적인 방법이 사용된다. 위원회 합의법은 다수의 전문가 그룹이 단독의 한 사람보다는 더 나은 예측을 할 수있다는 가정에 근거하고 있는데, 위원 구성원간에 자유로운 의견교환이 가능하다는 점이 델파이 기법과는 다르다.

② 시계열 분석법(time series model)

수요예측 방법 중 가장 많이 사용되는 시계열 분석은 과거 행동의 발생유형이 미래에도 지속된다는 가정하에 이루어진다. 시계열 분석이란 시계열(연, 월, 주, 일 등의 시간 간격)을 따라 제시된 과거 자료(수요량, 매출액)로부터 그 추세나 경향을 알아서 미래의 수요를 예측하는 것이다. 이 경우 과거의 자료를 미래 예측의 길잡이로 이용하는 것으로 시간이 독립 변수가 되며, 수요량은 종속 변수가 된다. 따라서 시계열 분석법은 과거와 미래의 판매액을 시간의 함수로 취급하고 있는데, 시간에 따른 자료간의 격차가 예측을 어렵게 하는 요인이 되고 있다.

이와 같이 자료간의 격차가 주는 영향을 감소시키기 위해서 여러 가지 방법들이 이용되고 있는데 대표적인 방법으로는 이동 평균법(moving average method)과 지수 평활법(exponential smoothing method)을 들 수 있다.

이동 평균법은 식품구매에서 가장 많이 쓰이는 수요예측 방법이다. 이 방법에서는 최근의 일정 기간 동안의 기록을 평균 내어 수요를 예측하는데, 새로운 기록이 생길 때마다 가장 오래된 기록을 제외시키고, 가장 최근의 기록들만으로 계속 평균을 산출한다. 이러한 평균 산출법은 기록의 불규칙성이 주는 영향을 완화시켜 기록이 갖는 일정한 양상을 나타내어 예측을 가능하게 해준다. 이동 평균법에서 평균을 산출하는 방법으로는 과거 여러 기간의 자료에 동일한 가중

✣표 5.2 | 2020년 1월~6월까지의 식수 기록

월	식수
1월	346
2월	341
3월	349
4월	333
5월	349
6월	339

치를 부여하는 가중 이동 평균법(simple moving average method)과 최근의 실적치에 가장 높은 실적치를 부여하는 가중 이동 평균법(weighted moving average method)이 있다. 평균의 산출방법은 시세의 동향이나, 계절에 따라 변경이 가능하다.

2020년 1월부터 6월까지의 과거의 식수자료(표 5.2)를 가지고 이동 평균법을 이용하여 다가올 7월의 식수를 예측하는 예를 들면 아래와 같다.

이때에 단순 이동 평균법(simple moving average method)을 이용하여 7월의 식수를 예측해 보면,

$$\frac{(346+341+349+333+349+339)}{6}=342.82=343$$

이므로 7월의 예상 식수는 343인 것을 알 수 있다.

또한 가장 최근의 기록에 의해서만 수요를 예측할 수도 있는데, 3개월간의 단순 이동 평균법(3 - month moving average)에 의한다면, 과거 3개월간의 자료만을 평균내어 다음과 같이 산출한다.

$$\frac{(333=349+339)}{3}=340.33=341$$

가중 이동 평균법에 의해 평균을 산출하고자 할 때는 각각의 과거의 기록에 대해 가중치를 다르게 하여 계산한다. 위의 예에서 가장 최근의 자료인 6월의 기록에 0.7, 5월에는 0.2, 4월에는 0.1의 가중치를 두어 계산한다면, 다음과 같이 평균 식수를 예측할 수 있다.

$$\frac{0.7(339)+0.2(349)+0.1(333)}{1}=340.4$$

이때에 가중치는 가장 최근의 자료에 더 많이 부여하며, 가중치의 배분은 급식소를 운영하는 경영자의 판단에 의존하며 대개는 0.7, 0.2, 0.1 등으로 배분한다.

Tip

이동평균법(moving average model)

- 최근 3개월간의 식수평균으로 미래 수요를 예측하는 방법
- 단체급식소에 많이 이용하는 간단한 방법

지수 평활법은 컴퓨터 소프트웨어 패키지에 의해 쉽게 이용될 수 있으면서도 자료의 저장이나 계산의 용량이 적게 소요되어 인기가 있는 방법이며, 보다 정교한 예측을 하고자 할 때 많이 사용된다.

이 방법에서는 과거의 자료 중 시기별로 가중치를 다르게 두어 평균을 낸 후 예측치를 계산하게 된다. 즉 가장 최근의 자료는 가장 높은 가중치를 두고, 기간이 오래될수록 대수적으로 감소되는 가중치를 두면서, 최고의 기록이 미래의 수요예측에 가장 큰 영향을 주도록 하는 방법이다. 이 방법에 의한 수요예측은 다음과 같은 식의 평활 계수에 의해 행해진다.

예측량 $=\alpha\times D+(1-\alpha)\times F$

D: 가장 최근의 수요량

F: 가장 최근의 예측량

α는 0~1 사이의 값이며, 새로운 메뉴 또는 신제품의 경우에는 0.7, 0.8 또는 0.9의 값으로 정해지고 수요가 안정된 제품인 경우에는 0.1, 0.2, 0.3의 값으로 설정되고, 수요가 불안정한 제품일 경우에는 0.4, 0.5, 0.6의 값으로 정해진다.

앞에서 예를 든 <표 5.2>의 자료로 부터, 지수 평활법에 의해 수요량을 예측해 보면, 1월의 수요 예측량이 340이고 α가 0.3이라고 가정할 때, 2월에서 7월까지의 예측 식수는 다음과 같이 계산되어지며, 이를 정리하면 <표 5.3>과 같다.

표 5.3 | 식수 기록 및 예측 식수

월	식수	예측 식수
1월	346	340
2월	341	342
3월	349	342
4월	333	345
5월	349	342
6월	339	345
7월		344

2월의 예측 식수 $= 0.3(346) + 0.7(340) = 341.8 = 342$

3월의 예측 식수 $= 0.3(341) + 0.7(342) = 341.7 = 342$

4월의 예측 식수 $= 0.3(349) + 0.7(342) = 344.1 = 345$

5월의 예측 식수 $= 0.3(333) + 0.7(345) = 341.4 = 342$

6월의 예측 식수 $= 0.3(349) + 0.7(342) = 344.1 = 345$

7월의 예측 식수 $= 0.3(339) + 0.7(345) = 343.2 = 344$

Fitzsimmons와 Sullvan(1982)은 이 지수 평활법을 단기적 수요예측에 가장 좋은 방법이라고 하였으며 그 이유를 다음과 같이 제시하였다.

- 지수 평활 계산과정 내에 과거 기록이 모두 포함된다.
- 오래된 자료보다는 최근의 새로운 자료에 가중치가 높게 나타난다.
- 예측하는 데에 많은 자료를 필요로 하지 않는다.
- 전산화하기 용이한 예측 모델이며 사용가치가 뛰어나다.

Tip

지수평활법

- 가장 최근 기록에 높은 가중치를 주고, 수요를 예측하는 방법
- 최근기록이 미래의 수요예측에 가장 큰 영향을 주도록하는 방법
- 지수평활계수는 현시점에 가까울수록 크다.

예 수요변동의 안정된 메뉴: ($\sigma = 0.1,\ 0.2$),
불안정한메뉴, 신메뉴: ($\sigma =\ 0.7,\ 0.8$)

3) 인과형 분석법

인과형 분석법은 여러 가지 요인들이 미래의 수요에 영향을 미친다는 가정에 근거하고 있다. 이 요인들은 판매가격, 종업원수와 같이 기업 내부 및 환경요인들과 같은 실제적으로 예측에 영향을 주는 항목들이 포함된다. 시계열 분석법에서와 마찬가지로 과거의 자료로부터 얻어낸 관계들이 미래에도 지속될 것이라는 가정하에 미래의 수요를 예측하는 방법이다. 시계열 분석법은 변수를 시간의 함수로 보고 시간 변화에 따라 변수가 어떻게 변하는가를 측정하는 방법인데 비하여, 인과형 분석은 예측하려는 변수와 인과 관계가 있는 변수를 서로 연관시켜 예측하는 방법이다.

인과형 분석 모델은 판매가격과 같은 한 가지 요인에만 근거하는 단순 모델을 비롯하여 여러 가지 요인들을 포함한 수식을 이용하는 복잡한 모델에 이르기까지 매우 다양하다.

인과형 분석 모델을 개발하고 사용하는데는 많은 비용이 소요된다. 따라서 단기예측보다는 중·장기의 예측에 더 자주 사용된다. 인과형 분석에 가장 많이 적용되는 방법은 회귀 분석법으로서, 이는 예측치를 종속변수(F)로 하고, 수요에 영향을 주는 여러 개의 독립변수(X1, X2, ……Xn)의 함수로 설명하는 것이며 이를 식으로 표현하면 다음과 같다.

$$F = f(X_1,\ X_2,\ X_3, \cdots\ X_n)$$

이 회귀 분석에서는 가장 좋은 예측변수와 등식을 도출해 내기 위해 과거의 여러 가지 자료를 이용하게 되는데, 최근에는 컴퓨터를 이용한 통계적인 인과형 분석법이 널리 쓰이고 있다.

✣그림 5.6 | 수요예측 방법

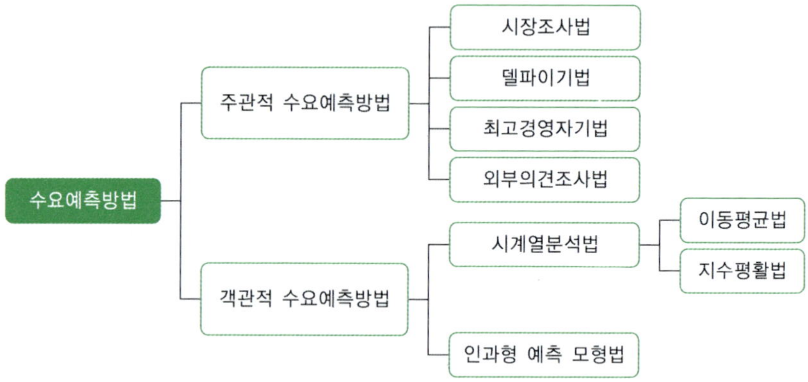

3 현장의 식품구매관리 서식

(1) 물품구매청구서(Purchase request)

물품구매청구서 <표 5.4>는 물품을 필요로 하는 부서에서 작성하여 구매부서에 보내는 것으로, 구매요구서라고도 불리운다. 구매청구서에는 일자, 필요량, 품목, 예정단가, 규격과 공급업체와 같은 항목들이 포함된다.

✣ 표 5.4 | 물품구매청구서

No.	물품 코드	물품명	제조사	규격	단위	신촌	영동	합계	비고
1	F1AAD101	메조		500g	봉	540	240	780	상품
2	F1AAE131	밀가루, 중력분	제일제당 대한제분	3kg	봉	75	80	155	유통기한 이내의 것
3	F1AA I 101	쌀, 멥쌀가루	경도식품	500g	봉	2		2	상품, 날멥쌀가루
4	F1AA111	옥수수, 가루	경도식품	500g	봉	5		5	방부제나 이물질이 첨가되지 않은 100% 순수 자연성분으로 제조일 30일 이내의 것
5	F1AAM131	찹쌀, 가루	경도식품	500g	봉	10	160	170	방부자나 이물질이 첨가되지 않은 100% 순수 자연성분으로 제조일 30일 이내의 것. 볶지 않은 날찹쌀가루
6	F1AAN141	혼합잡곡		800g	봉	120		120	현미, 현미찹쌀, 흑미, 찹쌀, 보리쌀, 서리태, 기장 적두, 흑태, 차수수, 차조, 거두
7	FBAA111	떡, 가래, 떡국용			kg	250	600	850	100% 쌀떡(일반미), 떡국용으로 썬 것, 식품제조 허가업체일 것, 식품 표시기준 부착
8	F1BAA121	떡, 가래떡, 떡볶이용			kg	100	20	120	100% 쌀떡(일반미), 떡볶이용, 지름 1cm, 길이 5cm 정도의 당일 제조품, 식품제조 허가업체일 것. 식품 표시기준 부착
9	F2AAA101	감자			kg	15		15	개당 200g 내외로 '왕'이나 '왕특' 상품, 외상이 없으며 흙이 심하게 묻지 않은 것
10	F2AAA102	감자, 깐것			kg	1515	760	2275	개당 200g 내외. 껍질과 싹, 홈이 파진 부분 등을 깨끗하게 제거한 것. 감자의 알이 잘 여물고 굵고 단단한 것
11	F2AAA111	감자, 알감자			kg	340	120	460	상품, 조림용, 개당 20~30g, 싹이 나지 않고 표면에 상처가 없는 것, 크기가 일정한 것
12	F2AAB101	고구마			kg	5	60	65	상품. 개당 200g 내외, 병충해, 흠, 부패 및 싹이 나지 않고 모양이 단단하며 통통한 타원형, 잘랐을 때 속에 심이 없어야 하며 골이 없고 매끄러운 것
13	F2BAE101	양장피			kg	16	40	56	상품, 이물질이 없는 것
14	F4AAC131	녹두, 탄녹두			kg	50	60	110	국산, 껍질이 없고 낟알이 반으로 갈라져 있는 것. 이물질이 섞이지 않는 것
15	F4AAF101	두부	풀무원		kg	1870	800	2670	유통기한 이내의 것. 찬마루
16	F4AAF121	두부, 순두부	풀무원		kg	320	120	440	유통기한 이내의 것. 찬마루
17	F4AAF131	두부, 연두부	풀무원	300g	모	2690	1200	3890	유통기한 이내의 것. 찬마루
18	F6AAA101	고구마순			kg	10		10	상품. 신선하고 깨끗한 것. 색깔이 연녹색으로 연한 것. 만졌을 때 촉감이 좋고 꼬들꼬들하며 미끈하지 않는 것

자료: 신촌세브란스 병원

(2) 물품구매명세서(Speicfication)

물품구매명세서는 구매하고자 하는 제품의 품질 및 특성에 대하여 기록한 양식이다. 이것은 구매자가 작성하여 물품 공급업체에게 발주서와 함께 송부하여 명세서에 나타난 품질에 맞는 물품을 공급하도록 하며, 구매자는 검수시에 명세서에 적힌 품질과 합당한 내용의 물품이 공급되었는지를 검사하게 된다. 그러므로 구매명세서를 준비하기 위해서는 상품의 품질, 수량, 공급업자와 배달계획 등에 대해 결정하여야 하고, 이러한 여러 가지 여건들에 관한 결정은 구매담당자가 각 급식소의 상황에 맞게 판단을 내리게 된다. 우리나라의 경우, 사용용도에 맞는 품질등급이나 기준에 대한 규정이 미흡하여 정확한 명세서의 작성에 제한이 있다. 하지만 앞으로 식품등급제도 및 표준 거래 단위에 대한 제도적 개선이 이루어진다면 보다 세부적인 구매명세서를 작성할 수 있게 되어 보다 효율적으로 식품구매업무를 수행할 수 있게 될 것이다.

1) 물품구매명세서 작성의 필요성

① 식품품질 및 원가통제의 기준이 된다.
② 공급업자, 구매자, 식품소비자 및 기타 업무관계자들 사이에서 발생할 수 있는 오해의 소지를 막는 데 도움이 된다.
③ 구매보조원이나 일반 관리업무에 관한 훈련을 받는 사람들에게 유용한 훈련도구가 된다.
④ 경쟁입찰 구매시에 특히 각 공급업체에 급식소에서 원하는 물품의 조건을 알리기 위해 필수적이다.

2) 물품구매명세서의 작성자

식품의 구매명세서에 포함되는 내용에 관한 의사결정의 책임을 지고 있는 사람들은

① 소유주/경영자 또는 최고 경영자
② 구매담당자

③ 물품사용자
④ 공급업체
⑤ 위의 네 사람의 의견을 함께 종합하는 경우 등이 있다.

급식소마다 다소의 차이는 있으나, 대부분의 경우 전반적인 운영방침에 따라 구매자와 물품사용자가 서로 합의하여 식품구매명세서가 작성된다. 구매될 품목의 내용에 관해서 부서의 상사나 물품사용자의 견해를 듣지 않고 단독으로 명세서를 작성하는 것은 바람직하지 않다. 즉 급식소의 소유주나 최고 경영자는 주요 방침을 결정하고 구매자나 물품사용자가 세부 항목을 결정하게 된다.

<그림 5.7>은 각 식품별로 그 식품구입에 필요한 정보로 호텔의 식품구매명세서 예를 나타낸 것이다.

구매명세서는 '공식 구매명세서'와 '비공식 구매명세서'로 분류되기도 한다. 정부기관 등에서 주로 작성하는 공식 구매명세서는 여러 페이지에 달하는 경우가 많으나, 일반 서비스 업종에서는 비공식 구매명세서를 작성한다. 여기에는 생산 산출량, 등급, 포장과 관련된 약간의 정보들이 포함된다. 이는 비공식 명세서의 작성자가 공식 구매명세서에 나타나는 다른 많은 정보들에 대해 인식하고 있지 못해서가 아니라 구매명세서 작성에 소요되는 시간을 줄이기 위해서이다.

그림 5.7 | 호텔의 구매명세서의 예

A Meat Specification	A Poultry Specification	A Fish Specification
Product Ground Beef, regular IMPS/MBG No. 136 Weight 10pound container Detail Max. 30% fat. Ground through 3/4 "plate, then 1/8" plate, thoroughly blended. Condition Frozen, Marked with U.S inspection stamp	Product Turkey, boneless roll Weight 8# − 10# each Detail All white meat. No seasoning or preservatives Condition Frozen. U.S. inspec−tion stamp applied	Product Fish Sticks Species Cod Breading 20% maximum by weight Size 1 oz. portions Pack 4 boxes of 64 portions Condition Cooked, frozen, U.S.Grade A

3) 물품구매명세서에 포함되는 정보의 내용

① 물품 또는 서비스의 용도 및 요구사항

② 물품 또는 서비스에 대한 정확한 명칭

③ 상품명, 품질 및 등급, 크기, 형태

④ 포장 규격,단위, 재질

⑤ 가공 공정 및 저장 방법

⑥ 산지명

⑦ 숙성 정도

⑧ 일반적인 사항

- 가능한 운송 절차
- 신용 기한
- 기타 원하는 공급자의 서비스 내용

⑨ 경쟁 입찰자에 대한 특정 지시사항

- 경쟁 입찰절차
- 공급자 선정에 대한 기준
- 구매자가 공급자에게 기대하는 자격과 능력

4) 물품구매명세서 작성시 유의점

① 구매부문, 납품업자, 검수 부문의 3자가 사용하는 구매명세서는 동일해야 한다.

② 구매명세서는 현실적으로 작성해야 한다. 그렇기 때문에 가능하면 견본(sample) 같은 것을 붙여두면 좋다.

✢ 표 5.5 | 식품구매명세서의 예

No	품명	단위	예정 소요량 (Kg)	규격	비고
17	붉은팥	kg	15	• 국내산, 원산지표시, 농협제품	
18	배	kg	183	• 국내산, 500g/개 내외, 평택, 천안, 나주배 • 빛깔이 곱고 색이 고운 것 • 잘랐을 때 수분이 많고 하얀 것 • 모양이 둥글고, 무르지 않은 것	
19	배추	kg	114	• 국내산, 통배추, 무게 3kg 정도 • 단단하고, 잎이 밀착된 것 • 속이 꽉 차고, 벌레먹거나, 썩은 부분이 없는 것 • 떡잎이 적고, 껍질이 얇으며, 굵은 섬유질이 없는 것 • 뿌리는 완전히 제거되고, 속이 연백색을 띠는 것	
20	사과	kg	309	• 국내산, 320g/개(홍옥, 스타킹, 아오리, 후지 중 필요시마다 택함) • 빛깔이 좋고, 윤기가 나는 것 • 신맛이 적고, 푸석하지 않은 것 • 꼭지의 씨방부분이 갈라지지 않고, 위쪽 모양이 약간 넓은 것	
21	상추	kg	15	• 치마상추(참잡이), 꽃상추	
22	생강	kg	18	• 국산 통생강 사용 • 껍질을 완전히 제거한 것 • 싹이 없으며, 물이 생기지 않은 것 • 생강 특유의 향이 강한 것	
23	숙주 나물	kg	29	• 풀무원, 무르지 않은 것	
24	시금치	kg	89	• 국내산, 원산지표시, 길이 25cm 내외 • 잎사귀가 넓고, 벌레먹지 않았으며, 녹색이 싱싱한 것 • 단을 풀었을 때 이물질이 없는 것 • 부드러우며, 잎의 크기가 고른 것	
25	실고추	kg	0.2	• 국내산, 색이 붉은빛을 띤 것	
26	실파	kg	15	• 국산, 손질(깐 것)된 것, 길이 25～30cm 내외 • 가늘고, 굵기가 일정한 것	
27	쑥갓	kg	13	• 국내산, 원산지표시, 길이 40cm 내외 • 연하고 잎이 얇은 것 • 신선하고 이물질이 섞이지 않은 것 • 줄기가 굵은 것	

③ 구매명세서의 작성은 간단하고 정확하게 해야 한다.
④ 구매명세서에서 지정하는 물품은 가능한 한 시장에 나와 있는 상표의 것을 지정하는 것이 좋다.
⑤ 구매명세서는 모든 납품업자에 대해서 공평하게 작성되어야 한다.
⑥ 구매명세서는 많은 납품업자가 응할 수 있도록 작성되어야 한다.
⑦ 구매명세서는 명료하고 융통성 있게 작성되어야 한다.

5) 물품구매 명세서 작성시의 장단점

효율적인 급식 운영을 위해 명확하게 작성되어야하는 물품 구매 명세서의 활용시에 장·단점을 알아보면 다음과 같다.

① 장점

- 저렴한 품목을 얻을 수 있는 방법이 발견될 수 있기 때문에 경제적이다.
- 구매명세서에 의해서 많은 납품업자에게 경쟁입찰에의 응찰을 촉구하게 되며, 이에 의해서 유리한 가격으로 구매할 수 있다.
- 구매명세서에 의해서 정확한 품질검사를 할 수 있고 따라서 품질의 균일성을 유지할 수 있다.
- 구매명세서에 의해서 납품업자는 품질관리를 철저히 하게 되므로, 구매자측은 전수 검사를 하지 않아도 되기 때문에 비용과 시간이 절약된다.

② 단점

- 구매물품의 양이 적을 때는 오히려 번거롭고 비경제적이다.
- 구매하고자 하는 물품에 대해서 너무 구체적으로 지정하기 때문에 때로는 불필요하게 비싼 가격으로 구매하게 되는 경우가 생긴다.
- 구매명세서가 한 번 작성되면, 그 물품의 성능이 영구적으로 규정된 것 같이 생각되어 기술적 진보에 뒤떨어질 우려가 있다.
- 특허품의 경우나 또는 생산업자의 기술적 제약성 때문에 구매명세서가 오히려 부적당한 경우가 있다.

이상과 같은 단점이 있음에도 불구하고 구매하고자 하는 물품의 양이 많을 때는 구매명세서를 반드시 작성하여 이용하지 않으면 안 된다.

6) 급식소에서 물품구매명세서 작성에 영향을 주는 요인

구매명세서에 포함되어야 할 정보가 무엇인가를 결정하기에 앞서 다음과 같은 요인들에 대해 검토할 필요가 있다.

① 급식소의 목표와 정책

이는 가장 중요한 요인이며 전반적인 경영지침은 명세서를 작성하기 전에 협의되어야만 한다.

② 시간과 자금의 유용성

구매명세서 작성에 소요되는 비용과 명세서 작성시 얻을 수 있는 장점 사이에 논란의 소지가 있을 수 있다. 따라서 구매명세서를 구비하는 데 필요한 시간과 자금을 잘 사용할 수 있는 여건을 잘 고려해야 한다.

③ 급식소의 음식 생산 체계

음식을 생산하고 조리하는 방법이나 사용하는 기기에 따라 최종적으로 조리된 음식의 품질이 달라질 수 있으므로, 급식소의 여건에 적합한 음식을 조리할 수 있도록 구매에 있어 이를 사전에 고려하여야 한다. 예를 들어 햄버거를 grilling 하지 않고 broiling할 경우, broiling 할 때 육즙 손실로 인해 햄버거의 지방 함량이 증가되는 것을 고려하여야 할 것이다.

④ 저장시설

냉동, 냉장 또는 건조 저장 공간이 제한되어 있다면 명세서에는 이러한 조건을 기록하여 고려할 수 있도록 한다.

⑤ 조리원의 기술수준

일반적으로 조리 기술수준이 낮은 경우, 구매자는 반조리 가공식품이나 편의식품과 같은 조리 기술을 많이 요구하지 않는 식품을 더 많이 구매해야 할 것이다.

⑥ 메뉴상의 요건

특별 메뉴인 '생굴회'가 메뉴상에 있다면 구매명세서에 '생굴'라는 내용과 함께 신선도 관련한 부분을 강조하여 포함시켜야 한다.

⑦ 판매가격 또는 예산상의 제한점

경쟁이 매우 심한 시장권 내에 위치한 업소의 경우라면, 식단가격이 경쟁에 의해 고정되어질 수도 있으므로, 몇몇 또는 전체 식품에 대한 비용의 한계를 구매명세서에 포함시키도록 한다.

⑧ 서비스 유형

카페테리아식 서비스를 할 경우 스팀 테이블(steam table)에서 일정 시간 동안 보유되어야 하기 때문에 뜨거운 온도에서 긴 시간 보존하기가 용이한 식품품목이 필요할 수도 있다.

연구문제

문제 1 이동평균법을 이용하여 4월 식수를 예측하시오.

월	1	2	3	4	비고
실제식수(식)	300	310	320		
예측식수(식)					

문제 2 지수평활법으로, 10% 정도 변동이 있다 (평활계수 σ = 0.1) 2월 식수를 예측하시오

월	1	2	3	4	비고
실제 식수(식)	300	310	320		
예측 식수(식)	290				

6장

발주업무

1. 발주의 개념
2. 발주량의 결정
3. 발주방식의 결정
4. 발주량의 산출
5. 발주에서의 고려사항
6. 실제 발주서의 작성

06 발주업무

1 발주의 개념

발주는 수요자가 물건 등을 공급자에게 주문하는 것을 일컫는다. 구매담당자가 직접 수량을 발주하여 주문비용을 최소화하는 적정 발주량을 결정하는 것으로 발주는 대규모 시설에서는 예정 식단을 기준으로 식재료를 업자에게 주문하는 것이다.

발주업무를 담당하고 있는 구매담당자는 생산부서에서 요구한 주문량 자체가 그대로 발주량이 될 수는 없으므로, 적정한 주문수량을 결정한 뒤에 발주하여야 한다.

적정한 수량이란 구매자와 공급자 모두에게 가장 경제적인 수량을 말한다. 즉 구매자측으로서는 경제적인 주문수량을, 공급자측으로서는 경제적인 수주수량을 뜻한다.

✣그림 6.1 | 급식업체 발주 흐름도

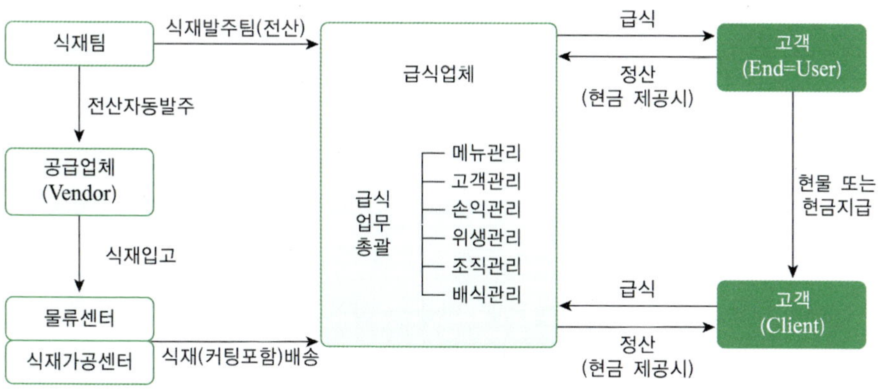

이러한 경제적인 주문 수량은 주문하는 물품에 따라 모두 달라지게 되며, 여러 가지 요인에 의해 결정된다. 그러므로 구매담당자는 구매요청서에 기록되어 있는 수량을 그대로 주문 수량으로 결정하기 보다는 주문 비용을 최소화할 수 있는 적정 발주량을 결정하고, 아울러 기타의 여건을 고려한 후에 주문을 해야만 한다.

2 발주량의 결정

식품의 대량 구매에 있어 경제 원칙은 보다 효과적으로 적용되는데 일반적으로 규모가 큰 업소일수록 구매업무와 관련된 원가절감 효과가 커질 수 있다. 특히 재고가치의 수준이 수천만 원에 달하는 경우에는 공식적인 분석을 통해 적정 발주량을 결정할 필요가 있다.

적정 발주량은 저장비용(storage cost)과 주문비용(order cost)의 두 가지 요인의 비용에 의해 영향을 받는다. 저장 비용은 재고를 보유하기 위해 소요되는 비용의 총 합계액이다. 여기에는 저장시설의 유지비, 보험비(inventory insurance), 변패로 인한 손실비 등과 같은 비용뿐만 아니라 재고 자체의 보유에 소요되는 비용까지 포함된다. 특히 재고가치에 해당하는 만큼의 현금을 다른 곳에 투자하지 않고 물품으로 보유하여 손실되는 '자본의 비용'인 '기회비용'이 흔히 간과되기 쉬운 비용이지만, 실제로 막대한 손실을 가져올 수도 있는 비용인 것이다.

주문비용은 주로 인건비가 많이 차지하며, 이외에도 주문과 관계된 업무처리 비용이나 교통 통신비, 소모품비 및 검수에 소요되는 비용이 해당된다.

이와 같은 저장비용이나 주문비용은 발주량에 따라서 변화한다. 연간 소요되는 비용으로 산출할 때, 1회당 발주량이 커지면 연간 저장비용은 증가하지만 그만큼 주문횟수가 줄어들게 되므로 주문비용은 저하된다. 반대로 1회의 발주량이 적으면 재고유지에 드는 비용은 줄어드는 반면에 연간 주문비용은 증가한다.

■ 경제적 발주량(economic order quantity: EOQ) 계산법

• $EOQ(\text{비용}) = \sqrt{\dfrac{2 \times \text{주문시 수문비용} \times \text{연간 사용한 품목의 비용}}{\text{연간 저장비용(재고의 평균 가치비용의 비율)}}}$

• $EOQ(\text{품목의 수}) = \sqrt{\dfrac{2 \times \text{주문시 주문비용} \times \text{연간 사용한 품목의 양}}{\text{연간 저장비용(재고의 평균 가치비용의 비율)}}}$

■ 특정 주문량과 연관된 연간 총 비용의 계산법

(이 공식은 경제적 발주량(EOQ) 공식을 계산하는 데 사용된다.)

• $\text{연간 총 비용} = \left[\dfrac{\text{주문 비용} \times \text{연간 사용한 품목의 수}}{\text{주문량(총 품목당)}}\right]^{*} + \left[\dfrac{\text{1개 품목당 연간 저장비용} \times \text{주문량(총 품목당)}}{2}\right]^{**}$

* 연간 총 주문비용

** 연간 총 저장비용

✣그림 6.2 | 적정 발주량의 결정

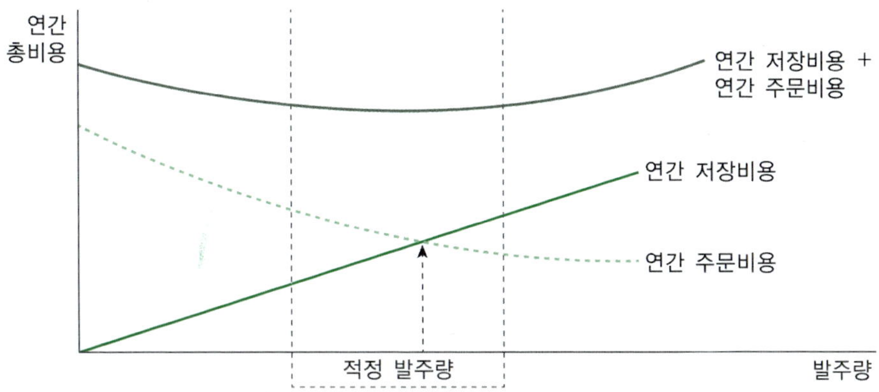

(1) 발주량 결정시 고려해야 할 요인

발주량을 결정할 때는 경제적인 주문수량이 어느 정도인가와 아울러 여러 가지 요건을 고려할 필요가 있다. 단지 산술적으로 정해지는 경제적 주문수량에만 의존하여 발주를 하게 되면, 간혹 적정창고의 수용용량에 맞추지 못하는 경우가 생길 수도 있다. 그러므로 발주량을 결정할 때는 다음과 같은 요인들도 함께 고려하는 것이 바람직하다.

① 가격의 변화

미래에 가격이 오르거나 혹은 내려간다는 예측은 적정 재고량 결정공식에는 포함되지 않는 내용 중의 하나이다. 만약 가격이 크게 인상된다고 하면 주문수량을 보다 많이 증가시킬 필요가 있다.

② 수량 할인율

주문수량의 증가에 따라 가격이 할인되는 물품의 경우는 재고 유지비용보다 할인 가격의 액수가 크다면 주문수량을 늘리는 편이 이익이 된다.

③ 재료의 특성

물품에 따라서는 재고기간이 길어지면 질이 저하되는 것이 있다. 특히 식품의 경우는 저장기간에 제한이 있으므로 이를 반드시 고려하여야 한다.

④ 계절적인 요인

특정 계절에만 시장에서 구입할 수 있는 계절식품들은 성수기에는 저렴한 가격으로 구입할 수 있는 반면, 비수기의 경우에는 값이 비싸거나 구입하기 어려운 경우가 많다. 그러므로 제때에 구입하지 않아서 비싸지거나 구입이 어렵나뇐 주문수량을 늘려야 한다.

Tip

경제적 발주량

가) 연간 저장비용과 주문비용의 합이 가장 적은 지점이다
 * 연간 총비용 = 저장비용 + 주문비용
나) 발주점: (평균소요량 × 공급 기간 중 소요량) + 안전재고량
 * 안전재고량: 예측되지 않은 수요변화에 대비하여 설정한 재고량
다) 발주량산출 품목(냉동식품, 제과)
 * 계절별 메뉴가 자주 변하는 단체급식소에는 사용이 어렵다.

3 발주방식의 결정

발주방식에는 정기 발주방식과 정량 발주방식이 있는데 발주해야 할 품목이 정해지면 두 방식 중 어느 것이 적합한가를 결정해야 한다. 정기 발주방식에 적합한 품목은 가격이 고가이어서 재고 부담이 큰 것이라든가 또는 조달에 기간이 오래 걸리는 것 등이다. 또한 수요의 예측이 가능한 품목도 이에 포함된다.

정량 발주방식에 알맞은 것은 저가 품목이어서 재고 부담도 적고, 항상 수요가 있기 때문에 일정한 양의 재고를 보유해야 하는 품목들에 바람직한 방법이다. 수요를 예측하기 어려운 것이라도 사장품이 될 우려가 적은 것 등이 이 방법에 의해 발주하게 된다.

(1) 정기 발주방식

정기 발주방식은 일정한 시점마다 즉, 정기적으로 발주시기에 이르면 부정량(최대 재고량 - 현재 재고량)을 발주하는 유형으로 'P시스템' 혹은 정기 실사 방식이라고도 한다. 그러므로 정기 발주방식은 발주주기와 최대 재고량에 의해서 작용되는데, 이 경우 발주량을 산정하는 공식은 다음과 같다.

> 발주량 = 최대 재고량 − (현재 재고량 + 발주 중의 미입고량)
>
> * 최대 재고량 = 발주주기 중의 수요량 + 조달기간 중의 수요량 + 안전 재고량
>
> = 수요율(발주주기 + 조달기간) + 안전재고량

이때 발주주기는 주문해서 입고되기까지의 기간으로 발주량을 같은 기간 중의 수요량으로 나누어 구할 수 있다. 따라서 적정 발주주기는 경제적 발주량을 수요량으로 나누어 구할 수 있다.

✣그림 6.3 | 정기 발주방식

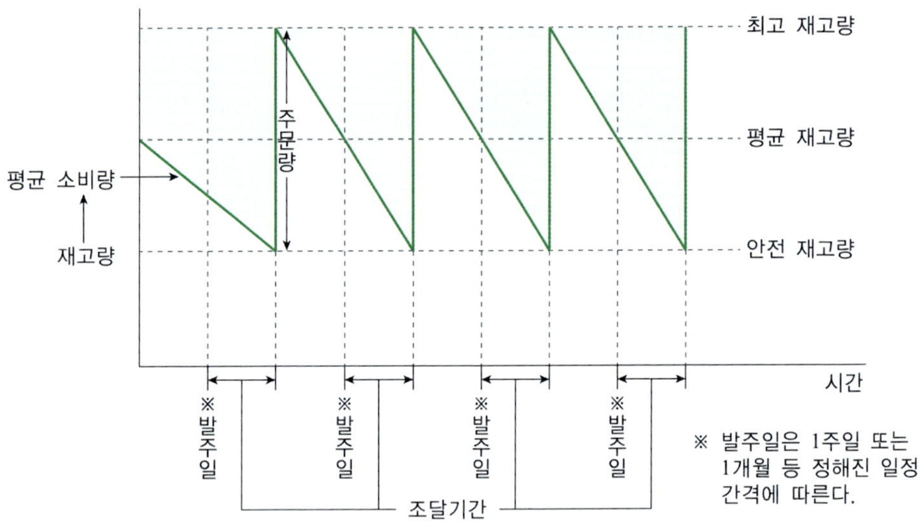

$$\text{적정 발주주기} = \frac{\text{경제적 발주량}}{\text{수요량}}$$

Tip

정기적 발주량

= 입고~발주까지 사용량 + 공급기간 사용량
= (최대 재고량 − 현재 재고량) + 공급기간 사용량

(2) 정량 발주방식

정량 발주방식은 일명 '발주점 방식(order point system)'으로 알려져 있는 것으로 재고가 일정 수준(발주점)에 이르면 일정 발주량 즉, 경제적 발주량(economic order quantity, EOQ)을 발주하는 시스템이다.

이와 같이 발주량 중심의 방식이라 하여 'Q 시스템'이라고 불리기도 하며 이러한 발주점 방식은 계속적인 실사를 전제로 하므로 '계속 실사방식'이라고 분류하기도 한다.

(3) 정기 발주방식과 정량 발주방식의 차이

정기 발주방식에서는 정기적으로 부정량을 발주하는데 비해서 정량 발주방식에서는 부정기적으로 정량을 발주하는 것이 근본적인 차이점이다. 또한 정량 발주방식은 정기 발주방식보다 적은 양의 안전재고를 필요로 한다. 그 이유는 정량 발주방식에서의 안전재고는 조달기간 중의 수요 변화에 대비한 것인데 반하여 정기 발주방식에서의 안전재고는 조달기간과 발주주기 중의 수요변화에 대비한 것이기 때문이다.

✣ 그림 6.4 | 발주방법에 따른 차이

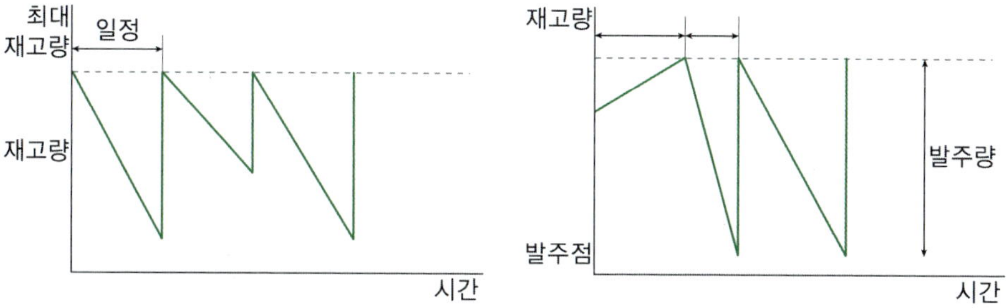

4 발주량의 산출

식품의 발주량의 계산에는 주로 2가지로 분류할 수 있다. 장, 단기 저장품과 신선품의 발주량 산출에 관한 내용은 아래와 같다. 신선품의 경우에는 폐기율이 고려된 출고계수를 반영하여 발주량을 산출해야한다.

① 저장품의 발주량

부패나 변질의 우려가 낮아 장기간 보관이 가능한 쌀, 곡류 가공품, 육류 및 가공품

순사용량×급식수 로 나타내고,

② 신선품의 발주량

최상의 신선도를 유지해야하는 채소류와 어패류 등 폐기율이 있는 식품

출고계수(100/가식부율)×순사용량×급식수 로 산출한다.

✣ 표 6.1 | 식품의 출고계수

식품군	가식부율(%)	출고계수
채소류	85	1.18
감자류	90	1.11
과일류	76	1.32
생선류	82	1.22
게류	25	4
조개류	50	2
달걀	86	1.18

Tip

발주량

가) 폐기율 없는 식재료의 발주량 = 1인 분량 × 예측 식수

나) 폐기율 있는 식재료의 발주량 = 1인 분량 × 출고계수 × 예측 식수

* 출고계수 = 100/ (100 − 폐기율)

5 발주에서의 고려사항

각 급식소나 업소에서 발주방법에 의해 발주수량이 결정되면, 다음 사항에 대해 다시 한번 점검한다.

① 가까운 시간에 가격이 오르지 않겠는가 → 오른다면 주문수량을 늘린다.

② 가까운 시간에 가격이 내려가지 않겠는가 → 내려간다면 주문수량을 줄인다.

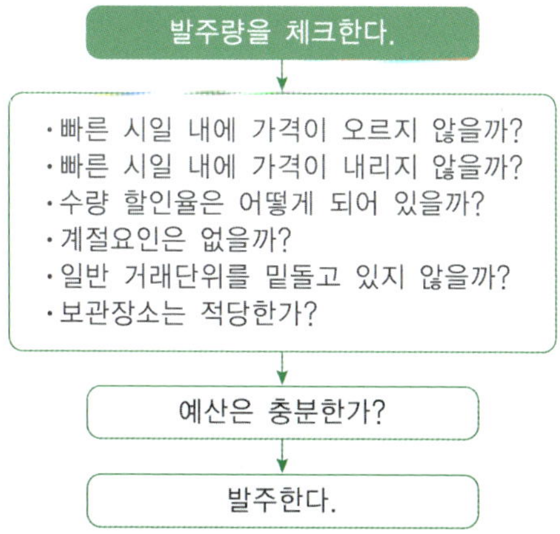

출처: 박정숙(2015)

③ 수량 할인율은 어떻게 되고 있는가 → 다소 늘려서 가격이 더 내려간다면 주문수량을 늘린다

④ 재고로 두면 질이 떨어지지 않겠는가 → 질이 떨어지면 주문수량을 줄인다.

⑤ 계절요인은 없는가 → 비계절품이 되어 값이 오른다면 주문수량을 늘린다.

⑥ 일반 거래단위를 사용하였는가 → 판매 단위에 맞게 주문수량을 늘린다.

⑦ 저장 장소는 있는가 → 없으면 보관할 수 있을 만큼의 양으로 주문량을 줄인다.

⑧ 마지막으로 자금 여유는 충분한가를 고려하여 발주한다.

발주 품목이 정해지고 나서 발주할 때까지의 모든 절차를 검토한다.

6 실제 발주서의 작성

(1) 발주서의 개념

발주서는 구매표, 주문서, 발주전표라고도 불리우며, 물품 사용부서의 구매요구서에 따라 구매부서에서 작성한다(<표 6.2>, <표 6.3>, <그림 6.5>).

구매부서에서 공급자에게 발주서를 발행하게 되면 그 즉시 법률상의 계약이 성립되어 법률상의 제약을 받게 된다.

발주서는 보통 3부가 작성되어 원본은 판매업자, 사본은 구매부서, 나머지 사본 1부는 물품 납입 후 대금지불 근거로 회계부서에서 보관하게 된다.

발주서는 일반적으로 다음과 같은 항목이 포함된다.

① 급식소의 이름과 주소
② 공급업체의 이름과 주소
③ 확인번호
④ 공급업자에 대한 일반적 지시
⑤ 구매품목에 대한 자세한 설명
⑥ 구매계약 단가
⑦ 구매자의 확인 등이다.

| 표 6.2 | 학교급식 발주서의 예

【발 주 서】

기간 : 2015.08.24 ~ 2015.09.06 (중식)
[수신] 납품업체군 : 시청친환경쌀(입찰제외)

[발송]: ○○초등학교

NO	식품명/상세식품명	식품설명	단위	08.24	08.25	08.26	08.27	08.28	08.29	08.30	08.31	09.01	09.02	09.03	09.04	09.05	09.06	총량
1	기장/도정곡	친환경농산물 친환경,무농약이상,여수산우선,전남산,상품	kg		1.00													1.00
2	쌀(검정쌀)/멥쌀	친환경농산물 친환경,무농약이상,여수산우선,전남산,상품	kg					1.00										1.00
3	쌀(백미)/일품(국내산)	20.00kg친환경농산물 친환경,백미,무농약이상,여수산우선,전남산,상품	포	2.00														2.00
4	쌀(현미)/일반형	친환경농산물 친환경,무농약이상,여수산우선,전남산,상품	kg								1.00							1.00
5	율무/율무쌀	친환경농산물 친환경,국산,무농약이상,여수산우선,전남산,상품	kg				1.00											1.00
6	찹쌀/백미	친환경농산물 친환경,무농약이상,여수산우선,전남산,상품	kg	5.00							1.00							6.00
7	혼합잡곡/영양잡곡	친환경,무농약이상,여수산우선,전남산,상품	kg	1.00														1.00

✣ 표 6.3 | 병원급식 주문서의 예

[농산물-2] 주문서 상세내역

[거 래 처] 매천식품

[검수일자] 2017/08/21

No.	관리코드	부식(재료)명칭 및 규격	단위	단가	주문량	환자식		직원식
						일반식	치료식	
1	3043010006	고추잎/국내산.이물질없고 신선한것	KG	3.500	1		1	
2	3043010014	단배추/국내산.벌레먹지않고 신선하며 뿌리가없는것	KG	1.500	1		1	
3	3043010017	대파/국내산.겉껍질뿌리제거 신선한것	KG	2.500	46	2	41	3
4	3043010029	미나리/국내산.줄기가연하고 신선한것	KG	5.000	6		6	
5	3043010032	방울토마토/국내산.당도높고 신선한것	KG	4.100	3		3	
6	3043010033	배추/국내산.겉껍질제거.속이차고 꽃대이물질없는것	KG	1.500	20		20	
7	3043010049	쑥갓/국내산.뿌리제거 신선한것.꽃대없고 줄기가연한것	KG	2.000	1		1	
8	3043010077	토마토/국내산.250g이상.과실의2/3정도숙성되며 신선한것	KG	3.000	54		54	
9	3043010079	풋고추/국내산.길이10㎝이상.신선한것	KG	5.000	16	1	14	1
10	3043010093	쪽파/뿌리껍질제거.신선한것.알부분이다듬어진	KG	9.000	25	1	23	1
11	3045010008	사과/국내산.250g이상.신선하고 단단한것	KG	3.500	1		1	

[출력일자] 2018-01-04 17:24:43 Page 1 / 1 [영양팀] OO대학교의료원

출처: 박연우(2018)

✣그림 6.5 | 호텔의 발주서 예

PURCHASE ORDER

구매주문서	구매주문서번호
업 체 supplier phone	order no. 이 구매주문서 번호는 모든 관계서류에 기재되어야 합니다.
납품기한 delivery	주문일자 p/o date
	sheet of
납품장소 storage/warehouse	요청서번호 req no.
지불조건 payment	사 용 처 for use

item no.	품명 및 규격 description	단위 unit	수 량 quantity	단 가 unit price	금 액 amount	자재번호 mat. code

1. 제작 및 검사: 공급자는 상기 물품을 당사 구매주문서 번호및 부속서류의 사양에 따라 제작 및 시제품을 제시하여야 하며 이에 따른 감독 및 검사의 요청시 이를 즉시 이행하여야 한다.
2. 계약보증금: 공급자는 물품대의 /100을 계약 이행 보증 보험증권으로 계약이행완료시까지 발주자에게 예치한다.
3. 하자보증금: 공급자는 물품대의 /100을 하자이행 보증보험 증권을 보증기간인 납품검수보고 후 1년간 발주자에게 예치한다.
4. 지체보상금: 공급자가 납기내 물품을 인도하지 못할 경우, 총예약금의 20% 한도에서 지체되는 1일당 /100에 상당하는 지체보상금을 대금지불시 공제한다.

* 사업자등록번호: *업 태:
* 주 소: *종 목:

by______________
purchase authority

finance/accounting dept.

(2) 발주방법

발주내용을 업자에게 전달하는 방법은 주로 세 가지로,

① 서면(전표)을 직접 업자에게 전달하는 방법
② 전화를 이용하는 방법
③ 인터넷을 이용하는 방법

대부분의 급식업체에서는 인터넷을 이용한 전산발주를 주로 활용하고 있는데, 이는 업무 시간과 노력의 효율성을 가져오고 있다. 전화발주는 발주전표를 사후에 작성하여야 하며, 잘못 전달되는 수가 많으므로 긴급시에만 이용하도록 하는 것이 좋다.

(3) 발주의 전산화

급식관리업무를 효율적으로 운영하기 위해서는 전산화가 요구되며 특히 위탁급식화로 발주의 전산화는 원가절감에 크게 기여할 수 있다.

발주전산화의 목적은 업무시간단축, 신속한 원가관리, 양질의 업무처리, 인건비 절감과 발주오차 감소 등이 있다.

전산화된 발주방법의 흐름도 <그림 6.6>과 외식업체에서의 전산발주의 예가 <그림 6.7>에 있다.

그림 6.6 | 발주관리의 흐름도

보유메뉴
↓
제공메뉴 선정, 식수량 입력
↓
조리계획표 발행
↓
일반주명세표, 주간단위 발주 명세표
↓
발주확정
↓
발주

✣ 그림 6.7 | 전산발주의 예

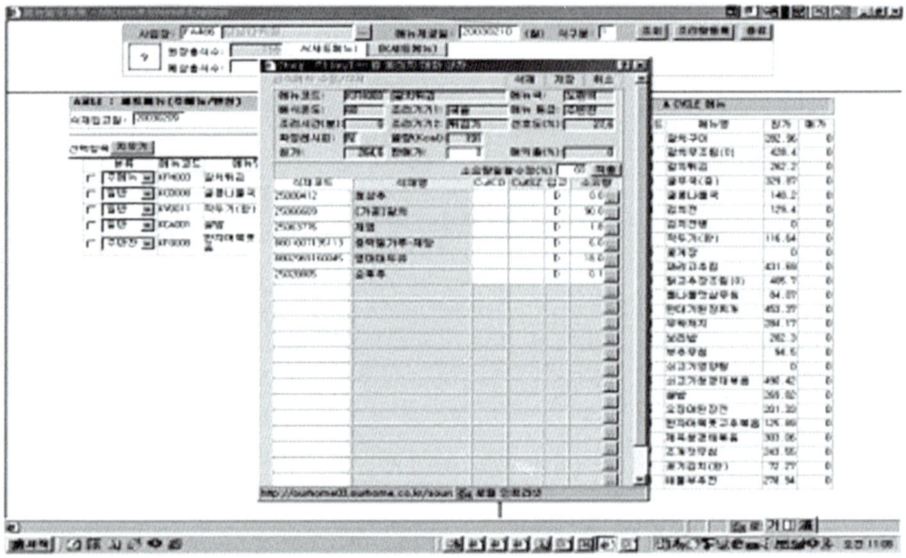

출처: (주)아워홈 급식시스템

The News!

교육부·eaT "학교급식 식재료 표준화작업, 마무리 단계"
'분류체계 표준화'에 초점, 관리 주체는 '교육부'로 명문화!

교육부는 지난 2015년부터 운영되어온 학교급식 식재료 분류체계 개편을 검토하면서 식재료 발주체계 개편을 위해 외부용역을 실시했으나, 용역결과에 대한 학교 영양(교)사들의 반대의견에 따라 이를 폐기하고 2016년부터 aT와 함께 작업을 진행했다.

aT 역시 그동안 표준화되지 않은 식재료 체계로 인해 식재료 사용량 및 농산물 소비 추이와 품목별·지역별 농산물 소비패턴 등에 대한 '빅데이터'를 구축하는데 한계가 있었으나 이번 개선작업을 통해 보다 정확하게 체계를 잡을 수 있다는 장점이 있어 교육부와 함께 작업에 착수했다.

기본적으로 직영급식을 실시하는 학교는 '교육행정정보시스템'(NEIS, 이하 '나이스')을 통해 급식관리를 한다. 영양(교)사는 나이스를 통해 학생 1인당 영양량 관리는 물론 식단작성과 관리, 식료 발주 및 위생점검까지 수행한다. 교육부와 aT가 개편하고 있는 부분은 바로 이 식재료 발주체계다.

출처: 대한급식신문(http://www.fsnews.co.kr) 2019.1.22

연구문제

문제 1 급식소의 예상식수가 200명으로 두부조림을 준비하는데, 두부의 1인 분량(80g)인 경우, 두부 발주량은?

문제 2 급식소의 예상식수가 200명으로, 넙치조림을 준비하는데 넙치의 1인 분량(100g), 폐기율(20%), 재고량(3kg)일 때, 넙치 발주량은?

> 급식소, A 품목 사용량(1,000kg/년)으로, A 품목 유지 및 관리비용 (재고가의 10%, 단위당 구매가격 1,000원)이고, 발주에 소요되는 고정비(20원) 일 때,

문제 3 A 품목의 1회 경제적 발주량은?

문제 4 A 품목의 1년간 발주 횟수는?

문제 5 A급식소 정기발주방식에서, 05월 1일~20일 사용량은 20통, 입고까지 사용량은 10통으로 예상하며, 05월 26일 발주량?

문제 6 A급식소 정기발주방식에서, 매월 20일 재고조사 후 21일 발주하는 입고관리로서, 급식소의 식용유 최대재고량(30통), 안전재고량(10통)이다. 만약, 급식소 재고량 10통이고, 입고까지 사용량은 5통으로 예상하면, 26일 발주량은?

7 장

검수관리

1. 검수란?
2. 검수를 위한 구비조건
3. 검수절차
4. 검수방법
5. 검수시 고려사항
6. 검수담당자의 업무
7. 검수기준
8. 현장의 검수관련 서류

07 검수관리

1 검수란?

검수란 납품된 식재료와 주문내용과 일치하는지를 검사하여 수령 여부에 대한 판단을 하는 과정이다. 그러나 단순히 배달된 물건들을 받고 확인하는 것에 그치는 것은 아니다. 검수업무는 구매명세서에 맞는 품질, 크기, 수량, 중량과 가격을 확인하고, 쉽게 상하는 식품의 경우 배달일자가 명시여부를 검토하는 절차 등을 포함한다. 일반적으로 검수절차(receiving procedure)는 배달된 물품의 인수(accepting), 확인(validating), 서명(signing)으로 이루어진다. 무엇보다 효과적인 업무통제를 위해서는 구매와 검수를 분리하는 것이 이상적이다.

일반적으로 검수업무를 수행하는 검수 담당자는 주문한 물품의 목록이 적힌 구매청구서(요구서)의 사본을 가지고 있어야 하며, 이에 준하여 주문한 물품이 모두 납품되었는가를 각 항목별로 검토하게 된다. 검수할 때는 주문한 물품의 품명 이외에도 수량, 품질 및 가격을 함께 확인하여 검수한 물건들의 내역을 검수 일지에 매일 기재하여야 하며, 검수가 끝나는 즉시 적절한 저장소나 조리실로 운반해야 한다. 배달과 검수과정에서의 손실을 막고, 품질을 보존할 수 있는 적절한 통제와 함께 계속적이고 반복되는 절차들이 검수과정에는 필수 요소이다.

2 검수를 위한 구비조건

검수업무가 효과적으로 수행되기 위해서 갖추어져야 할 요건은 다음과 같다.

(1) 검수 계획

검수시간의 일정은 미리 계획해 두고 납품업자가 특정한 시간에 맞추어 배달하도록 하는 것이 바람직하다. 검수시간은 검수원의 능력에 따라 상대적으로 다르게 정해져야 한다. 이와 같이 미리 시간을 정해 두면 한 번에 많은 물건이 배달되어 혼돈을 일으키거나 검사가 불충분하게 이루어지는 것도 막을 수 있다. 또한 검수원의 식사시간이나 검수원이 없는 시간에 물품이 배달되는 것을 막을 수 있다. 급식소나 호텔 등의 업소에서 검수는 상하기 쉬운 식품은 아침에, 그 밖의 식품들은 오후에 배달되도록 요구하는 경우가 많다.

(2) 검수원(receiving clerk)

효과적으로 검수가 이루어지려면 검수업무를 전담하는 유능한 담당자가 필요하다. 유능한 검수원이란 정직하고, 의욕적이며, 검수할 물품과 검수절차에 대해 잘 알고 있는 사람을 의미한다. 이때 검수원과 물품 주문자가 반드시 동일 인물일 필요는 없다. 왜냐하면 효과적인 업무통제를 위해서는 구매와 검수를 분리하는 것이 보다 이상적이기 때문이다.

이러한 업무의 분담은 통제기능이 적절하게 이루어지기 위한 check and balance system의 기본이다. 만일에 이 두 기능의 분리가 어려우면, 각 급식소나 업소의 경영자나 실무자가 두 기능 중 하나를 담당하는 것이 좋다.

검수요원의 자질을 다음과 같이 규정하였다.

- 각 품목의 품질 명세에 대한 지식을 갖출 것
- 물품의 품질을 평가할 수 있는 지식을 갖출 것
- 검수절차에 대해 잘 알고 있을 것
- 배달과정에서 문제 발생시 업무 처리 절차에 대해 잘 알고 있을 것
- 검수일지를 작성하고 기록을 보관하는 절차에 대해 잘 알고 있을 것

검수원은 업무에 대해 적절한 훈련을 받을 필요가 있으며, 급식소에 배달되는 다양한 물품의 특성과 반입된 물품에 문제가 있을 때 취해야 할 조치에 대한 교육도 받아야 한다.

(3) 검수 설비 및 기기

검수업무를 올바르게 수행하기 위한 설비조건은 다음과 같다.

① 물품의 검사에 적절한 밝기의 조명 시설(검수대의 조도는 540Lux 이상을 유지)
② 물품과 사람의 이동에 충분한 넓이
③ 안전성이 확보될 수 있는 공간
④ 청소하기에 용이한 시설

검수장소는 모든 배달된 물품이 한 번에 검사받을 수 있도록 충분한 공간을 확보해야 한다.

규모가 작은 업소에서는 넓은 복도가 수납지역으로 이용될 수 있고, 규모가 큰 업소에서는 검수를 위한 또 다른 공간이 필요하게 된다. 그리고 수납과 관계된 사무를 진행하기 위해서 규모가 큰 업소에서는 수납사무실을 감독하기 쉬운 곳에 별도로 마련하기도 하며 규모가 작은 업소에서는 수납지역에 책상을 비치하기도 한다.

또한 위치상으로 볼 때 검수장소는 공급업체 배달원이나 검수원 모두에게 편리한 장소이어야 하고, 물품의 운반과 저장에 소요되는 시간과 노력을 아낄 수 있도록 배달입구와 저장창고 및 냉동고, 냉장고 등과 모두 가까운 곳이어야 한

✢그림 7.1 | 학교급식의 검수시설

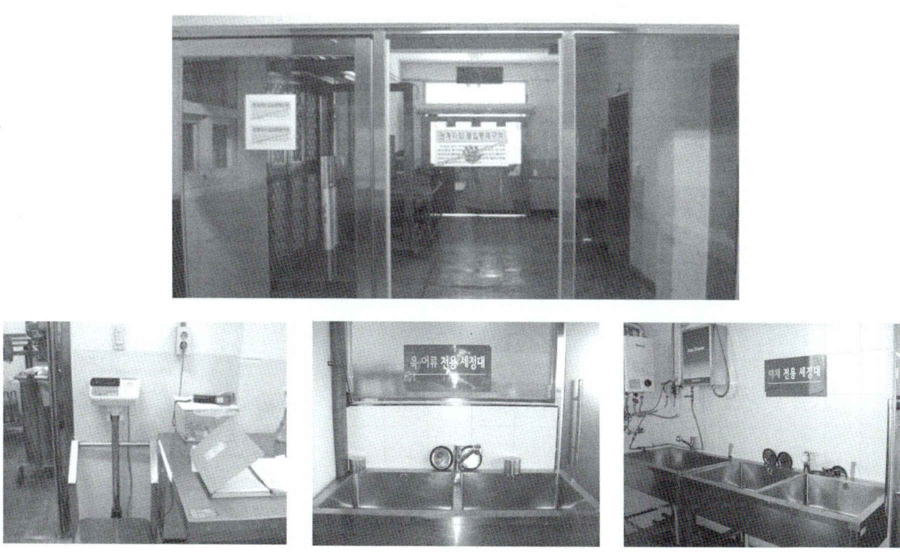

다. 물품 이동의 흐름은 검수장소→창고→조리장소로 연결되도록 하여 가능한 이동 거리를 축소하고, 검수된 물품의 이동이 방해받지 않도록 계획해야 한다.

(4) 물품구매명세서 사본

물품구매명세서란 특정 물품에 대해 기술한 문서로서, 이에 대해서는 이미 5장에서 논의한 바 있다. 구매명세서의 사본은 검수시에 배달된 물품의 품질을 확인하는 참고 자료로 사용되며, 여기에 기록되는 내용은 물품명, 제조회사명, 등급, 크기, 포장단위, 포장재질, 산지 또는 제조원 등이다. 모든 배달품들은 이 명세서를 기준으로 검사되어야 하며, 조건의 기준 이하의 것을 허용해서는 안 된다.

(5) 물품구매청구서 사본

검수원은 반드시 구매청구서 사본을 지참해야 하며, 이 구매청구서에 적힌 항목과 배달된 품목의 항목들을 대조하게 된다. 구매 청구서에는 다음과 같은 내용이 기재된다.

① 간략한 물품 명세
등급, 포장크기, 주문일자, 주문량, 가격

② 공급자에 대한 일반적인 지시 사항
배달일자 및 배달에 관한 지시 내용

(6) 검수에서의 위생관리

수납지역은 청소하기 쉽도록 설계되어야 하는데 특히 잘 닦이는 재질로 되어 있어야 하고 배수가 잘 되어야 한다. 또한 병충해의 피해를 막을 수 있도록 설계되어야 한다. HACCP(Hazard anyalysis critical control point, 위해요소중점관리기준)관리 업체에서는 검수구역이 과거 오염구역에서 비오염구역으로 위생관리가 더욱 철저하다.

(7) 검수에서의 적절한 감독

비정기적으로 검수절차와 안전성을 검사해야 한다. 예고없이 무게, 수량, 품질 등을 검사함으로 이를 통제할 수 있다.

- 유능한 검수전담요원
- 적절하게 구비된 검수설비 및 기기
- 충분한 검수를 행할 수 있도록 미리 계획된 시간 스케줄
- 세밀히 작성된 구매명세서 사본
- 구매청구서(요구서) 사본

3 검수절차

일반적인 급식소나 업소에서 검수업무 수행 절차는 다음과 같다.

배달된 물품과 구매청구서의 대조

↓

배달된 물품과 납품서의 대조

↓

물품의 인수 또는 반환

↓

저장물품에 꼬리표 부착

↓

창고에 저장 또는 적절한 장소로 운반

↓

검수에 관한 기록의 기재

(1) 납품된 물품과 구매청구서의 대조

물품주문에 사용한 모든 서류가 납품에서 검수기준이 되며, 모든 반입품목을 구매청구서 및 구매명세서의 대조하여 반입된 물품이 주문한 물품과 일치하는가를 확인해야 한다. 각 물품 항목마다 수량 점검과 품질 확인을 한 이후에 물품을 인수한다.

(2) 납품물품과 납품서의 대조

납품서는 납품업자(공급업체)가 어떤 물품을 어떠한 가격에 보냈는가를 적은 서류이다. 모든 반입품목을 납품서와 비교하여, 납품서에 적힌 물품의 항목과 실제로 받은 항목이 일치하는가를 확인해야 한다. 납품서는 납품한 물품의 수량과 가격에 대해 공급업체가 작성하는 전표이므로, 납품한 물품의 대금지불을 요구하는 업체의 청구서(vender's bill)로 쓰이게 된다.

(3) 검수 물품의 인수 또는 반환

검수는 식품이 도착한 즉시 실시하고 사전에 검수를 위해 온도계, 저울, 장갑 등을 준비한다. 바닥에서 60cm 떨어진 청결한 검수대와 조도 540Lux 밝기의 공간에서 진행한다. 그리고 냉장, 냉동 식품은 적외선 비접촉식 온도계로 온도를 측정한다.

검수원은 인수된 물품에 하자가 없을 경우 물품을 인도받게 된다. 만약 납품 배달된 물품이 정해진 기준에 미달되는 경우, 예를 들어 온도, 품질, 위생상태 등에 문제가 있는 경우에는 물품을 반환하도록 한다. 또한 주문하지 않은 물품이나, 가격이 일치하지 않는 품목, 배달시기가 다른 품목도 인수하지 않고 반환하여야 한다.

검수가 끝난 물품은 창고에 1일 이상 보관할 물품에 대해서는 저장 장소로 운반하기 이전에 박스나 포장에 검수날짜, 납품업자, 간단한 명세, 무게나 수량, 저장소와 가격 등을 라벨, 꼬리표 <그림 7.3>로 만들어 붙여 두면, 창고에서의 물품통제에 보다 효과적이다. 특히 육류품목(육류, 가금류, 어류, 조개류 등)을 창고에 저장할 경우에 검수원은 반드시 꼬리표를 달아야 한다.

식품 저장에 사용되는 꼬리표는 내구성을 갖도록 두꺼운 카드에 인쇄하고, 두

✣ 그림 7.2 | 검수에서 인수 및 온도 측정

부분으로 쉽게 절단할 수 있게 절선처리(perforated)되어 있다. 꼬리표는 일련번호순으로 사용되며, 여기에 출고일자를 제외한 모든 정보를 기입한다. 출고일자는 육류를 주방에서 출고할 때 기입하게 된다.

저장품의 꼬리표는

① 공급업자명을 확인하기 위하여

② 재고품의 회전(stock rotation)으로 물품의 낭비를 막기 위해

✣ 그림 7.3 | 저장물품의 꼬리표

No. 20426

Date Rec'd 5/30/87

Purveyor Cabin Meat Co

Item Flank Steak

Weight 10 1bs Unit price $4. 25/1b

Extension $42.50

Date Issued ____

No. 20426

Date Rec'd 5/30/87

Purveyor Cabin Meat Co

Item Flank Steak

Weight 10 1bs Unit price $4. 25/1b

Extension $42.50

Date Issued ____

③ 출고시에 물건의 무게를 다시 재는 것을 방지하기 위하여
④ 신속한 실사 재고(physical inventory)조사를 위하여 사용된다.

꼬리표에 모든 사항의 기재가 끝나면 한 부분은 물건에 부착하고 다른 한 부분은 회계부서에 보내져서 재고량 통제의 목적으로 이용된다.

(4) 창고에 저장 또는 적절한 장소로 운반

검수완료 후 반입된 물품은 검수가 끝나는 즉시 지체하지 말고 안전하고 적당한 저장장소로 옮겨야 한다. 창고에 저장된 물품들은 그 급식소 자산(property)의 일부이므로, 도난이나 부정유출로 인한 손실을 방지할 수 있도록 안전하게 보관되어야 한다. 특히 냉장·냉동품목이 상온에서 방치될 경우 변패될 우려도 있으므로 보관온도에도 주의를 기울여야 한다.

(5) 검수에 관한 기록

배달물품에 대한 장부기록업무 역시 주요한 검수기능 중의 하나이다. 이 기록들은 급식소에서 검수한 식품이나 기타 물자에 대한 정보를 보유하는 기능을 하게 된다. 기록의 양식 및 유형은 급식소에 따라 달라질 수 있으며, 대체로 다음과 같은 다섯 가지 양식들이 사용된다. 검수 관련서류들은 뒷부분에서 다시 확인하도록 한다.

- 검수일지(receiving clerk's daily report)
- 납품서(invoice)
- 검수표(receiving ticket)
- 검수도장(receiving stamp)
- 반품서(request for credit memo)

4 검수방법

납품된 물품을 검사하는 방법인 검수법은 크게 전수검수법과 발췌검수법으로 나눌수 있다.

(1) 전수 검수법

납품된 식자재를 전부 검사하는 방법으로 소량이면서 손쉽게 검수할 수 있는 물품이나 고가의 식재료에 해당된다.

(2) 발췌 검수법

납품된 식자재 중에서 견본을 뽑아 검사하여 그 결과를 판정기준과 대조하여 합격 또는 불합격을 결정하는 방법이다.

발췌 검수법은

① 대량 구입품으로 어느 정도 불량품이 혼입되어도 무방한 경우

② 검수항목이 많은 경우

③ 검수비용과 시간을 절약해야 할 경우 등에 효과적이다.

그림 7.4 | 학교급식에서의 검수과정

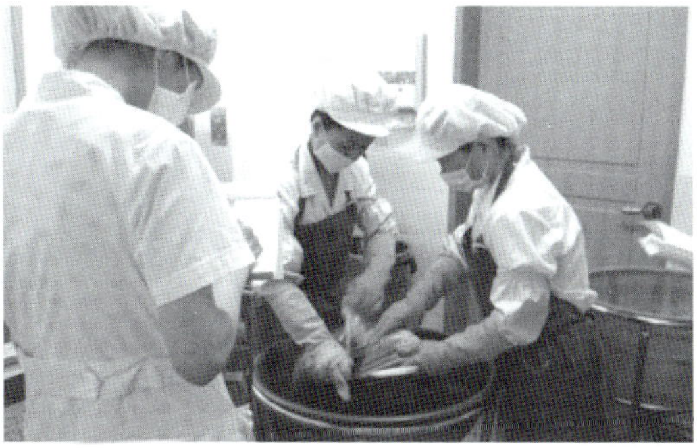

5 검수시 고려사항

단체급식소나 외식업체등에서 효율적인 검수가 수행되기 위한 고려할 사항은 아래와 같다.

① 검수장소

식품인수 장소나 검수의 편의를 위하여 설비, 기구 등이 설치되어 있는 적당한 장소이어야 한다.

② 검수를 위해 필요하다면 시식 또는 분해해서 시험할 수 있어야 한다.

③ 시험이 필요한 경우의 방법 모색(당도계, 염도계 등의 기기 사용)

④ 일반적인 검수시간

- 8 : 30~9: 30 : 과일, 채소, 생선
- 9: 00~10: 30 : 기타 품목
- 13: 00~14: 00 : 육류 및 반품
- 13: 00~14: 00 : 저장품목

⑤ 검수시 납품업체 입회

⑥ 검수 소요 비용부담 문제

⑦ 불합격품의 처리

납품된 물품에 불합격품이 포함되어 있을 경우 보통 다음과 같은 방법으로 처리한다.

- 이후의 납품을 중지시키고 납품된 물품은 보관시키며 관계부서에 그 사실을 알린다.
- 불량품이 일부 포함되어 있는 경우 전부를 반송하는 경우도 있지만 때로는 우량품을 구매자측이 선별하는 경우도 있다.
- 선별이 불가능하거나 불리할 경우 전부 반송하게 된다.
- 불량품 처리시에는 그 이유를 공급자에게 반드시 밝혀서 이해하도록 해야 한다.

급식업체의 검수과정에서 중점적인 고려사항이 <표 7.1>에 나타나 있다.

표 7.1 | 검수과정의 중점적인 고려사항

항목	내용
납품사별 차량 냉동능력 관리	냉동식품을 운반하는 회사의 차량은 −18℃ 이하 냉장 식품을 운반하는 회사의 차량은 10℃ 이하가 되어야 하며, 어떠한 경우에도 냉동식품은 −5℃ 이상, 냉장 식품은 10℃ 이상이 되어서는 안된다.
납품사별 입고시간 준수 Check	냉장·냉동식품의 입고 차량은 기준시간보다 선입고되어 방치되지 않도록 하며, 입고 시간을 일정하게 유지하도록 한다.
입고 시 온도 Check	• 냉동 차량의 경우 하절기(5월~10월)에는 타코미터 기록지를 입고 시 매일 제출하게 한다. • 냉동·냉장 식품은 탐침 온도계를 사용하여 점검 관리한다.
반품	입고 시 온도 체크에 의하여 냉동식품은 −5℃ 이상, 냉장식품은 10℃ 이상인 것은 반품을 원칙으로 하되, 냉동식품 중 −5~0℃, 냉장식품 중 10~15℃의 경우는 현장 관리자가 육안 검사를 통하여 이상 유무를 확인한다. ※ 기준 이하인 경우는 반품하고, 반품 조치 시 해당 납품사에 통보한다.
사업장 별 납품기준에 따라 입고	• 냉동고, 냉장고 입고 요구 시에 지정된 장소에 입고하도록 한다. • 냉동식품, 냉장식품은 각각 별도로 저장하고, 특히 육류·수산물이 채소류와 혼재되지 않도록 관리한다.
입고 식재료 검수	입고된 냉장·냉동식품은 냄새를 맡아 이취의 발생여부를 확인하고, 육안으로 냉동식품의 과다 해동 등에 의한 뭉게짐 현상이 없는지, 위생 비닐장갑을 낀 손으로 만졌을 때 냉기가 느껴지는지를 확인하고 이상이 있을 시 반품한다.
차기 사용 식자재의 보관	• 당일 점심용 식자재가 아닌 것은 입고 후 최소 오전 9시 이전에 냉장·냉동실로 이송하여 보관한다. • 휴일로 인하여 1일 전에 입고되는 경우 냉장·냉동식품은 바로 냉장·냉동실에 입고될 수 있도록 공간을 확보한다.
온도 관리 상태 점검	월 1회 불시 점검을 통하여 온도관리 실태를 파악하고 취약부문은 조치하도록 한다.

자료: 최현미(2008), 국민영양, 7·8월 호

✣그림 7.5 | 운송차량에 대한 온도측정과 기록

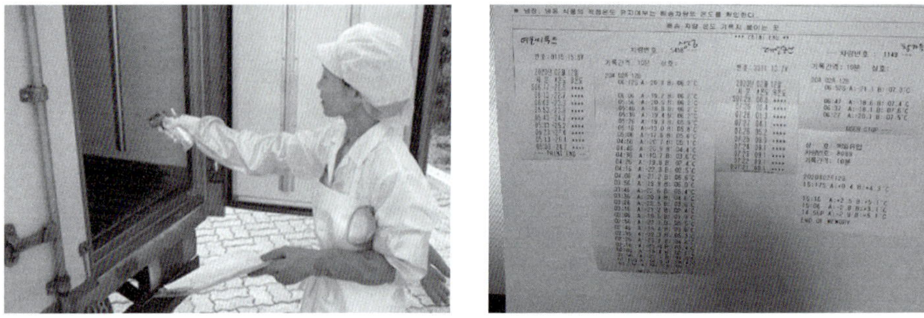

6 검수담당자의 업무

검수관리의 근본 목적은 사전 계약된 가격에 의해 주문한 내용의 품질과 수량에 일치되는 식재료를 구매하려는 데 있다.

검수담당자가 납품된 식재료를 정확히 검수하여 그의 직무를 능률적으로 수행하기 위한 주요 업무는 다음과 같다.

- 검수원은 관계서류(주문서, 계약서 또는 견적서)에 근거하여 검수를 하여야 하며 필요에 따라서 구매업무와 관련 있는 감독직원의 입회하에 해당 물품의 내용에 대한 검수를 해야 한다.
- 주문식품의 내용(품질, 규격, 성능 등)과 수량에 관해서 검수를 하여야 한다.
- 시식 또는 시험에 의하여 검수할 때도 있다.
- 검수원은 검수를 거쳐 인수한 식재료, 음료 및 기타 모든 물품에 대한 일일 검수보고서를 작성하여야 한다.
- 검수원은 때로는 구매거래에 필요한 자료를 제공해 줌으로서 구매자에 대해 협조자로서의 역할까지도 수행하지 않으면 안 된다.
- 검수결과에 대한 내용을 기록하고 검수원이 반드시 사인함으로써 구매에 관련된 기록으로서 남겨야 한다.
- 미납품 또는 반품현황을 해당 부서와 구매부로 전달해야 한다.
- 납품된 업체의 물품대금청구서에 검수 확인하여 대금청구에 이상이 없도록 한다.

7 검수기준

식품을 검수하는데 있어 전반적인 고려사항과 각 식품의 유형별 검수기준에 대하여 검수 담당자는 사전에 숙지하고 있어야 한다.

① 육류

중량, 등급, 육질, 다듬기 상태, 지방 및 힘줄 점유율, 신선도, 온도, 도축 검사 확인서, 등급판정 확인서 확인

② 채소

중량, 크기, 색깔, 다듬기, 신선도, 원산지 표시한 제품

③ 과일류

크기, 형태, 숙성도, 등급, 향기, 색깔, 신선도, 원산지 표시한 제품

④ 계란류

크기 및 중량, 미세한 균, 위생란, 등급기준 확인

⑤ 냉동식품

냉동방법, 포장상태 등을 점검하나 주방에서 해빙 후 하자발생시 반품의 처리조건이 있어야 한다.

정확하고 올바른 검수를 위한 검수기준표(표 7.2), 식품별 품질 감별법 <표 7.3>과 검수에 있어 국산과 수입식품의 구분을 위한 자료가 <그림 7.6>에 있다.

✣표 7.2 | 검수기준표

식재료별 검수기준

■ 검수일자 :　　　년　　월　　일

■ 검 수 자 : ______

<table>
<tr><th rowspan="2">식재료</th><th rowspan="2" colspan="2">검수기준</th><th colspan="2">결과</th></tr>
<tr><th>적합</th><th>부적합</th></tr>
<tr><td rowspan="5">농산물</td><td colspan="2">포장상태</td><td></td><td></td></tr>
<tr><td colspan="2">중량(박스무게 제외) 및 수량</td><td></td><td></td></tr>
<tr><td colspan="2">전처리 농산물 온도(10℃이하)</td><td></td><td></td></tr>
<tr><td colspan="2">크기, 형태 등 규격</td><td></td><td></td></tr>
<tr><td colspan="2">품질(신선도, 색택, 이물질 혼입여부 등)</td><td></td><td></td></tr>
<tr><td rowspan="6">축산물</td><td colspan="2">포장상태</td><td></td><td></td></tr>
<tr><td colspan="2">등급(등급판정서)</td><td></td><td></td></tr>
<tr><td colspan="2">중량(박스무게 제외)</td><td></td><td></td></tr>
<tr><td colspan="2">온도(냉장육: 10℃이하, 냉동육: 녹은 흔적 없는 것)</td><td></td><td></td></tr>
<tr><td colspan="2">절단크기, 모양</td><td></td><td></td></tr>
<tr><td colspan="2">품질(색택, 이취, 탄력 등)</td><td></td><td></td></tr>
<tr><td rowspan="5">수산물</td><td colspan="2">포장상태</td><td></td><td></td></tr>
<tr><td colspan="2">중량(박스, 얼음무게 제외) 및 갯수</td><td></td><td></td></tr>
<tr><td colspan="2">크기(대, 중, 소)</td><td></td><td></td></tr>
<tr><td colspan="2">절단 형태</td><td></td><td></td></tr>
<tr><td colspan="2">품질(탄력, 투명감, 이취, 광택)</td><td></td><td></td></tr>
<tr><td rowspan="7">가공
식품</td><td colspan="2">제조일자, 유통기한</td><td></td><td></td></tr>
<tr><td rowspan="3">수산
연제품</td><td>포장상태</td><td></td><td></td></tr>
<tr><td>포장지와 내용물 밀착정도</td><td></td><td></td></tr>
<tr><td>포장 개봉 후 이취, 끈적임 없음</td><td></td><td></td></tr>
<tr><td rowspan="3">통조림류</td><td>캔 표면상태(녹이 슬거나 찌그러지지 않음)</td><td></td><td></td></tr>
<tr><td>내용물이 새어나오지 않음</td><td></td><td></td></tr>
<tr><td>표면이 부풀어 오르지 않음</td><td></td><td></td></tr>
<tr><td colspan="5">■ 부적합 식재료는 반품 또는 폐기 처리</td></tr>
</table>

출처: 식품의약품안전처(2019)

✣ 표 7.3 | 식품별 품질 감별법

식품군	식품	품질 감별 사항
곡류	쌀	• 쌀알이 손상되지 않고 이취기 없는 것 • 낱알이 윤기가 나고 반투명색이며 싸라기나 금이 간 것이 적은 것
육류	쇠고기	• 육색이 밝은 선홍색을 띠고 광택이 좋은 것 • 지방색은 유백색이고 지방의 질이 좋은 것 • 부패한 냄새가 나지 않는 것
	돼지고기	• 육색이 밝은 분홍색을 띠고 광택이 좋은 것 • 육질이 탄력적인 것 • 골절, 오염, 이물질 등이 없는 것
	닭고기	• 날개, 등뼈, 가슴뼈 등이 굽지 않으며 외관에 상처가 없는 것 • 육색이 좋으며 광택이 있고 육질이 탄력적인 것 • 닭 비린내가 심하지 않은 것
어패류	새우	• 색이 붉지 않고 고유의 색깔을 띠는 것 • 육질이 단단하고 이취가 없는 것
	꽃게	• 크기와 모양이 고른 것 • 이취가 나지 않고 고유의 색깔을 띠는 것
	홍합	• 살이 붉은빛을 띠는 것 • 살이 윤기가 있고 통통하며 비린내가 나지 않는 것 • 패각이 부서져 있는 등의 손상이 없는 것
	가자미	• 비늘이 심하게 벗겨지지 않은 것 • 뱃살이 희고 비린내가 심하지 않은 것 • 살이 단단하고 탄력성이 있으며 표면이 끈적거리지 않는 것
	고등어	• 눈동자가 맑고 아가미가 선홍색인 것 • 배가 단단하고 윤택이 있는 것 • 등에 푸른색의 짙은 줄무늬가 있고 비린내가 강하지 않은 것
	꽁치	• 밝은빛을 띠는 것 • 탄력성이 있고 등쪽은 짙은 청색, 배쪽은 은백색을 띠는 것
달걀류	달걀	• 껍질이 깨지거나 금가지 않은 것 • 표면이 거칠거칠하며 이취가 없는 것
	메추리알	• 껍질이 깨지거나 금가지 않은 것 • 메추리알 특유의 냄새가 나는 것

채소류	양파 (깐 것)	• 단단하고 짓무르거나 썩은 부위가 없는 것 • 껍질 제거가 잘 되어 있어 표면이 깨끗한 것
채소류	당근	• 싹이 나지 않은 것 • 표면이 짓무르지 않은 것 • 크기와 모양이 균일하며 밝은 선홍색을 띠는 것
	감자	• 상처가 없고 싹이 나지 않은 것 • 모양과 크기가 고르며 외피가 적당히 건조되어 물기가 없는 것 • 단단하고 짓무르지 않은 것
채소류	애호박	• 긁힘이 없고 꼭지가 부서지지 않은 것 • 처음과 끝의 굵기가 일정하고 표면이 매끄러운 것 • 육질이 치밀하고 탱탱한 것
	무	• 껍질이 매끈하며 갈라짐이나 깨짐이 없는 것 • 연한 아이보리색과 머리 부분의 연녹색이 선명한 것 • 짓무르지 않고 바람 들지 않은 것
	가지	• 꼭지가 싱싱하고 크기가 균일한 것 • 육질이 치밀하며 탱탱한 것 • 색이 선명하고 광택이 있는 것
버섯류	양송이버섯	• 버섯 갓과 자루 사이의 피막이 떨어지지 않은 것 • 이물질이 묻어 있지 않은 것 • 흰색이며 버섯 특유의 향이 있는 것
	표고버섯	• 크기가 일정한 것 • 고유의 색을 유지하며 변색이 없는 것
과일류	사과	• 과육 표면에 멍이 없는 것 • 모양이 고르며 윤기가 나며 껍질이 쭈글쭈글하지 않은 것 • 껍질의 색깔이 고르며 사과 특유의 향기가 나는 것
	수박	• 모양이 고르며 검은색 줄무늬가 뚜렷한 것 • 꼭지가 마르지 않은 것
	귤	• 크기가 고르며 상처가 없는 것 • 껍질이 주황색을 띠며 맑고 윤기가 있는 것 • 과육이 밀착되어 있고 탄력적인 것

자료: 식품의약품안전처(2015)

✣ **그림 7.6** | 검수에 활용되는 국내산과 수입산 식품비교

	국내산	수입산
쌀	 길이가 짧고 둥글다. 백복립이 많다.	 길이가 길쭉하다. 백복립이 거의 없다.
차조	 낟알이 작고 고르다. 낟알이 가볍다.	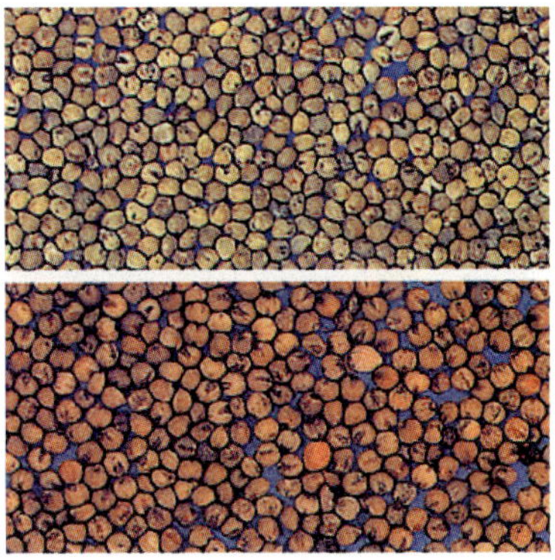 낟알이 크고 고르지 않다. 낟알이 무겁다.
메조	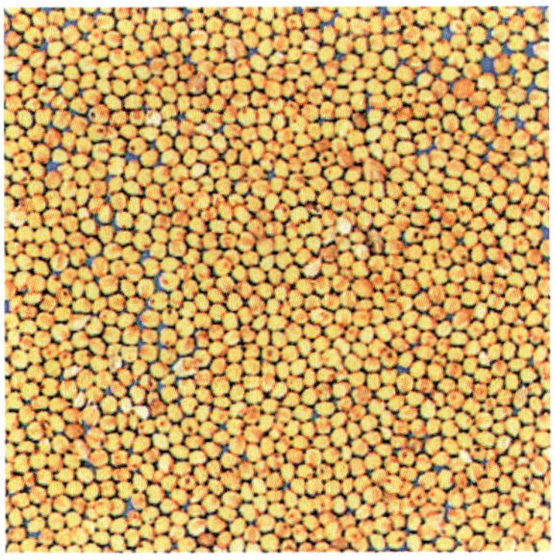 낟알이 납작하다. 씨눈이 갈색이다.	 낟알이 굵다. 씨눈이 붉은색이다.

<table>
<tr><td>검은콩</td><td>
낟알이 굵고 둥글다.
배꼽선이 선명하다.</td><td>
낟알이 작고 둥글납작하다.
배꼽선의 희미하다.</td></tr>
<tr><td>팥</td><td>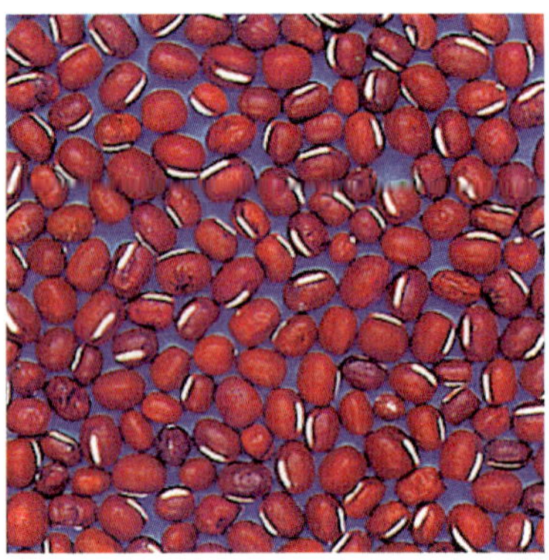
배꼽 속의 흰색띠가 뚜렷하다.</td><td>
배꼽 속의 흰색 띠가 짧고 뚜렷하지 않다.</td></tr>
<tr><td>붉은
참깨</td><td>
낟알 표면이 매끄럽고 윤택이 있다.</td><td>
낟알 표면이 거칠고 윤택이 없다.</td></tr>
</table>

마늘	 수염뿌리가 붙어 있다. 모양이 통종하고 뾰족하다.	 수염뿌리가 없다. 모양이 납작하고 뭉툭하다.
건고추	 꼭지가 달려 있고 과육이 두껍고 매끈하다.	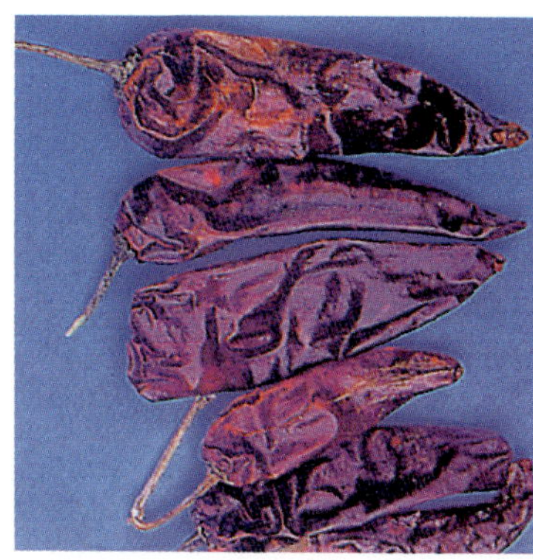 꼭지가 떨어져 있고 과육이 얇고 거칠다.
도라지	 잔뿌리가 많다. 말리는 성질이 약하다.	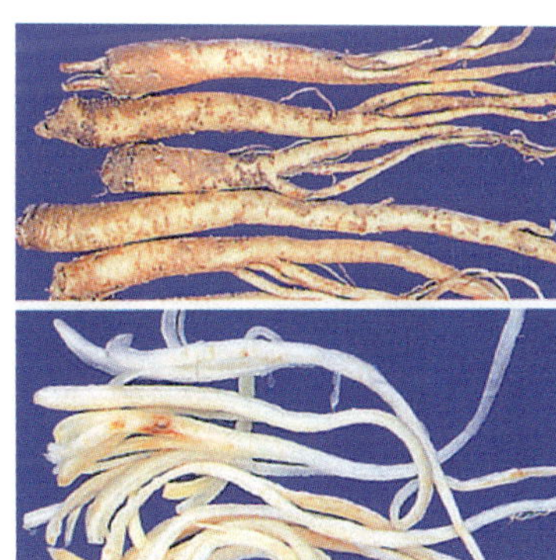 잔뿌리가 거의 없다. 동그랗게 말린다.

우엉	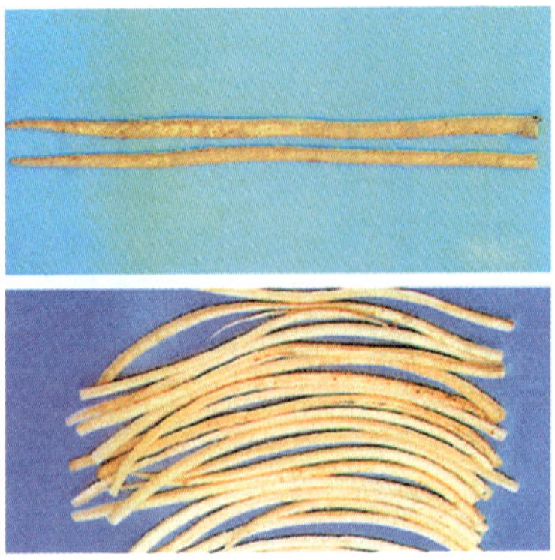 머리부분이 달려있다. 동그랗게 말리는 성질이 약하다.	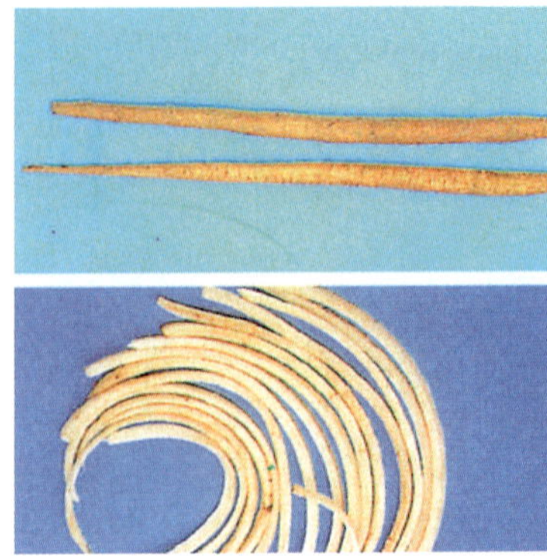 머리부분이 달려 있지 않다. 동그랗게 말리는 성질이 강하다.
건표고	 갓이 크고 두껍다.	 갓이 작고 얇다.
대추	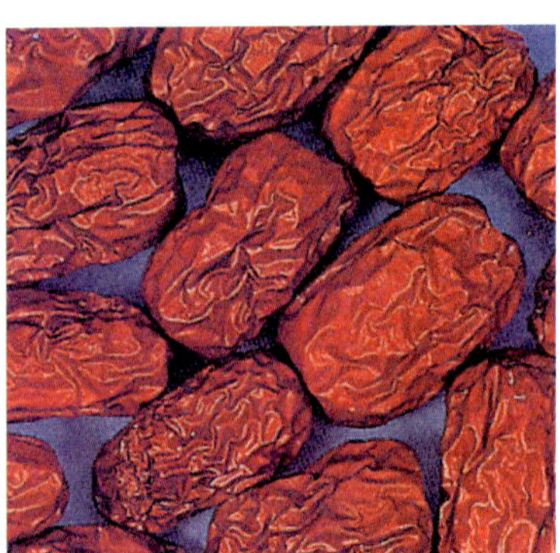 윤기가 많고 속이 연한 황갈색이다.	 윤기가 적고 속이 어두운 황갈색이다.

곶감	 꼭지부분이 적게 붙어 있고 흰 가루가 적당하게 있다.	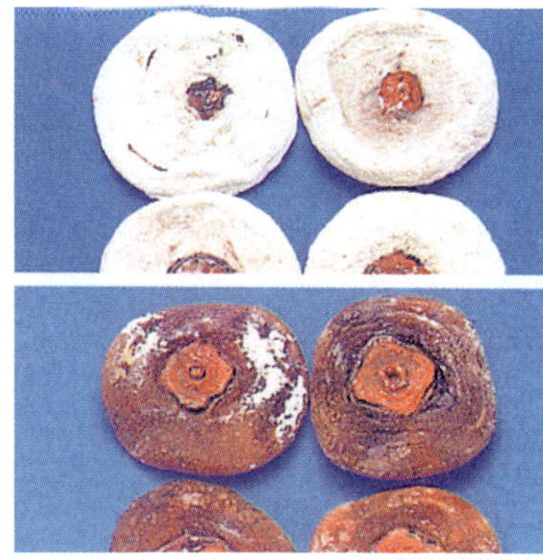 꼭지부분이 많이 있고 흰가루가 아주 많다.
쇠갈비	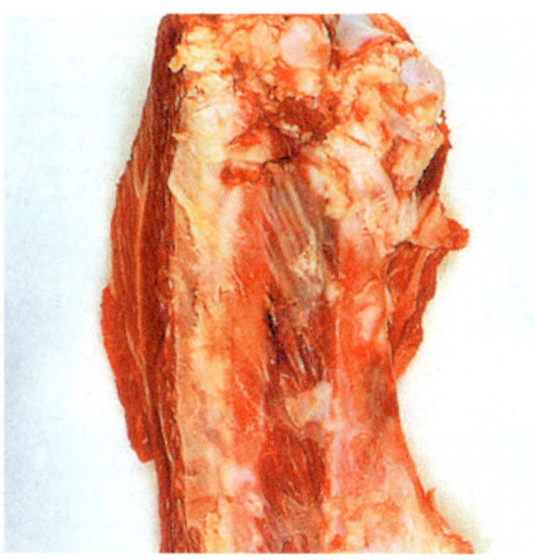 덩어리로 유통되며 지방이 흰색이다.	 3~4대가 붙어 있고 지방이 황색이다.
삼겹살	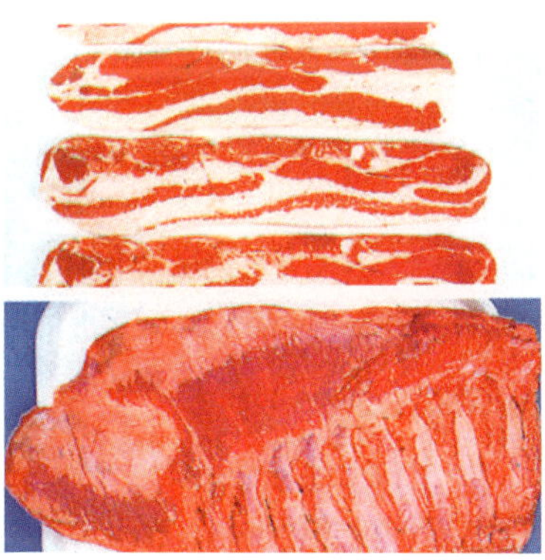 자른 면이 고르며 오돌뼈가 선명하다.	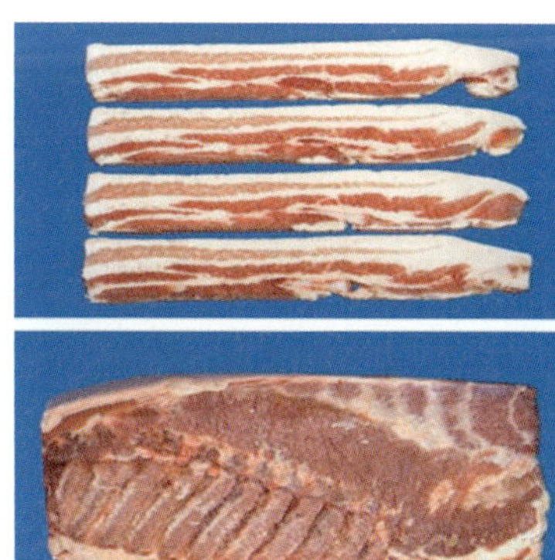 자른면이 고르지 못하며 오돌뼈가 일부 제거되어 있다.

<table>
<tr><td colspan="2">닭다리</td><td>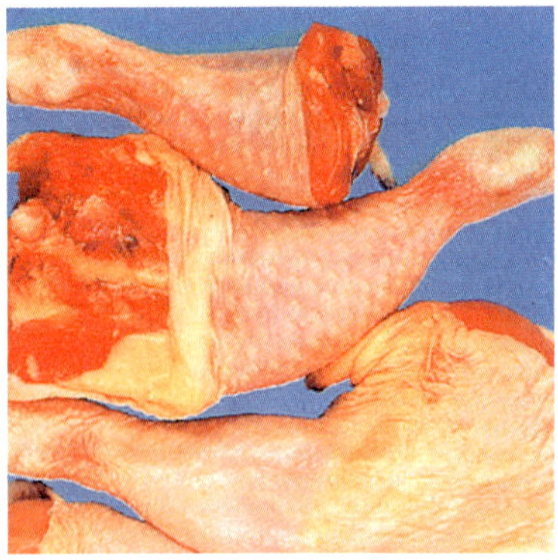
껍질이 완전히 붙어 있고 크기가 작다.</td><td>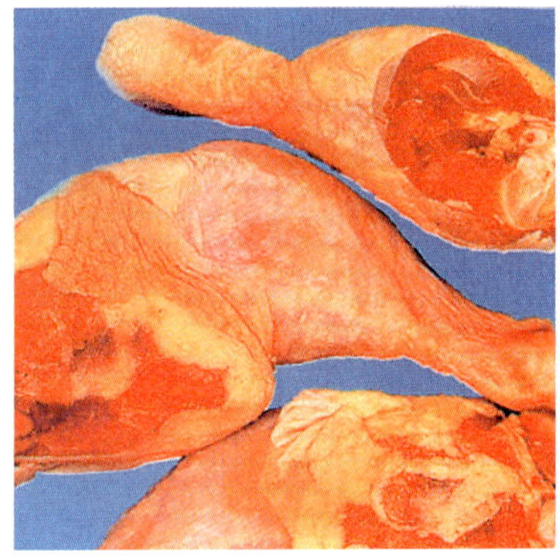
껍질이 일부 벗겨진 것이 많고 크기가 크다.</td></tr>
<tr><td rowspan="2">참조기</td><td>국내산</td><td colspan="2">
눈 주위가 노랗고 머리에 다이아몬드 모양이 있다.</td></tr>
<tr><td>수입산</td><td colspan="2">
눈 주위가 붉다.</td></tr>
</table>

<table>
<tr><td rowspan="2">고등어</td><td>국내산</td><td>
물결무늬가 가늘며 청색이다.</td></tr>
<tr><td>수입산</td><td>
물결무늬가 굵으며 청흑색이다.</td></tr>
<tr><td rowspan="2">대구</td><td>국내산</td><td>
몸 빛깔이 담회갈색이다.
가슴지느러미 끝에 흑색반점이 없다.</td></tr>
<tr><td>수입산</td><td>
몸 빛깔은 담황색이고 배쪽은 흰색이다.
가슴지느러미 끝에 흑색반점이 있다.</td></tr>
</table>

오징어	국내산	 긴 다리는 굵고 흡반의 크기는 짧은 다리의 흡반보다 2~3배 크다.
	수입산	 긴 다리는 약하고 긴 편이며 흡반의 크기는 짧은 다리의 흡반과 거의 같다.
건멸치	국내산	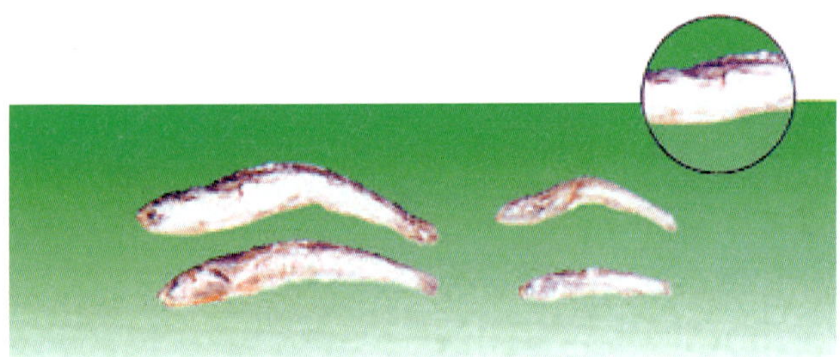 은회색을 띠며 비늘이 붙어 있다.
	수입산	 황갈색을 띠며 은백색 띠가 있다. 비늘이 벗겨져 있다.

새우	국내산	 갈색 줄무늬이다. 다리는 흰색바탕에 연한 노란색이다.
	수입산	 검은 줄무늬이다. 다리는 붉은 색이다.

출처: 국립농산물품질관리원, 국립 수산물 품질관리원

8 현장의 검수관련 서류

(1) 검수일지

검수일지는 배달에 관한 정확한 내용 즉 배달 날짜, 납품 업자, 수량과 가격정보 등을 제공해 준다.

검수일지는 검수원이 작성하며 담당 부서장의 결재 후에 회계부서의 결재를 받도록 되어 있다.

검수일지는 공급업자 및 물품 목록란으로 나누어져서 업자의 납품서별로 물품과 대금을 확인하기에 적합한 형식으로 구성되어 있다.

검수일지에는 물품명, 단가, 수량, 총액, 공급 업체와 물품 분배 등의 내용이 포함된다.

<표 7.4>와 <그림 7.7>은 검수일지를 기록한 예이고 <표 7.5>는 검수일지의 양식이다.

✣ 표 7.4 | 호텔의 검수일지

Quantity	Price Unit	Invoice Number	Description Purveyor	Unit Price	Amount	Total Amount	Distributions Direct Purchases	Distributions Storeroom Purchases
175 lb	lb	36432	Strip Loins A	3.55		621.25		621.25
25 lb	lb		8 oz Chopped Steak A	1.50		37.50		37.50
20	doz.	0362	Dinner Rolls B	1.20		24.00	24.00	
2	EA		Cheesecake B	10.07		20.14	20.14	
2	EA	4232	Milk C	5.67	3gal	11.34	11.34	
1	3/gal		Ice Cream Choc. C	14.88		14.88	14.88	
2	Case		Lettuce Iceberg D	18.00		36.00		36.00
10lb	lb		Mushrooms D	1.18		11.80		11.80
50	EA	12386	Trout E	1.26	8oz	63.00		63.00
3	Case		Ketchup 14oz. Bottles E	30.72		92.16		92.16

✣ 그림 7.7 | 초등학교 급식의 검수서

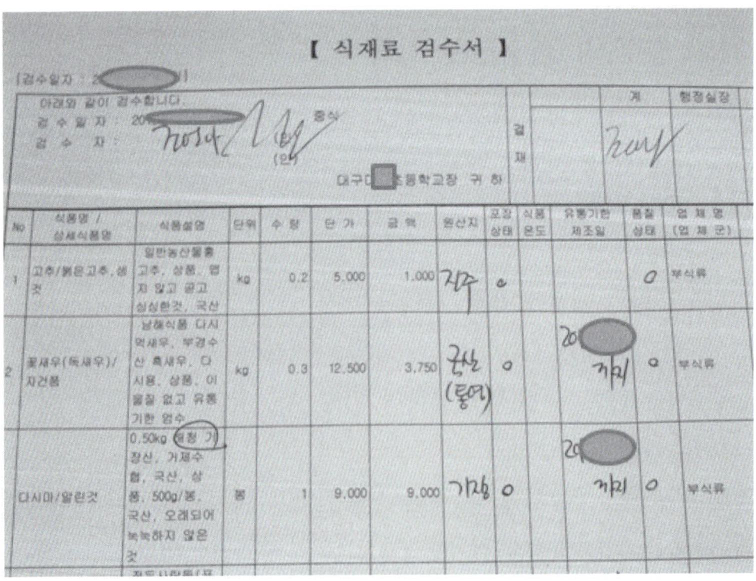

【 식재료 검수서 】

아래와 같이 검수합니다.

대구대서초등학교장 귀하

No	식품명 / 상세식품명	식품설명	단위	수량	단가	금액	원산지	포장상태	식품온도	유통기한 제조일	품질상태	업체명 (업체군)
1	고추/붉은고추,생것	일반농산물홍고추, 상품, 멍지 않고 곧고 싱싱한것, 국산	kg	0.2	5,000	1,000	진주	o			o	부식류
2	꽃새우(독새우)/자건품	남해식품 다시멍새우, 부경수산 흑새우, 다시용, 상품, 이물질 없고 유통기한 엄수	kg	0.3	12,500	3,750	군산(통영)	o		까지	o	부식류
	다시마/말린것	0.50kg 청정 기장산, 거제수협, 국산, 상품, 500g/봉, 국산, 오래되어 눅눅하지 않은 것	봉	1	9,000	9,000	기장	o		까지	o	부식류

자료: 대구 대서초등학교

✣ 표 7.5 | 검수일지 양식

검 수 일 지

아래와 같이 검수합니다.
검 수 일 자 : 년 월 일
검수자(2인) : ________ ㉨
________ ㉨

<table>
<tr><td rowspan="2">결재</td><td></td><td></td><td></td></tr>
<tr><td></td><td></td><td></td></tr>
</table>

번호	식품명	단위	수량	원산지	포장 상태	식품온도 (℃)	유통기한 (제조일)	품질상태 (O, ×)	업체명	조치 사항

관리기준	• 원산지 : 구매를 요구한 원산지가 맞는지 확인 • 포장상태 : 박스, 냉장·냉동, 진공포장상태, 녹은 흔적 등 검토 • 식품온도 : 냉장식품 및 조리식품, 전처리된 식재료는 10℃ 이하(HACCP 제품 중 신선편의식품 및 훈제연어 5℃ 이하), 당일 사용할 생선 및 육류는 5℃ 이하, 냉동 식품은 냉동상태 유지 • 유통기한 : 항목별로 소비 완료 시점까지 유통기한이 충분한지 확인 • 품질상태 : 각 식품별 검수기준에 의하여 신선도, 이취 등 확인 • 배송차량 : 월 1회 이상 배송차량의 내부 청결상태 확인
검수 방법	냉장·냉동 식품별로 표면에 온도계를 꽂아 온도 측정(또는 표면 온도계 사용)
개선조치	기준 초과 재료 반품 및 교환, 부적합 확인서 발급

자료 : 교육부(2016) 자료 수정.

(2) 납품서(거래명세서)

납품서는 공급업체가 급식소 내에 공급한 물품의 명세와 대금에 대해 기록한 문서로 거래명세서라고도 나타낸다.

일반적으로 공급업체는 같은 내용의 납품서 2부를 작성하고, 물품배달시 배달원이 물품과 함께 검수원에 전달하면 검수원은 2부에 모두 서명한 후, 원본 1부는 회계부서로 송부하고 나머지 부본 1부는 납품서에 기재된 물품을 모두 받았다는 표시로써 검수원이 서명한 후 업자에게 반송하게 된다.

납품서의 원본은 일종의 대금 지급청구서의 성격을 띠게 되며, 회계부서에서는 이 납품서의 내용에 의거하여 배달물품에 대한 대금을 지급하게 된다.

납품서에는 물품명, 수량, 단가, 총액, 공급 업자명 등의 내용이 기재되며, 실제 병원급식에 공급된 채소류 납품서가 <표 7.6>과 <그림 7.8>에 나타나 있다.

✣표 7.6 | 납품서

거 래 명 세 서

○○의료원 귀하

○○년 2월 20일

<table>
<tr><td rowspan="5">공
급
자</td><td>등록번호</td><td colspan="3">214－04－96518</td></tr>
<tr><td>상　　호</td><td>농협유통서부
식자재공급총판</td><td>성명</td><td></td></tr>
<tr><td>사 업 장</td><td colspan="3">서울 서초구 양재동 230번지</td></tr>
<tr><td>업　　태</td><td>도·소매</td><td>종목</td><td>농림축산물 외</td></tr>
<tr><td>전　　화</td><td></td><td>FAX</td><td></td></tr>
</table>

공급가액: 이백구십오만칠천오백구원정(₩2,957,509)

품명	단위	수량	단가	공급가액	세 액
오이	kg	248	2,850	70,110	
피망(홍)	kg	37	9,250	34,225	
호박(단)	kg	23	3,500	8,050	
고사리	kg	83	3,640	30,212	
숙주	kg	56.9	850	48,365	
느타리버섯	kg	4.9	7,300	35,770	
양송이버섯	kg	10	6,450	6,450	
송이버섯	kg	51.0	3,800	183,800	
표고버섯(건)	kg	19	18,500	35,150	

✣ 그림 7.8 | 병원급식의 거래명세서

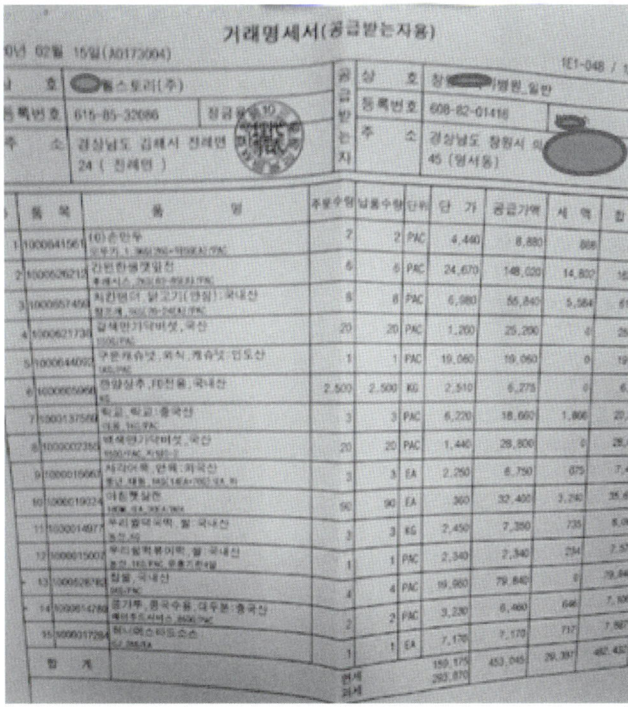

거래명세서(공급받는자용)

0년 02월 15일(A0173004)

1E1-048 / 12

공급자 — 등록번호: 615-85-32086 / 주소: 경상남도 김해시 진례면 24 (진례면)

공급받는자 — 등록번호: 608-82-01416 / 주소: 경상남도 창원시 의 45 (명서동)

번호	주문수량	납품수량	단위	단가	공급가액	세액
1	2	2	PAC	4,440	8,880	888
2	6	6	PAC	24,670	148,020	14,802
3	8	8	PAC	6,980	55,840	5,584
4	20	20	PAC	1,260	25,200	0
5	1	1	PAC	19,060	19,060	0
6	2.500	2.500	KG	2,510	6,275	0
7	3	3	PAC	6,220	18,660	1,866
8	20	20	PAC	1,440	28,800	0
9	3	3	EA	2,250	6,750	675
10	90	90	EA	360	32,400	3,240
11	3	3	KG	2,450	7,350	735
12	1	1	PAC	2,340	2,340	234
13	4	4	PAC	19,960	79,840	0
14	2	2	PAC	3,230	6,460	646
15	1	1	EA	7,170	7,170	717
합계 (면세 / 과세)				159,175 / 293,870	453,045	29,397

자료: 창원 OOO병원

(3) 검수 인장

검수 인장은 납품서나 송장의 사본이기도 하며, 이는 공급물품 배달시 함께 첨부된 업체의 도장을 찍기 위해 사용된다.

이 도장은 물품의 검수에 대한 증명이나 계산의 정확성, 대금 지불의 승인 등의 목적으로 사용된다.

<그림 7.9>는 검수 인장의 한 예이다. 검수원은 배달물품의 확인이 끝나면 납품서 또는 배달전표에 검수 인장을 찍고 일자와 서명을 기재해야 한다.

✣ 그림 7.9 | 검수 인장

Received by __________ Date __________

Prices and extensions checked by _____________

Department head approval ________________

Payment approval ____________________

(4) 검수표

납품서 없이 물품을 인수할 경우는 검수표를 작성하여야 한다. 검수표는 회계 부서에 보내진 후 구매요구서나 나중에 보내오는 납품서와 대조하기 위해 사용될 목적으로 작성되며 여기에 기재되는 내용은 <그림 7.10>, <그림 7.11>에 나타난 바와 같다.

✣ 그림 7.10 | 검수표

Merchandise Received Without Invoice

HOTEL

TEXAS
444 Star Avenue
Austin, TX 78000

From May Produce

Date 5/30/1992

Quantity	Description	Amount
1 Case	Lettuce @ $11.50	11.50

Received by:

John Black

✣ 그림 7.11 | 검수표

Request for Credit Memo

To: Meat Market Co　　　　　　　　　　　　　　　　No. 248

Date: June 10

Invoice No	Item	Qty	Unit of Sale	Unit Price	Extension
739	Rib eye	5	1bs	4.35	21.75
		Total			21.75

Cleveland Hotel Co.

Reason: US Grade Prime was ordered but
Choice grade Rib eye was delivered.

By: Bob White
Title: Receiving clerk

(5) 반품서

반품서는 검수한 물품의 수량이 납품서에 기재된 것과 일치하지 않는 경우나 구매명세서의 품질기준에 미달되어 물품을 반환할 경우 검수원이 작성하는 문서로 <그림 7.12>와 <그림 7.13>은 반품서의 예이다.

반품서는 공급업체로 대금의 환불을 요구하거나 적절한 물품을 다시 공급할 것을 지시하게 된다. 일반적으로 반품서는 3부가 작성되며 원본은 서명된 납품서 사본과 함께 업체로 보내지고, 1부는 검수원이 보관하여야 하며, 나머지 1부는 회계부서로 송부한다.

이와 같이 적절하지 않은 물품이 배달될 때 처리해야 할 업무 내용은 다음과 같다.

- 반품사유가 기록된 반품서의 작성
- 물품의 즉각적인 반환
- 납품업체에도 물품반환사유 기록
- 필요한 경우 관리자에게 식단 변경을 요청

✣ 그림 7.12 | 호텔에서의 반품서

market list of __________

items not received at P. M. __________

receiving agent __________ market list no. __________

item	amount ordered	amount recevd	reqed price	recd price	vendor/comments

✣그림 7.13 | 학교급식에서의 반품서

학 교 보관용	식재료 반품 확인서		
			No.
	1. 납품 업체명: 2. 납품 일시 : 3. 품목 및 수량: 4. 반품 이유 :		
	확인자 : 학교 직)	성명)	㉧
	입회자 : 직) (납품자)	성명)	㉧

절 ---------- 취 ---------- 선

업 체 통보용	식재료 반품 확인서		
			No.
	1. 납품 업체명: 2. 납품 일시 : 3. 품목 및 수량: 4. 반품 이유 :		
	확인자 : 학교 직)	성명)	㉧
	입회자 : 직) (납품자)	성명)	㉧

그림 7.14 | 학교급식 검수에 있어 지켜야 할 청렴교육내용

청렴 교육 계획

가. 학교급식 납품업체 선정 및 계약과정의 투명성 확보(전자계약 실시)
나. 식재료 품질기준 및 공고문 등을 명확하게 작성하여 납품업자와의 마찰 발생 원인을 사전 차단하고, 영양사 및 학교 관계자는 검수기능 강화
다. 급식관련 계약정보(모집공고, 입찰정보, 업체선정결과 등) 홈페이지공개
라. 납품업체 선정, 식재료 검수 등 민원사항은 업무처리 기준과 불만사항 이의 제기 절차 마련· 공개하고, 불만사항 적극 개선
마. 학교 관계자(급식소위원회) 청렴의지 홍보 및 업체 관계자에 대한 의식전환 교육 실시
바. 검수 담당자 및 급식 관계자 친절 마인드 함양(검수과정, 전화상담)
사. 급식관련 기부요구 및 금품· 향응수수 등 일체 금지하고, 관련자 발견시 시교육청 홈페이지 부조리· 공익신고센터로 신고

자료: 수원 OO중학교

The News!

경남, 학교급식 전(前)일 검수제 시범사업 실시

식재료 구매방법 및 검수 체계를 개선하여 안정적인 식재료를 공급하고자 2019.11월~2020.2월까지 3개월간 『2019학년도 학교급식 전(前)일 검수제 시범사업』을 실시한다고 밝혔다. 현재의 검수 시스템으로는 식재료 품질 하자나 반품 상황 발생 시 조리시간 미확보로 인한 급식 차질의 불안감은 항상 상존하여 왔으며, 납품업체의 소규모 학교 납품 기피 현상과 동일 시간대 배송 조정 요구가 제기되어 왔다.

이러한 문제점을 해결하고자 2016년부터 냉장고의 실시간 온도 측정으로 비상 상황 인지가 가능한 '학교급식 위생관리 자동화시스템'을 보급, 현재까지 임대비 총 38억 원을 지원, 약 88%의 보급률에 육박하며 이는 전국에서 가장 높은 수치다. 도내에는 이미 거창 학교급식지원센터를 주축으로 전일 검수제가 안정적으로 시행되고 있어, 이를 기반으로 학교급식지원센터가 없는 지역의 소규모 학교를 대상으로 시범사업을 실시하게 된다.

시범사업 운영 후 평가 결과를 반영·개선하여 내년에는 [검수용 냉장냉동고 지원 사업]으로 확대하고, 향후 지자체 주관 공공급식지원센터 확대 중인 지역에도 원활한 구매 체계 수립에 선제적 역할을 해나갈 계획이다.

경남신문 2019 - 09 - 05

8 장

저장관리

1. 저장관리의 개념
2. 저장관리의 원칙
3. 저장시설
4. 입 · 출고관리

08 저장관리

1 저장관리의 개념

식품구매에 있어 저장은 미래의 식재료 소요를 충당하기 위해서 보존하는 것을 말한다. 그리고 저장관리란 납품된 물품을 수요자에게 공급할 때까지 일정기간 합리적인 방법으로 납품검사에 합격된 상태 그대로 변질되지 않도록 보존관리하는 것을 말한다.

급식소와 업소의 물품 저장업무는 검수와 조리업무를 연결하는 역할을 하게 되므로 저장체계는 조리에 사용될 음식의 질에 직접적으로 영향을 미치게 된다. 따라서 식품의 저장관리란 식품을 구입하여 조리할 때까지 영양손실이 없고, 곤충이 침입하지 못하도록 잘 보관하며, 부패되지 않도록 관리하는 것을 의미한다.

2 저장관리의 원칙

저장관리를 하는 데 있어서 많은 비용이 발생되는 주원인은 부적절한 저장상태로 나타나는데, 특히 식품의 손실이나 도난 등의 부정유출로 인한 손실 및 잘못된 관리가 일으키는 노동력의 낭비등을 들 수 있다. 그러므로 관리자는 식자재의 손상으로 원가상승을 초래하지 않도록 항상 조심하며 경계하여야 한다. 부패성이 강한 물품은 매일 점검하여 철저하게 관리하고, 재고회전이 느린 품목에 대해서는 실사용자에게 수시로 보고하여 주의를 환기시켜 준다. 또한 저장관리를 효율적으로 하기 위해 다음과 같은 원칙을 반드시 고려하도록 하는 것이 좋다.

(1) 위치 표시

저장된 물품의 위치가 명확하지 못하면 출고명령서를 받았을 때 해당 물품을 찾기 어렵게 되며, 과다 구매, 손실과 도난의 우려가 증가하게 될 뿐 아니라 재고조사를 할 때도 혼란과 복잡함을 초래하여 시간적으로도 지연되게 된다. 그래서 반드시 저장된 물품의 위치를 명확하게 표시하지 않으면 안 된다. 식자재의 저장위치를 명확히 하기 위해서는 재고 위치제도(Stock location system)을 적용하여 카드에 의거 식자재가 언제든지 쉽게 찾을 수 있도록 해야 한다.

(2) 분류저장

물품은 종류별과 규격별로 분류한 후 저장관리되어야 한다. 종류별 저장은 식자재의 명칭과 성질이 같은 것을 말하며, 규격별 저장이라 하는 것은 같은 종류의 식자재 중에서 규격과 크기가 상이한 것을 말한다. 저장되는 물품은 창고 내에 체계적으로 분류하여 저장해야 한다는 원칙에 따라 종류별로 분류하고, 다시 가나다순, 알파벳순 또는 사용빈도의 순으로 정렬하는 것이 이상적이다. 이와 같이 분류하고 저장하지 않으면 물품의 식별이 힘들고 잘못된 출고가 나타나기 쉽기 때문에 유의해야 한다.

(3) 선입선출

물품의 저장기간이 짧으면 짧을수록 재고 자산의 회전율이 높고 자본 회수에 의한 재투자가 효율적으로 이루어질 수 있다. 물품은 저장시설에 먼저 들어온 순서에 따라서 출고해야 하는 원칙이다. 이를 위해서는 물품 진열시 뒤에 들어온 물품을 현재 보관 중인 물품의 뒤쪽에 두어야 하며, 특히 유통기한이 명시되어 있는 부패성이 높은 식품의 경우에는 유통기한이 가까운 것부터 출고해야 한다. 이와 같이 선입선출의 원칙에 따르게 되면 식품이 낭비될 가능성을 최소화할 수 있다.

(4) 품질보존

물품을 저장함에 있어 품질 변화 없이 사용가능한 상태로 보존할 수 있을 것인가하는 문제는 물품 저장을 다루는 실무자는 물론 관리자도 관심을 가져야 한다. 저장관리의 중요한 목적의 하나는 납품된 물품의 상태대로 품질에 변화를 가져오지 않게 관리하는 데 있다. 따라서 물품의 성질이 온도나 습도에 어떠한 적응성을 가지고 있는가를 세밀하게 연구하고, 곤충의 침입을 막아서 품질에 변화를 가져오지 않도록 주의한다.

(5) 공간활용

저장시설에 있어 가장 중요한 것은 보관 및 저장에 충분한 공간이 확보되어야 한다. 저장공간은 물품의 양과 부피에 따라 결정되며, 여기에는 물품 자체가 점유하는 점유공간 및 물품 운반장비의 기동공간도 고려되어야 한다.

3 저장시설

식재료 저장시설이라 하는 것은 식품 창고를 말하며, 저장시설에 관한 협의의 창고관리를 나타내기도 한다. 이는 원자재의 관리로 검수를 마친 식재료를 계획에 따라 사용할 때까지 품질과 수량을 안전하게 관리하는 것을 일컫는 것으로 일반적으로 저장관리와 같은 의미로 혼용되고 있다. 광의의 창고관리는 제조공정에서 사용되는 원자재의 계획, 발주 및 일정계획을 말한다.

식품을 저장하는 창고는 적당한 온도와 습도가 유지되어야 하며, 방충시설 및 환기 시설, 채광이 잘 되어 있어야 한다. 또한 식품은 종류에 따라 구분해서 저장되어야 하는데, 곡물류, 건물류와 통조림 등의 저장식품과 조미료, 채소 등은 별도로 구분해서 저장해야 한다. 또한 식품이 아닌 비품이나 유독물질(살충제, 소독약 등)을 두어서는 안 되며 무엇보다 저장시설 내의 청결을 유지해야 한다.

(1) 저장 창고의 기능

저장 창고는 적당한 기자재를 유지하고, 물품의 품질을 최상으로 보존하여 부패 등의 이유로 식재료의 손실 발생을 최소화하기 위한 것으로 일반적인 기능은 아래에서 나타내고 있다.

- 물품의 수령과 보관
- 운송의 역할
- 필요에 대한 요구의 충족
- 최소면적에 의한 관리에 따른 구매의 효율적 수행

(2) 저장 창고의 조건

1) 지리적 위치

① 창고의 위치는 출납 및 관리업무를 하기 쉬운 장소 즉 검수구역과 조리구역 사이에 서로 인접하여 위치하는 것이 이상적이다. 또한 납품장소와 창고를 직선거리에 배치시키고 건물의 같은 층에 검수장소, 창고와 주방이 위치하는 것이 바람직하다.

검수구역과 창고간의 거리는 짧을수록 좋은데 그 이유는 운반에 소요되는 노동력이나 물품 도난의 기회를 감소시킬 수 있고 신속하게 저장할 수 있어 유리하기 때문이다.

창고는 사용부서와 가까운 거리에 위치하여야 하지만 불가능할 때에는 각 주방별로 소형 냉장고를 설치하여 저장 창고에서 출고하여 임시 보관할 수 있어야 한다. 적절한 창고의 크기는 메뉴의 내용, 거래량, 구매정책과 배달의 빈도에 따라 달라지게 된다.

② 창고의 설비로는 시설규모에 맞는 수납능력을 갖고 품목별로 재고관리를 하기 쉬우며 또한 품질유지 조건(온도, 통풍, 채광)이 갖추어져야 하고, 식품특성에 따라서는 냉암소가 적당하다.

③ 창고의 위치는 위생관리를 하기 쉬우며 보관·저장 중에 해충에 의한 세균

번식, 부패와 절도에 의한 재고물자의 감량, 손실 발생 등이 없는 장소여야 한다.

④ 창고는 출납업무가 안전하게 진행될 수 있어야 하고 청소하기가 쉬워야 한다.

2) 안전관리

저장창고는 안전사고에 대비한 여러 가지가 고려되어야 한다. 그것은 낙하안전 및 물자안전을 위한 적재방법, 사다리, 선반설비, 소화기 등이 적재적소에 비치되도록 하고 냉장고나 냉동고의 내부에 설치된 개폐장치를 안전 제일의 원칙에 의거하여 관리하여야 한다.

3) 보안관리

창고의 보안관리는 열쇠관리, 창고 출입자의 제한과 비상용 열쇠의 관리절차 확립 등 재고자산보호 방안이 있다. 창고의 열쇠는 창고책임자 또는 위임받은 사람만이 관리하고 창고의 폐문기간에 모든 창고의 열쇠가 정해진 장소에 보관되도록 하여야 한다. 긴급하게 창고를 열어야 할 때는 당직 관리인 또는 회사 간부가 입회하여 열쇠를 인수·반납하고 입회관리인이 창고출입에 직접 동행하여야 한다. 그리고 창고 내의 보안을 통한 도난방지를 위하여 다음 사항을 지키도록 한다.

- 창고의 잠금장치 설치
- 자물쇠 관리 철저
- 창고 내의 출입은 관계자로 제한
- 입·출고 시간의 지정 및 절차 규정화
- 창고책임자의 권한과 책임 명시화

4) 품질관리

창고관리자는 검수할 때의 물품이 지닌 품질을 최대한 그대로 유지되도록 관리하여야 한다. 식자재의 부패를 예방 또는 감소시킬 수 있는 각종 식재료의 최적 저장조건에 대한 종합적인 지식을 가져야 하며, 그러한 바탕 위에 적절한 저장계획 및 저장시설을 갖추어야 한다.

식재료의 부패원인은 저장기간의 장기화, 저장시설 자체의 위생문제, 보관시 저장간격의 협소와 부적절한 창고의 내부온도 등을 들 수 있다. 따라서 창고책임자는 입고 전까지 장기간 창고 이외의 장소에 식재료를 방치해서는 안 된다. 그러므로 양호한 상태의 식재료 품질을 유지하며 창고에 저장하기 위해서는 다음과 같은 사항에 유의하여야 한다.

① 창고가 항상 깨끗하고 건조하도록 청소 일정을 세우고, 정기적으로 청소하며 살충제를 뿌린다.

② 선입선출의 원칙에 따라 먼저 들어온 것은 앞으로, 나중에 들어온 것은 선반 뒤에 적재하고 적당량을 구입하도록 한다.

③ 각 품목마다 그 특성에 맞는 저장위치와 저장방법이 있으므로 그 특성을 잘 이해하여 그에 따른 저장이 되도록 한다.

④ 창고 내의 모든 시설장비가 제기능을 발휘하도록 한다.

⑤ 창고책임자는 항시 창고 내의 온도, 습도와 환기상태를 점검하여야 한다.

표 8.1 | 환자 급식용 점검표

구분	점검사항	법적 근거	점검결과			관련근거
			예	아니오	해당 없음	
식재료 보관	식재료별(어육류, 채소류, 유제품, 계란, 김치, 공산품, 환자용 식품)로 구분하여 보관할 수 있는 창고를 갖추었습니까?	제88조				(의)감염관리
	보관창고가 청결하게 관리되고 있습니까?	제3조				
	냉장/냉동 창고의 온도가 적절히 관리되고 있습니까?(냉장창고: 10℃ 이하, 냉동창고: －18℃ 이하)	제3조				(의)감염관리
	상온창고의 온도와 습도가 적절히 관리되고 있습니까?(온도: 15～25℃, 습도: 50～60%)	제3조				(의)감염관리
	식품보관 선반은 벽과 바닥으로부터 15cm 이상 거리를 두고 설치되어 있습니까?	권고				<HACCP> 선행조건
	보관 중인 식재료의 유통기한(유통기한 표시 없을 경우 제조일, 저장가능기간, 구입일)을 표시하고 관리하고 있습니까?	제3조				(의)감염관리
	농수산물과 그 가공품을 조리하여 제공할 목적으로 보관하는 경우 냉장고 등 보관장소 또는 보관용기별 앞면에 일괄하여 표시하였는가?	원산지 표시법 제5조				
	식재료는 입고 순서대로 사용(선입·선출)하고 재고 관리를 하고 있습니까?	권고				(의)감염관리
	환자용식품은 제조사의 지침에 따라 적절하게 보관 관리되고 있습니까?	제3조 준용				(의)감염관리
	식품과 비식품(소모품)을 구분 보관하고 있습니까?	권고				

출처: 식품의약품안전처(2019)

(3) 저장 창고의 종류

저장창고는 업무의 효율상 식재료 창고와 일반창고로 나누어지는데, 식품의 저장온도 및 습도 기준은 그 특성에 따라 다르므로 급식소나 업소에서는 이를 다시 각각 건조저장, 냉장저장과 냉동저장으로 구분하여 보관하게 된다.

1) 건조저장실

건조저장실은 해충의 침입을 막을 수 있고 과다한 습도로부터 보호될 수 있는 위생적인 환경조건이어야 한다. 건조저장실의 온도는 10～24℃(10℃가 가장 적합), 습도는 50～60% 정도를 유지하며 통풍 상태가 양호해야 한다.

① 건조저장실의 시설

- 선반은 환풍이 잘 되는 조립식의 금속재가 바람직하며, 습기와 환풍조절을 위해서 벽면에서 약 5cm, 바닥에서 약 15～25cm 떨어진 곳에 간격을 두고 설치한다.
- 정기적으로 점검할 수 있도록 습도계와 온도계를 비치한다.
- 창문은 외부로부터 침입하기 어렵도록 설치하고, 직사광선을 막을 수 있도록 설계한다.
- 출입문은 자물쇠를 설치하여 출입을 통제하도록 하고, 고가품을 분리·저장할 수 있는 금고형의 상자를 설치한다.
- 청소하기 쉽고 벌레가 생기지 않도록 벽처리를 하며, 바닥마감재는 미끄러지지 않고 쉽게 청소할 수 있는 재질이 좋다.

② 건조저장실의 관리

- 식품은 유형별로 체계적으로 분류하여 적재하며, 물품 정면에 라벨을 붙여두어 재고조사나 출고시의 시간과 노력절감을 도모한다.
- 항상 사용하는 식품은 출입구 가까이에 보관하며 주기적으로 점검하여 상해가 있는 식품 또는 내용물이 새는 물품은 저장고에 두지 않도록 한다.
- 건조식품 외에 비누, 소독제·살충제 등의 화학물질과 함께 보관하지 않도록 한다.

✣그림 8.1 | 건조저장실의 예

2) 냉장저장실

냉장저장실은 0~7℃(습도 75~95% 정도)의 중간온도를 유지하는 저장고로 냉동식품을 녹일 때 또는 육류, 우유·유제품류, 채소·과일류를 보관하는 데 사용된다. 냉장상태는 미생물의 번식을 지연시킬 뿐 완전히 막을 수는 없으므로, 냉장저장 품목은 입고 즉시 냉장저장실로 운반되도록 하고 사용 직전에 출고되도록 하여 품질을 최대한 유지해야 한다. 냉장저장실의 규모나 종류는 급식소의 유형, 제공메뉴와 구매방침에 따라 달라지게 되는데 적절한 냉장시설의 운영은 자본절감의 효과까지 얻을 수 있다.

① 냉장저장실의 종류

- 물품창고식 대형냉장고(Walk - in refrigerator): 일반적으로 대규모 급식소에 많이 설치되는 종류로 식품이 입고된 그대로 직접 운반되어 보관한다. 물품창고식 대형 냉장고는 이동용 선반이나 손수레가 쉽게 이동할 수 있도록 설계되어야 하며, 안에서 문을 열 수 있는 장치나 경보가 울리는 장치를 설치하여야 한다〈그림 8 - 2〉.
- 편의형 소형냉장고(Reach - in refrigerator): 대부분 조리장 내 설치하여 전처리한 식품들을 보관한다.
- 앞뒤 양면에 문이 있는 냉장고(Pass - through refrigerator): 완전 조리된 음식의 보관용으로 뒷면 조리실에서 조리한 음식을 넣어주면 앞면에서 꺼내어 배식하는 편리한 점이 있어 배식구역에서 주로 사용된다〈그림 8 - 2〉.

✣그림 8.2 | 냉동, 냉장고의 예

Walk - in refrigerator(출처: 나비드쿡)

Pass - through refrigerator(출처: 나비드쿡)

② 냉장저장실의 시설

- 냉장저장고 내부에는 온도계를 설치하고, 하루에 2회 이상 정기적으로 온도를 기록할 수 있는 점검표를 부착한다〈표 8 - 2〉.
- 견고성과 위생을 위해 내부 표면은 매끈한 스테인리스를 사용하며, 배수구, 전등과 환기시설을 갖추어야 한다.
- 선반은 위생과 이동성과 견고성을 고려해야 하며, 트레이 선반을 사용하면 편리하다.

③ 냉장저장실의 관리

- 각 식품의 특성에 따라 적절한 온도와 장소에 보관한다.
- 필요한 물품은 일시에 꺼내도록 계획하여 냉장고 여는 횟수를 줄이게 하고, 잠깐의 정전시에는 냉장고의 문을 열지 않도록 한다(18~24시간 온도 유지 가능).
- 선입·선출이 가능하도록 식품을 순환시킨다.
- 냄새를 흡수하는 식품은 냄새나는 식품과 분리하여 보관한다.
- 물품 사이와 밑부분까지 찬 공기가 순환될 수 있도록 배열한다.

3) 냉동저장실

냉동저장실은 주로 육류 및 장기간 보관, 사용하는 품목으로 냉동해 두었다가 사용할 수 있는 식자재로 −24~−18℃의 온도를 유지하도록 한다. 최근 냉동저장실의 이용은 크게 확대되어 보편화되고 있는 추세이나 냉동저장 보관을 하게 되면 장기 보관될수록 냉해, 탈수, 오염과 부패 등으로 품질저하가 생길 수 있는 것을 각별히 유념해야 한다. 그러므로 냉동식품 역시 입고 즉시 운반하고 수분이 증발하지 않도록 밀봉하여 냉동된 고체상태가 유지되도록 저장해야 한다.

냉동식품을 조리해야 할 경우에는 반드시 냉장실이나 해빙고에서 녹이도록 하고 해동된 식품은 재냉동하지 않도록 한다.

<표 8.3>에 나타난 냉동저장실의 시설과 관리는 냉장시설의 경우와 같은 기준을 가진다. 이외에, 냉동식품 처리에 유용한 냉동과 관련된 저온저장 시설로 해빙고와 냉동 가공기를 들 수 있다.

표 8.2 | 저장고 온도일지, 냉장고/냉동고 온도일지

• 점검일자: 년 월

• 점 검 자: (서명)

구역 / 날짜/시간		검수구역	전처리구역		일반/치료식 조리구역								환자용식품조리구역	조치사항	확인(서명)
		원물창고	계란냉장고	전처리냉장고	어육류냉장고	어육류냉장고	농산물냉장고	유제품냉장고	김치류냉장고	완제품냉장고	치료식냉장고	보존식냉동고	경관유동식냉장고		
	05:30														
	14:00														
	19:00														
	05:30														
	14:00														
	19:00														
	05:30														
	14:00														
	19:00														
	05:30														
	14:00														
	19:00														

✣표 8.3 | 냉장 냉동 저장실 관리요령

구분	관리기준	개선조치
냉장/냉동온도	• 냉장: 0~10℃, 냉동: −18℃ 이하	• 온도 보정 및 30분후 재측정/기록
모니터링시기	• 05:30, 14:00, 19:00	• HACCP 냉장냉동고 온도관리기준: 하루 2식 이상 제공시 1일 3회 확인
분리저장	• 식재료별로 구분하여 분리저장	• 분리저장되지 않으나 밀봉(덮개사용) 보관했을 때 → 재분리 • 밀봉(덮개사용) 보관되지 않은 조리식품 식재료 함께 보관되었을 때 → 폐기
	• 품목별: 원물, 전처리제품, 조리완제품 분리저장	
포장상태	• 식재료의 포장상태	
	• 전처리, 조리된 식품 덮개 사용	

출처: 식품의약품안전처

① 해빙고(thawers of tempering box)

냉동식품의 해빙을 위해 실내온도와 상품에 관계없이 4℃가 유지되도록 만들어진 식품보관고이다

② 냉동가공기(processing freezer)

실제로 식품을 냉동시키기 위해 사용되며 일반적인 냉동음식의 보관에는 사용되지 않는다.

4 입 · 출고관리

(1) 입고관리

입고관리는 물품 입고 계획표에 따라 도착한 물품을 분류하고, 순서를 정하여 입고에서 출하까지 일련의 절차를 빠짐없이 행하는 관리를 말한다. 창고에 입고하는 물품은 대부분 검수가 끝난 것이지만 검수부서와 창고부서와는 입장이 다르므로 입고전표와 대조하여 물품의 품명, 규격 및 수량을 확인하여 인수 후 적정 장소에 정리한 후 보관한다.

입고관리는 납품된 물품을 창고에 수납하는 것으로 급식소에 물품을 납입할 때 제출한 납품서를 이용하여 수입전표를 작성한 후 하는 것이 원칙이나, 대부분 생략하고 납품서를 그대로 수입전표로 하여 입고시킨다.

1) 보관장소의 결정

물품은 대부분 보관장소가 결정되어 있으나 일시적으로 대량입고하여 수용할 수 없는 경우나 보관 장소가 일정하지 않은 것에 대해서는 그 때마다 검토하여 결정한다.

2) 보관방법의 결정

물품이 입고된 후 소량물인 경우는 용기, 서랍 또는 선반에 보관한다. 다량물품인 경우는 바닥 또는 팔레트에 올려 놓는다.

✣ 그림 8.3 | 급식소의 입출고 과정

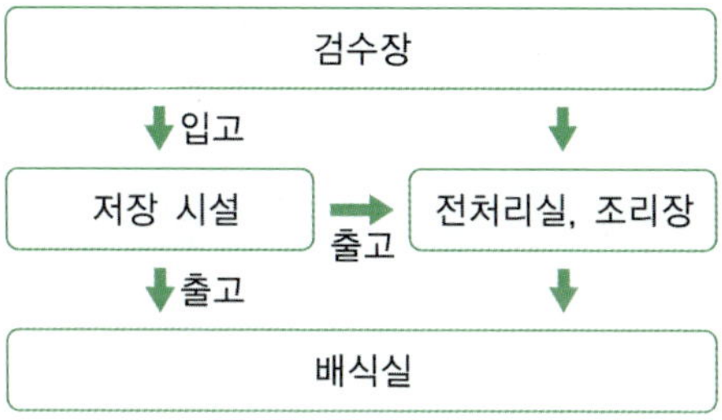

자료: 양일선 등(2010)

(2) 출고관리

출고관리는 창고에 보관된 물품을 계획표에 따라 보낼 장소로 분류하고, 필요한 전표들을 작성하여 안전하게 내보내는 것을 말하며, 출고전표를 작성하여 물품을 수령하게 된다.

출고의 지시 또는 요구에 따라 물품을 반출하지만 물품 소재 확인, 계수, 정리 및 운반 등을 신속하게 해야한다.

입출고 관리는 전산화 가능한 분야로 각 식품을 종류별, 규격별, 저장기간별 등의 요인에 따라 분류하여 구매활동과 연결되도록 할 필요가 있다.

1) 출고에 따른 관리활동

① 선입선출 등의 일관된 원칙에 따라 체계적인 출고관리가 되도록 하며, 부패되었거나 유효기간이 만료된 자재들은 적절한 절차를 거쳐 폐기 처분하도록 한다.

대부분의 급식소 경우 과중한 업무로 출고관리가 급식담당자나 주방장에게 일임되거나 종업원들이 필요할 때마다 저장고에서 물품을 꺼내 사용하게 하고 있어 원가관리에 큰 영향을 주고 있다.

② 출·입고 대장을 철저히 기록하고 물품 출고청구서에 의해서만 출고시켜야 한다.

③ 대규모 급식소의 경우 물품 출고청구에 대한 신속한 처리를 위해 서류접수 및 처리에 대한 시간적 한계를 일정하게 정해 두며, 제출된 순서에 의해 출고되도록 한다.

④ 매일 출고업무의 종료와 함께 출고된 식자재를 형태와 품목을 구분하여 집계한다.

⑤ 대규모 급식업체에서는 창고관리자를 정식으로 채용하여 창고관리와 수령관리를 책임지게 하고 있으나 소규모 업체에서는 급식관리자나 감독관이 그 책임을 맡게 된다.

2) 급식소 및 외식업소에서 사용되는 식품 및 기타 물품의 출고

식품에 따라서는 검수구역에서 직접 출고되는 비저장품의 출고와 건조, 냉장 및 냉동 저장상태에 있던 물품이 출고되는 저장품의 출고 그리고 기타 비품의 출고가 있다.

① 비저장품의 출고(Direct issue)

비저장품은 식품 입·출고 전표에서 당일 검수된 내용이 당일의 식품원가 항목에 계산되는 물품으로 검수 직후 곧바로 조리구역으로 보내진다. 이러한 물품은 하루에 필요한 양만큼만 구매하는 것으로 신선한 과일, 채소, 빵류 및 유제품 등이 속한다.

이러한 비저장품들은 운반되는 당일의 식품원가 계산에 포함되므로 검수원이 미리 작성하는 검수일지를 참고하여 단가계산을 하게 된다.

② 저장품의 출고(Storeroom issue)

저장품은 창고에 보유되어 1일 이상 재고로 유지되는 품목을 말하며, 조리나 배식과정에 필요할 때 창고에서 출고된다.

저장품은 캔이나 병, 박스형태로 구매되는 부식류나 쌀, 밀가루 등의 주식류가 대부분이다.

저장품들은 사용을 위해 출고되기 전까지는 재고로 간주되어 매일의 식품원가 계산에 포함되지 않으며, 특정일의 저장품의 가치는 출고청구서에 기재된 각각의 액수를 합산하여 정하게 된다. 이러한 저장품의 출고전표는 <표 8.4>, <표 8.5>에서 보여주고 있다.

③ 비품의 출고

비품은 엄격한 의미로는 저장품에 들어가지만 식품과는 구별되는 즉 문구류나 세제 등과 같은 물품으로 일일 식품원가와는 별도로 계산하게 된다.

✢ 표 8.4 | 입출고 기록지, 입·출고 현황

원재료						부재료					
입고일	입고처	품명	입고량	출고량	재고량	입고일	입고처	품명	입고량	출고량	재고량
환자용 식품						비품					
입고일	입고처	품명	입고량	출고량	재고량	입고일	입고처	품명	입고량	출고량	재고량

이상품목	이상내용	조치내용	확인자

자료: 식품의약품안전처 제공

✢표 8.5 | 입출고대장의 예

Ⅰ) 일별 입출고대장 년 월 일

재료명	단 위	전일재고량	입 고 량	출 고 량	재 고 량	비 고
혼 합 곡						
콩						
식 용 유						
고 추 분						
간 장						
된 장						
고 추 장						
조 미 료						
식 초						
설 탕						
멸 치						
소 금						
식 탁 염						
다 시 다						
미 역						
후춧가루						
라 면						
	식단에 따른 조미료 등을 1일분씩 출고한다.					
	(중식부터 그 다음일 조식까지)					

○○○급식소

Ⅱ) 품목별 입출고대장

품 목: 구매단위 :출고단위:

창고번호: 단 가:

월 일	청구서 번호	입 고 (입고단위)	출 고 (출고단위)	총 재 고	
				수 량	금 액

(3) 출고관리의 절차

우선 조리부서에서 필요한 식품명, 단위와 필요한 양을 기재한 출고청구서를 작성하여 관리자의 날인을 받아 창고관리자에게 청구하면 요구한 양만큼 날인을 받고 출고시켜 준다.

호텔의 출고관리 절차의 예가 <그림 8.4>에서 보여주고 있다.

창고관리자는 구매일지(검수일지)에 의한 가격을 입수하여 청구서에 단가와 총 출고가격을 기입하고 보관하였다가 하루의 출고가 마감되면 출입고 대장 <표 8.5>에 기입하고 회계담당에게 보내어 일일 식자재의 총액을 계산하도록 한다.

현장에서 활용되고 있는 또 다른 형태의 출고전표의 예가 <그림 8.5>에 있다.

✢ 그림 8.4 | N 호텔 식자재 창고에서 입출고 관리

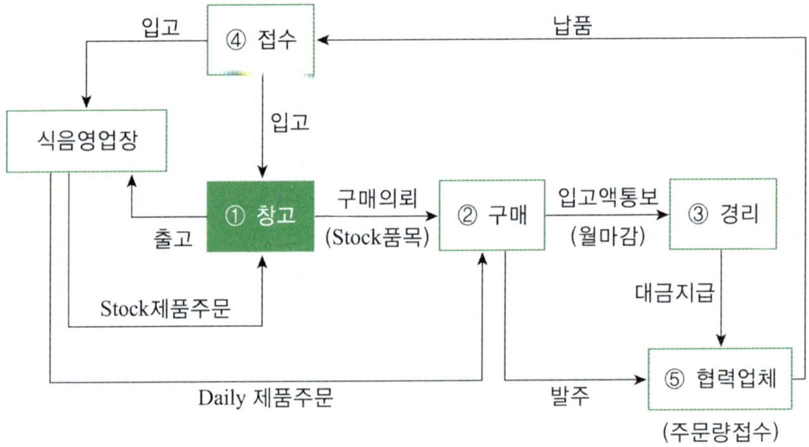

출처: 강지은(2006)

✣ **그림 8.5** | S호텔의 출고전표의 예

품목코드	품 명	단위	규격	수 량	금 액
73011102	깨어포	KG		1.00	10,000
73012002	옥돌김	PK		5.00	6,000
73012202	건다시마	KG		3.00	37,143
73012602	건미역 (80G)	PK	80G	40.00	35,600
73012702	김밥김	PK	(10/PK)*10/B	100.00	110,000
73021202	훈제오징어	KG		4.00	56,000
74010002	벌꿀 (동서) 1.2KG	BTL	1.2KG	8.00	152,000
74010502	참기름 1.8L	BTL	1.8L	31.00	582,800
74011402	고추장 (3KG)	CN	3KG		
74011502	고추장 (진미, 삼원	CN	14KG	2.00	88,000
74011602	양조간장 701(1L)	BTL	1L*15	15.00	56,160
74011702	현미식초	BTL	900ML	15.00	17,010
74012002	고추장 (순창 찰)	CN	14KG	2.00	80,000
74012102	아몬드슬라이스탈피	KG	11.34KG	2.00	11,810
74012902	미림 (1.8L)	BTL	1.8L	6.00	30,360
74013302	재렴	KG	1BAG*20KG	80.00	34,288
74013402	호렴	KG		60.00	22,858
74014102	튀김가루	KG		3.00	2,184
74014702	빙초산	BTL	180ML	30.00	30,000
74018102	된장 (순창) 14KG	CN	14KG	1.00	14,000
74020202	약과	KG		1.40	21,000
74020212	유과	KG		.50	7,500
74020402	개피떡	KG		7.00	35,000
74020502	인절미	KG		8.40	46,200
74021902	만두피	PK	(6G*25)*60PK	60.00	30,000
74022302	생면 (풀무원)	PK		28.00	42,000
74026002	깨돌이 (참깨강정)	PK	1.875KG	.50	7,500
74033202	부침가루	KG		8.00	5,824
74044402	쇠고기다시다 (1KG)	KG	1KG	8.00	45,760
74045302	쑥버무리떡	KG		1.00	6,000
74051302	물엿 (10KG)	CN	10KG	2.00	19,000
74055502	꿀떡	KG		8.20	32,800
75011802	피칸 (안주용)	KG	1KG	2.00	40,000
75021402	매작과	KG		.79	11,850
75021802	강정 (보리청태쌀	KG		.25	3,750
75026402	홍삼분	PK		3.00	45,000
75028502	백김치	KG		60.00	120,000
87032102	수복	BTL	1.8L/6	30.00	191,940
			부서계		74,602,224

The News!

학교 급식재료 불량관리 업체 무더기 '덜미'

유통기한이 한 달 이상 지난 고기를 폐기하지 않고 보관하거나, 반품된 냉장 삼겹살을 냉동으로 다시 보관하는 등 음식관리가 부실한 학교 급식업체들이 무더기로 적발됐다.

경기도특별사법경찰단(이하 특사경)은 지난 8일부터 17일까지 학교급식 납품업체 51곳을 수사해 11곳에서 15건의 위반행위를 적발했다고 5일 밝혔다.

성남시 A업체는 유통기한이 50일 이상 지난 삼겹살과 갈비 18.5kg을 아무런 표시 없이 냉동창고에 정상제품과 함께 보관하다 덜미가 잡혔다.

유통기한이 지난 축산물을 폐기용 표기 없이 정상제품처럼 보관하면 3년 이하의 징역 또는 5천만원 이하의 벌금이 부과된다.

출처: 경기신문 2019.06.05.

9장

재고관리와 원가관리

1. 재고관리의 개념
2. 재고관리의 중요성
3. 재고관리의 종류
4. 재고액의 평가방법
5. 재고관리의 기법
6. 재고회전율이란?
7. 전산화되는 재고관리
8. 바람직한 원가관리

09 재고관리와 원가관리

1 재고관리의 개념

재고(inventory)란 물품의 흐름이 조직 내의 어떤 지점에 정체되어 있는 상태를 시간적 관점에서 파악한 관리 개념이다.

재고관리는 이미 발생한 재고, 즉 결과에 대해서 잘 보존하고 출납하는 것으로 그 관리가 끝나는 것으로 여겨졌으나 재고관리는 결과가 발생한 후에서 벗어나 구매에 의해 이루어진 모든 물품의 입고부터 관리의 대상이 된다고 볼 수 있다.

재고 관리와 관련된 비용으로는 구매단가, 주문, 보관 및 비용과 재고품절로 인한 손실비용 등이 포함된다. 그러므로 1년간의 모든 재고품목에 대해 발생하는 각각의 비용의 합이 연간 총 재고비용이 된다.

재고관리란 물품의 수요가 발생했을 때 신속하고 경제적으로 적응할 수 있도록 재고를 최적의 상태로 관리하는 절차라고 할 수 있다. 어떤 물품을 언제 얼마만큼 필요로 하는지를 파악하고 납품된 물품을 저장하여 적기 적소에 분배하는 등의 일을 하게된다. 따라서 재고관리에는 발주 시기, 발주량, 적정 재고 수준을 결정하고 이를 시행하는 제반 과정이 포함된다.

이와 같은 재고관리가 급식소와 업소에서

첫째, 물품부족으로 인한 생산계획의 차질을 없게 하는 것이다.

둘째, 최소의 가격으로 좋은 질의 필요한 물품을 구매하기 위함이다.

셋째, 생산부문에서의 요구량과 일치하는 수준에서 재고상 최소한의 투자가 유지되도록 하는 것이다.

재고관리는 조리나 배식관리를 적기에 지원하는 수단으로 재고는 있어야 하고 필수적인 것이나, 안전재고량을 확보하는 것에서의 창고관리 측면에는 가급적 적게 보유하는 것이 효과적이다.

2 재고관리의 중요성

(1) 이익 창출의 재고

재고는 운용방법에 따라 급식 경영에 이익 창출로 직결될 수 있다. 만약 유지비 증대, 자본의 고정 등 재고의 부정적인 측면만을 고려한다면 수요자가 밀집해 있는 장소에 식품 공장을 세워야 하며 유동성이 많은 수요자에 맞추어 생산해야한다. 하지만 물품 재고가 있으면 식품공장이 있는 입지조건이 좋은 먼 곳에서도 생산할 수 있으며 유동적인 수요변동으로부터 분리되어 일정량을 모아 경제적으로 생산할 수 있다. 이것이 재고의 중요역할인 재고 분배의 효과이다. 또한 이것은 수요예측의 착오가 생겼을 때 나타날 수 있는 급식공급에 차질을 주는 품절의 손해를 막아주기도 한다.

(2) 저장유지비용의 증대

재고관리 방식의 진부화와 열화가 나타날 때 특히 저장유지비의 상승 부담이 나타나므로 각 업체에서 저장유지로 인한 손해가 나타나지 않는 급식소나 업소에 맞는 개별의 재고관리 개념을 확립해야한다.

(3) 자본의 고정

일정량의 물품이 상시재고로 사용되지 않는 것이 있다면 재고는 분명 유동자산임을 잊지 말아야 한다. 이것이 고정자산으로 확대되면 급식경영에 있어 자금운용에까지 압박을 받게 된다.

(4) 과학적 재고관리 효과

재고관리에 대하여 내부적으로 언제, 어느 정도를 발주하고 생산할 것인가에 대한 기준을 설정하고 과학적인 재고관리기법을 도입하여 실시한다면 재고 수준을 과부족이 없는 합리적인 상태를 유지할 수 있다.

3 재고관리의 종류

(1) 영구 재고 시스템(Perpetual inventory system)

영구 재고 시스템은 구매하여 입고되는 물품의 양을 계속적으로 기록하는 과정이다. 즉 창고에 있는 물품의 입고 및 출고시에 물품의 수량을 계속 기록해서 남아 있는 물품의 목록과 수량을 확인하고 적정 재고량을 유지하게 하는 방법으로 <표 9.1>과 <표 9.2>는 이러한 기록의 예이다.

이와 같은 영구 재고 시스템은 대량의 재고를 보유하는 규모가 큰 급식소에서 주로 사용되는데, 일반적으로 건조 및 냉동 저장창고에 보유되는 물품의 관리에 이용된다. 또한 선택된 몇몇 고가 품목에만 영구 재고 시스템을 유지시키는 경우도 있다. 모든 알코올 음료의 현재 재고량을 파악하기 위해서 사용되어지는 품목별 카드(bin card)가 그 예이다.

이와 같은 품목별 카드는 저장선반에 부착되어 있어서 선반에 놓여 있는 알코올 음료들의 표시판(label)의 역할을 하기도 한다. 이러한 품목별 카드는 각 품목에 관한 정보들을 제공하고 재고번호를 부여하여 선반 위에 있는 특정 품목을 분별하기 쉽게 해준다.

영구 재고 시스템은 급식담당자에게 적절한 재고량을 유지하는 데 필요한 정보를 제공하고 특히 어느 시점에서든지 그때의 재고량과 그에 상응하는 재고자산을 파악할 수 있게 해주어 효과적인 통제가 되도록 하는 장점을 지니고 있다. 반면에 단점은 경비가 많이 들고 수작업으로 진행할 경우에는 상당량의 노동력

✣표 9.1 | 영구 재고 기록지

월 재 고 현 황	결재	담 당	검 토	결 재
일자:　　년　월　일　요일		/	/	/

품 명	규격	단위	수량	단 가	금 액	비 고
합 계						

✣표 9.2 | 품목별 영구 재고 기록지

품　목: 보드카(Vodka)　　재고번호: 235
상품명: 홀카(Holka)　　크기: 750ml

일 자	입 고	출 고	잔 량	일 자	입 고	출 고	잔 량
9/1			5				
9/7		1	4				
9/12		2	2				
9/20	4		6				

을 필요로 하고 때로는 수작업으로 기록하다가 범할 수 있는 실수로 인해 기록 체계의 정확성에 이문이 생길 수 있다.

그러므로 영구 재고 시스템이 전산화되어 운영되는 것이 보다 정확하고 효과적이다. 왜냐하면 컴퓨터 시스템은 모든 재고 관리상의 수리적 계산을 자동 처리하고, 재고 품목의 입고와 출고에 관한 정보를 제공해 주는 동시에 이에 관한 기록을 즉시 출력할 수 있기 때문이다.

(2) 실사 재고 시스템(physical inventory system)

실사 재고 시스템은 앞서 기술한 영구 재고 시스템이 갖은 단점을 보완하기 위한 방법이다. 이론적으로는 영구 재고의 기록을 유지하는 것이 간단하게 보일지 모르지만, 실제로는 사람의 손이나 컴퓨터에 의존하여 정확한 기록을 계속적으로 기록하고 유지하는 것이 결코 수월하지 않다.

일반적으로 영구 재고의 정확성을 점검하기 위해서 실시되는 실사 재고 시스템은 주기적으로 창고에 보유하고 있는 물품의 수량과 목록을 확인하여 기록하는 방법이다.

회계주기의 최종일 즉 회계주기가 1개월인 경우에는 가장 마지막날 보유하고 있는 재고량을 세어서 그 양을 기록한다.

실사 재고의 실시과정에는 대개 두 사람이 필요하며, 한 사람은 각 품목의

표 9.3 | 실사재고 기록지

보유량	단위	품목명	형태	단가	재고액
	# 10	쇠고기	whole, 6/# 10 CN/case		
	# 10	옥수수	whole, Kernel, 6/# 10 CN/case		

실사 재고 조사
일 자: ________ 조사자: ________
총재고액: ______

실제 수량을 세고, 다른 한 사람은 재고기록지에 그 정보를 기록한다. <표 9.3>은 이러한 실사재고 기록지의 형태를 나타낸 것이다. 이 양식에는 물품보유량, 품목의 단위, 이름, 형태와 단가 등이 기록되며, 보유하고 있는 각 재고들의 자산적 화폐가치를 결정하기 위해 단위당 단가에 보유량을 계산하여 재고액을 계산한다.

실사 재고 시스템의 장점은 보유하고 있는 재고의 총 가치를 알게 해주어 사용한 식품비의 산출에 필요한 정보를 제공해 준다는 점에 있다. 그러나 실사 재고 시스템은 시간의 소요가 많아 신속하지 못하고 가끔씩 부정확하다는 단점을 갖고 있다.

이러한 단점을 극복하고 실사 재고 시스템이 보다 효율적이고 신속, 정확하게 유지되려면 다음과 같은 점에 유의해야 한다.

첫째, 실사 재고를 관리하기 위해 적어도 2인 이상을 둔다.

둘째, 각 저장 창고별로 품목의 위치를 알파벳, 가나다 순서 또는 사용순서 등을 미리 정해놓은 순서대로 정렬한다. 또한 실사 재고 조사지에도 이와 동일한 순서대로 품목명이 기록되어 있도록 하여 품목을 찾고 기록지에 기록하는 데 소요되는 시간을 줄이도록 한다.

셋째, 실사 재고에 들어가기 전에 기록지에 기록하는 데 소요되는 시간을 줄이도록 한다.

넷째, 냉동고에 보관하는 식품은 비용, 무게, 날짜, 식품의 형태에 대해 꼬리표(tag)를 달아서 저장한다.

마지막으로 동일한 직원이 실사 재고 조사를 실시하도록 하며 실제 수량을 세는 작업과 기록하는 작업을 맡은 2인이 서로 직무를 교대하도록 한다.

급식소에서의 재고관리를 위해서는 영구 재고 시스템과 실사 재고 시스템을 함께 사용하는 것이 이상적이다. 실사 재고 시스템이 병행되어야 영구 기록 시스템의 정확도를 입증할 수 있기 때문이다.

또한, 1달에 1회 정도의 실사 재고 조사가 이루어지므로 1달에 1회 정도의 정기적인 실사 재고 조사와 더불어 가끔씩 무작위로 어느 품목을 조사하는 것도 바람직하다.

그러므로 창고담당계는 영구 재고 시스템을 관리하고, 회계를 맡은 사무원은 1달에 1~2회 정도의 실사 재고 실시를 하면 실사 재고 관리자는 창고담당계원이 기록하는 영구 재고량의 정확도를 검사할 수 있다. 그리고 재무제표 작성에 필요한 정보를 제공하고 식단가 계산시에 필요한 기초 자료도 함께 제공할 수 있다.

✤표 9.4 | 급식소의 물품재고 대장

월일	납품장	합표			출표			재고		
		수량	단가	금액	수량	단가	금액	수량	단가	금액
11.4	○○상회	200	350	70,000				200	850	70,000
11.5					200	650	70,000			0
11.10	○○상회	150	400	80,000				150	400	80,000
11.11					100	400	40,000	50	400	20,000
11.12					50	400	20,000			
	월계									
	누계									

* 대한영양사협회 자료

4 재고액의 평가방법

재고액을 평가할 수 있는 여러 가지 방법이 있는데, 식단가 계산을 위한 방법으로 선입선출법, 후입선출법과 총평균법 등이 있다. 각 재고액 평가법에 대하여 알아본다.

✤표 9.5 | 재고평가를 위한 참기름의 입고 예

입고일	수량(500ml/병)	단가(원)
11/1	10	2,000
11/10	15	2,500
11/15	8	2,300
11/20	6	2,200

(1) 선입선출법(first - in, first - out,FIFO)에 의거한 재고액 평가법

선입선출법은 먼저 입고된 물품을 먼저 출고하는 개념으로 시간 흐름에 따라 가격이 상승할 때 재고액을 높게 책정하고 싶을 때 사용한다. <표 9.5>에 의지한 급식소의 재고평가를 보면, 월말에 10병의 참기름이 재고로 남아있다면 (6×2200)+(4×2300)로 재고 평가액이 22,400원이 된다.

(2) 후입선출법(last - in, last - out, LIFO)에 의거한 재고액 평가법

후입선출법은 물가상승시 소득세를 줄이고 식품비를 최대화하고 재고가치를 최소화시키는 방법이다. 재고물품 중 가장 최근에 구입한 식품부터 출고하여 기록하는 방법으로 먼저 들어온 물품이 재고평가액에 적용된다.

<표 9.5>를 기준으로 10병의 참기름으로 재고액을 평가하면 11/1에 입고된 단가를 적용하여 10× 2,000=20,000원이 된다.

(3) 총평균법에 의거한 재고액 평가법

총평균법에 의한 재고액 평가하는 방법은 입고된 물품의 총평균단가를 구해서 계산하는 방법으로 물품이 대량으로 구입, 출고될때 주로 사용한다.

<표 9.5>의 입고참기름의 평균단가(2000+2500+2300+2200)/4=2250×10로 22,500원이 재고액으로 평가된다.

Tip

재고자산 총 평가

가) 실제구매가법(개별법): 재고품목이 많지 않은 소규모 급식소

나) 총평균법(가중평균법): 물품이 대량으로 입,출고되는 대규모 급식소

다) 선입선출법(FIFO method): 시간흐름에 가격상승하며, 재고자산 높이고자함
  * 마감재고액에 최근구입 식품단가 반영
라) 후입선출법(LIFO method: Last-In, First-Out method): 인플레이션으로 물가 상승하고, 소득세 낮추려, 재무제표상 이익 최소화/식품비 최대화, 재고가치 최소화함
  * 최근구입식품부터 사용/가장 오래된 물품이 재고로 남는다
마) 최종구매가법(최종매입원가법): 인플레이션, 물가 상승하고, 재고자산 최대 평가함
  * 최근 단체급식소에서 간단. 신속하게 재고자산산출에 이용
  * 재고가는 최근 단가로 산출

5 재고관리의 기법

급식소나 호텔 등의 업소의 규모가 커짐에 따라 사용되는 식품 및 기타 품목 수가 다양해지므로 재고관리와 통제는 더욱 복잡해지면서도 중요한 문제로 부각되기 시작하였다. 그러므로 다양한 재고관리기법이 출현되어 급식관리자가 재고의 수준과 재고의 비용을 고려하여 식품 구매에 관한 의사결정을 내리는 데 도움을 주고 있다.

(1) ABC 관리방식(ABC inventory control method)

대부분의 급식소에서는 전통적으로 모든 재고품목에 대한 동일한 재고관리 시스템을 도입하여 왔다. 그러나 점차로 다양해지는 전 품목에 대해서 일일이 관리하는 번잡한 절차를 가급적 배제하면서도 보다 효율적인 관리를 행할 수 있는 관리 시스템을 적용할 필요성이 인식되었다. 이와 같은 필요에서 자재의 구매 내지 재고관리시 물품의 가치도에 따라 차별적으로 관리하는 방식을 ABC 관리방식이라 한다〈그림 9.1〉.

✣그림 9.1 | ABC Pareto 곡선

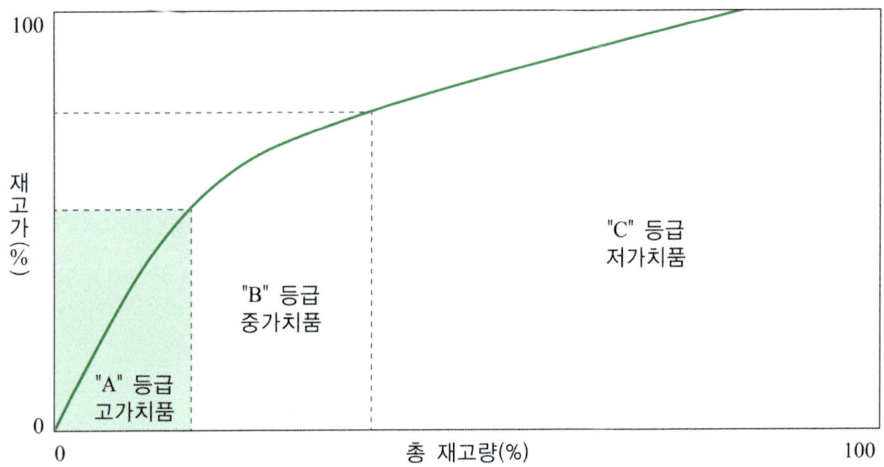

Tip

ABC 재고관리기법

- 제고 물품이 가치에 따라 A, B, C 3등급으로 분류
- 재고관리에 소요되는 노력, 시간, 비용 등을 절감하여 차별적으로 관리
- 재고가와 총재고량을 기준으로 파레토 곡선을 그려 A, B, C 등급으로 분류

  * A등급 (총 재고액의 10~20%): 육류, 해산물

  B등급 (총 재고액의 20~40%): 과일, 채소, 유제품

  C등급 (총 재고액의 40% 이상): 밀가루, 설탕, 조미료

(2) minimum - maximum 관리방식(mini - max method)

실제 급식소에서 많이 사용되고 있는 방법 중의 하나인 minimum－max－imum 관리방식은 일명 mini－max 관리방식이라고도 불리운다.

이 관리방식은 명칭이 우리에게 주는 의미처럼 갑자기 어떤 품목의 사용이 증가하였거나 배달이 지연되었을 때와 검수 당시에 반품을 해야 하는 경우 및 재고관리 기록상에 실수로 오차가 발생하는 등의 뜻하지 않은 우발적인 상황에 대비하는 것이다. 안전재고수준으로서 '최소한'의 재고량을 유지하면서, 재고량이 안전재고량 수준인 최소치에 이르면 적정량을 주문하여 항상 '최대한'의 재고량을 보유하도록 관리하는 방식이다.

그러므로 maximum 재고량은 안전재고량과 적정량의 합에 해당된다. 이를 도식화하면 <그림 9.2>와 같다.

✣그림 9.2 | mini－max 관리방식의 도식화

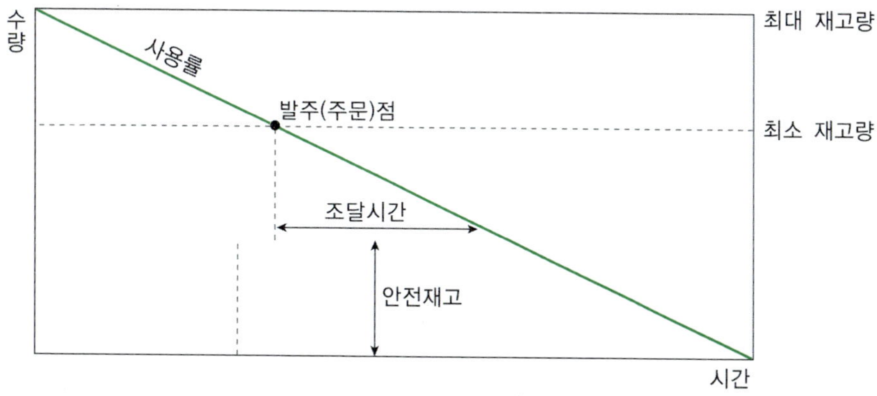

(3) EOQ 관리방식(Economic Order Quantity Method)

EOQ 관리방식의 역사는 매우 오래되었으나 계산의 간편성이라는 장점 때문에 지금도 많이 활용되고 있는 관리기법이다. 그러나 이 기법은 수요가 비교적 안정된 상황에서는 적합하고 유용하지만, 수요의 변화가 심한 경우에는 바람직하지 못하다.

EOQ 방식은 경제적 발주량을 결정하는 재고관리 통제상의 기법으로, 경제적 발주량이란 총 재고비용 즉 구매비용과 재고유지비의 합이 최소가 되는 발주량(구매량)을 의미한다.

이와 같이 경제적 발주량을 구하는 이유는 발주비용의 경우 발주량이 적으면 주문 횟수가 늘게 되어 발주비용이 증가하게 되기 때문이다. 이에 반하여, 재고유지비는 발주량이 커지면 평균 재고량도 증가될 뿐만 아니라 그 비용도 늘어나므로 결국 이들 비용의 합계가 최소가 되는 발주량이 가장 경제적이라는 논리가 나타난다.

EOQ를 수학적 공식으로 표현하면 다음과 같다.

$$\text{경제적 발주량}(EOQ) = \sqrt{\frac{2 \times \text{발주 비용} \times \text{연간 소요량}}{\text{연간 재고 유지비}}}$$

그러므로 이와 같이 EOQ 방식은 다음과 같은 가정 아래에서 이용될 수 있다.

- 발주비용은 발주량의 크기와 관계없이 매 주문마다 일정하다.
- 재고유지비는 발주량의 크기와 정비례하여 발생한다.
- 구입단가는 발주량의 크기와 관계없이 일정하다.
- 수요율과 조달기간이 일정한 확정적인 관리방식이다.
- 단일품목을 대상으로 한다.

EOQ 방식을 적용하는 과정은 전산화 작업이 불가능할 경우 실용화하기 어려우며, 이러한 EOQ 방식 사용과정에 드는 시간과 비용의 지출을 고려할 때 EOQ 관리방식이 모든 급식소에 적합하지 않다. 하지만 대규모의 상업성 냉동식품회사(commercial frozen meals)나 제빵 도매상(whole sale bakeries) 등에는 유용하게 쓰일 수 있다.

이상에서 언급한 세 가지의 재고 통제를 위한 관리방식들이 모든 재고관리에 관여된 문제를 해결할 수 있다고 생각해서는 아니된다. 이러한 재고관리 통제를 위해서는 위의 관리방식의 시도와 더불어 급식관리자의 재고관리에 대한 지식, 기법 그리고 판단이 함께 병행되어야만 한다.

(4) Bar Code에 의한 관리방식

바코드는 문자나 숫자를 흑과 백의 막대모양 기호로 조합한 것으로 컴퓨터가 판독하기 쉽고 데이터를 빠르게 입력하기 위하여 쓰인다. 이것은 광학식 마크판독장치로 자동판독되어 입력된다. 세계상품코드(UPC: universal product code)를 따르는 제품의 종류를 나타내거나 매출정보의 관리(POS: point of sales system) 등에 이용된다. 이러한 바코드에 의한 제품관리를 POS(Point of sales, 판매시점 정보관리)시스템이라고 한다.

✢그림 9.3 | 한국제품 바코드의 예

종래 바코드 판독에는 핸드 스캐너가 사용되었으나, 최근에는 레이저식이 주류를 이룬다. 레이저식에서는 판독장치 위에 바코드가 인쇄된 상품을 통과시키면 코드가 자동판독되어 재고관리 작업을 능률화할 수 있다. 코드화 방법은 세계상품코드(UPC: universal product code), 한국공통상품코드(KAN), 일본공통상품코드(JAN) 등 몇 가지가 있다. 일반적으로 사용되는 바코드는 가로 3.73cm, 세로 2.7cm 크기를 표준으로 0.8~2배까지 축소, 확대할 수 있다.

우리나라에서 많이 사용하는 바코드(〈그림 9.3〉)는 13자리인데, 처음 세자리는 국가식별코드(한국은 880), 다음 네 자리는 제조업체 식별코드, 그 다음 다섯 자리는 상품품목 식별코드, 맨끝의 한 자리는 판독 오류를 방지하기 위해 만들어진 코드이다.

최근 다양한 제품들을 취급하는 업계에서 바코드를 활용한 재고관리에 있어 상당한 효율성을 나타내고 있다.

6 재고회전율이란?

재고 회전율은 재고관리를 평가하는 방법으로서 가장 널리 쓰여지는 방법으로 현재 보유하고 있는 재고품목들이 얼마나 빈번이 주문되고, 이 품목들이 어느 정도의 기간 동안 사용되어지는지를 계산하는 것이다.

Tip

재고회전율

- 자금이 재고자산으로 묶여있는 정도를 평가하는 척도
- 일정기간에 저장물품이 사용 및 판매된 평균 사용횟수 의미

이렇게 계산된 재고 회전율(inventory turnover)은 급식소의 유형과 규모에 따라 다르며 그 외에도 재고수준을 유지하기 위해 급식소가 보유하고 있는 현금 자산, 식수 인원 또는 판매량, 저장창고들의 시설·설비와 용량, 물품공급자들의 역량과 배달에 관한 정책, 메뉴, 구매물품의 유형 등의 여러 요인에 의해 결정되어진다.

재고 회전율이란 다시 말해서 일정 기간 중에 재고가 몇 차례나 사용되어지고 또는 판매되었는가를 의미하며, 재고 회전율치(inventory turnover value) 실사 재고(physical inventory)가 행해질 때 주로 한 달에 한 번 산출된다.

산출공식은 다음과 같다.

$$\text{그 달의 평균 재고액} = \frac{\text{초기 재고액(opening inventory)} + \text{마감 재고액(closng inventory)}}{\text{그 달의 평균 재고액}}$$

A 레스토랑의 실례를 들어 설명해 보기로 하자. A 레스토랑에서 2월 초의 초기 재고액이 550,000원이고, 2월 말의 마감 재고액은 50,000원이었으며, 2월에 소요된 식품비가 1,911,000원이었다. A 레스토랑의 2월의 평균 재고액은 (550,000원+50,000원)/2=300,000원이며, 재고 회전율은 1,911,000/300,000=6.37이 된다. 재고 회전율이 6.37이라 하는 것은 2월의 재고가 6.37번 회전되었음을 나타내는 것이다.

각 급식소나 업소 상황에 맞는 표준이 되는 재고 회전율을 사전에 설정하고, 실제의 재고 회전율을 표준치와 비교하여 그 차이를 분석하고 이를 줄이도록 노력하여야 한다. 이때 재고 회전율이 표준치보다 낮은 경우, 재고가 과잉 수준임을 나타내어 다음과 같은 부작용이 나타날 수 있다.

첫째, 종업원들이 재고가 많다는 것을 알고 심리적으로 부주의하게 식품을 사용하여 낭비되는 양이 많아질 수 있다는 점이다.
둘째, 식품의 부정 유출이 생길 수 있다.
셋째, 저장기간이 길어지므로 식품의 손실이 커진다.
마지막으로 재고는 물품으로 전환될 수 있는 현금의 일종이므로 너무 많은 자본이 필요치 않은 물품에 투자된 결과가 되어 이익이 줄어들게 된다.

반면에 설정된 표준 재고율보다 높은 재고 회전율을 보이는 경우가 의미하는 것은 재고수준이 너무 낮은 경우를 나타내므로, 재고식품이 고갈되어 버릴 위험성이 있다. 또한 생산이 지연되거나 차질이 생겨 고액으로 물품값을 지불하더라도 급히 구매해야 하는 경우가 발생하므로 비용이 증가될 소지가 있으며, 종업원들의 사기가 떨어지고 고객의 만족도도 떨어질 우려가 있다.

7 전산화되는 재고관리

재고관리에 있어서는 두 가지 의사결정이 중요하다. 즉 급식관리자는 언제 구매할 것인지(when to order)와 얼마만큼의 양을 구매할 것인지(how much to reorder)를 결정해야 한다. 이러한 결정은 과학적으로 이루어져야 하므로 다량의 데이터를 필요로 한다. 현대는 컴퓨터가 출현하고 그 속도가 빨라지게 되면서 데이터를 처리하는 것이 가능하게 되었다. 효율적인 재고관리의 전산화를 위해서는 재고관리분야를 분석하여 전산화시킬 부분과 그 방법을 규명하는 것이 선행되어야 한다. 이러한 재고관리의 전산화 과정에 대하여 알아보기로 한다.

(1) 재고 파일의 계획

매일의 식품 필요량을 저장고 출고 파일(store requisition file)에 컴파일(compile)하여, 재고 관리 프로그램을 실행시킨 후 그 결과를 master file에 보관하여 영구 재고관리가 이루어지도록 한다.

store requisition file → transaction → master file에 보관

master file은 식품품목 번호, 식품명, 구매단위, 가격, 주문단위, 경제적 발주량(EOQ) 등으로 구성된다. master file과 store requisition file의 정보에 따라서 컴퓨터는 재고량이 경제적 발주량(EOQ)에 다다르면 재주문이 이루어지도록 신호를 보내게 된다.

(2) 재고관리 실시

다음의 활동사항들을 컴퓨터가 수행하여 영구 재고 관리가 이루어지게 된다.

1) 주문시점(on - order)

발주 후부터 검수 전까지의 사이에 있는 품목과 그 양을 기록한다. 즉, 특정 품목이 경제적 발주량(EOQ)에 다다르게 되어 주문을 하였으나 물품이 아직 도착하지 않은 상태에서 재고가 사용되는 상황을 기록하는 것이다.

2) 반입(receive)

on-order로부터 검수 받은 항목을 삭제하고, 검수 받은 품목과 그 양을 on hand quantity에 기록한다.

3) 확인(confirmation)

정상적인 구매활동이 이루어지기 어려운 경우 즉 갑작스럽게 물건을 공급받아야 하는 경우에는 발주기간이 없으므로 주문구매기록에 기록되지 않는다.

4) 반납(return to vendor)

반입된 물품을 공급자에게 되돌리는 일이다.

5) 삭제(withdrawal)

생산을 위해서 저장창고에서 품목을 제거시키는 일이다.

6) 저장창고로의 회수(return to store)

생산부서로 출고되었다가 다시 내부의 창고로 되돌아오는 경우를 의미하며 컴퓨터는 매일 이러한 활동을 master file에 기록한다. 재고량이 발주점에 도달하면, 구매를 위한 주문서가 경제적 발주점(EOQ)에 의해서 작성된다. 주문서가 작성되면 자동적으로 on-order transaction이 master file에 기록된다.

(3) 전산화되는 재고관리 기록

1) 코드의 부여

데이터 베이스 완성을 위하여 가장 기본이 되는 작업은 재고물품들을 각 품목별로 분류하고 코드를 부여하는 것이다. 이때에는 구매와 출고에 기초를 두어 고안하는 것이 좋다. 그 예를 제시하면 다음과 같다.

재고물품의 코드 분류(codes for major categories for inventory items)

- 1=육류, 어류, 가금류, 난류, 치즈
- 2=낙농 제품
- 3=과일 및 채소류
- 4=식료품
- 5=베이비 푸드, 건강 보조 식품
- 6=제빵, 제과류
- 7=세제류
- 8=비품
- 9=기기 및 기구

첫째 자리수는 구입식품과 공급에 대한 분류번호, 둘째 자리수는 품목의 유형과 종류, 셋째 자리수는 품목의 형태, 넷째 자리수는 다양성을 나타낸다.

위의 코드화 원칙에 의해 식품을 분류한 예를 들면 튀김용 대구 냉동품(breaded cod fish fillet)의 경우 위에 제시한 코드 분류에 따라 튀김용 대구 냉동품의 코드는 1642가 된다.

대구 냉동품의 코드

- 1st: 식품 분류(생선) – 1
- 2nd: 유형 – 6
- 3rd: 품목의 형태 – 4
- 4th: 다양성 – 2

2) 출고단위의 결정

구매단위는 출고단위보다 커야 한다. 각 재고품목에 대한 가장 작은 출고 단위를 결정해야 하는데, 이를 stock unit이라고 한다. 이 stock unit은 컴퓨터에 입력되어 창고에서 출고된 모든 품목의 가격을 계산하는 데 이용된다. 컴퓨터는 구매단위 가격을 전환 계수(conversion factor)로 나누어서 stock unit을 구하도록 프로그램화 된다.

3) 출고에 관한 수행(issue transaction)

각 물품이 출고되는 부서를 확립해 놓고 청구된 각 물품의 출고시 이를 확인한 후 청구부서도 확인한다. 창고로 반환시에도 반드시 조사하여 컴퓨터에 입력한다.

4) 구매에 관한 수행(purchasing transaction)

배달된 구매품목을 확인하여 입고되는 품목의 코드번호, 날짜 및 수량을 컴퓨터에 입력시킨다. 각 품목의 발주점을 지정하여, 자동적으로 주문이 되어 최고 수준량으로 재고를 유지하도록 한다.

5) 수행 코드(transaction code)

시간이 경과함에 따라 여러 가지 변동사항 즉 구매가격, 전환 계수(conversion factor), 저장위치, 새 품목이 첨가되는 경우 등이 발생하게 되는데, 컴퓨터로 이러한 변화들을 인지하도록 하는 수행 코드(transaction code)를 개발한다.

✣그림 9.4 | 전산화된 병원급식 재고관리의 예

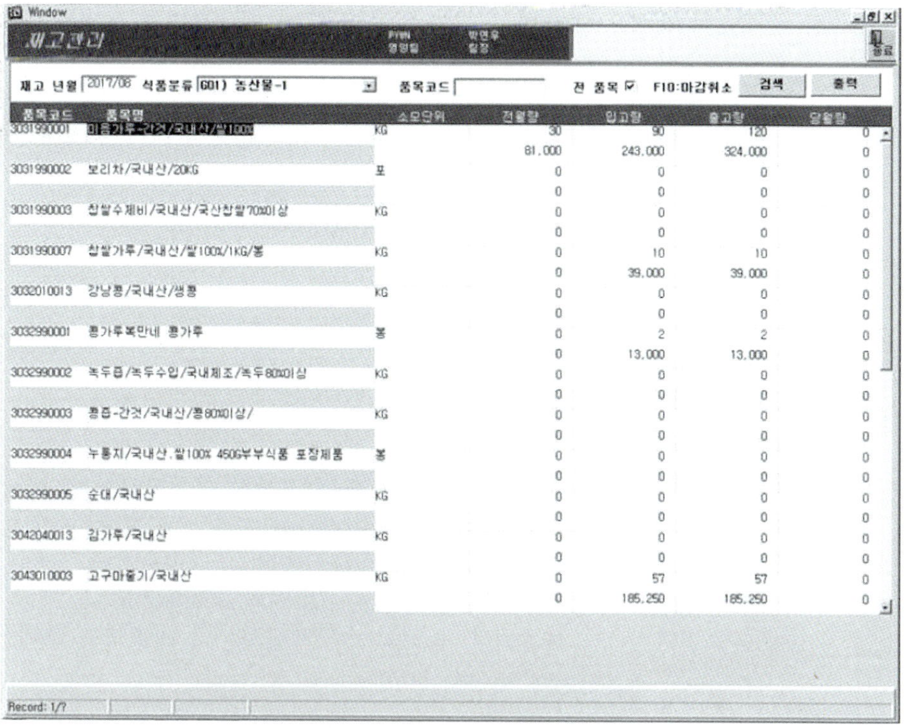

재고관리

재고 년월 2017/08 식품분류 G01) 농산물-1 품목코드 전 품목 ☑ F10:마감취소 검색 출력

품목코드	품목명	소모단위	전월량	입고량	출고량	당월량
3031990001	미음가루-간것/국내산/쌀100%	KG	30	90	120	0
			81,000	243,000	324,000	0
3031990002	보리차/국내산/20KG	포	0	0	0	0
			0	0	0	0
3031990003	찹쌀수제비/국내산/국산찹쌀70%이상	KG	0	0	0	0
			0	0	0	0
3031990007	찹쌀가루/국내산/쌀100%/1KG/봉	KG	0	10	10	0
			0	39,000	39,000	0
3032010013	강낭콩/국내산/생콩	KG	0	0	0	0
			0	0	0	0
3032990001	콩가루복만네 콩가루	봉	0	2	2	0
			0	13,000	13,000	0
3032990002	녹두즙/녹두수입/국내제조/녹두80%이상	KG	0	0	0	0
			0	0	0	0
3032990003	콩즙-간것/국내산/콩80%이상/	KG	0	0	0	0
			0	0	0	0
3032990004	누룽지/국내산.쌀100% 450G부부식품 포장제품	봉	0	0	0	0
			0	0	0	0
3032990005	순대/국내산	KG	0	0	0	0
			0	0	0	0
3042040013	김가루/국내산	KG	0	0	0	0
			0	0	0	0
3043010003	고구마줄기/국내산	KG	0	57	57	0
			0	185,250	185,250	0

Record: 1/7

자료: 박연우(2018)

8 바람직한 원가관리

(1) 원가관리

원가는 투입된 자본을 운용하여 획득된 자원을 사용한 것에 대하여 화폐단위로 측정한 것이다. 원가를 측정하는 것은 투입자본의 사용정도를 측정하는 것이며 투입 자본의 사용에 대한 효율성을 측정할 수 있는 기초정보가 된다.

원가관리란 원가 절감을 목적으로 하고 원가 수치를 관리 수단으로 하여 경영활동의 제반사항을 관리하는 것을 일컫는다. 식자재 원가는 구입, 제조와 판매를 거치면서 발생하는 부분이다. 그 중 식재료비 원가는 재료비, 인건비와 경비가 포함된다. 원가 중 식재료비 비율은 총매출액중에 식재료비이고, 메뉴별 식재료비 비율은 품목별 메뉴가격 중 품목별 식재료비를 일컫는다.

Tip

식재료비 비율 = (식재료비/총 매출액) × 100
메뉴별 식재료비 비율 = (품목별 식재료비/품목별 메뉴가격) × 100

(2) 매출액

매출액은 기업의 주요 영업활동 또는 경상적 활동으로부터 얻는 수익으로 상품 등의 판매 또는 용역의 제공으로 실현된 금액을 말한다. 주요 영업활동이 아닌 것으로부터 얻는 수익은 영업외 수익이고, 비경상적 활동으로부터 얻은 수익은 특별이익으로 계상된다. 그리고 손익계산서상의 매출액은 총매출액에서 매출에누리와 매출환입을 차감한 순매출액을 표시한다. 위탁 급식경영에 있어 얼만큼의 수익을 얻을 수 있는가에 대한 추정 매출액이 담겨야 한다. 기존 매출이 발생하고 있는 경우에는 전년도 대비 증가율 등을 감안해 산출하면 되지만 급식사업을 시작하기도 전에 사업에 대한 매출 및 수치 예측을 하는 것은 쉽지 않다. 추정매출액산출은 식단가, 일별 식수와 운영일수가 반영하여 구할 수 있다.

Tip

추정 매출액

= 식단가 × 일별 식수 × 운영일수

(3) 감가상각비

감가상각(減價償却:depreciation)은 유형자산의 취득원가에서 잔존가치를 차감한 감가상각 대상액을 매 기간별로 배분과 수익비용대응을 말한다. 감가상각 요소에는 감가상각대상액, 잔존가치, 내용년수와 감가상각방법이 있다. 감가상각의 방법은 정액법(직접법), 정률법, 연수합계법과 생산량비례법 등이 있다.

Tip

감가상각비(정액법)

- 고정자산의 감가총액을 내용연수로 균등하게 할당하는 방법.
- 매년 감가상각비 = (구입가격 − 잔존가격) ÷ 내용연수

(4) 손익분기점

손익 분기점은 한 기간의 매출액이 당해기간의 총비용과 일치하는 점을 말한다. 매출액이 그 이하로 감소하면 손실이 생기고, 그 이상으로 증대하면 이익을 가져오는 기점을 가리킨다.

손익분기점 분석에서는 보통 비용을 고정비와 변동비(또는 비례비)로 분해하여 매출액과의 관계를 검토한다. 매출액은 매출수량과 매출단가의 관계로 대치되므로 판매계획의 입안에 있어서 이 분석방법은 중요한 실마리가 된다. 또한 그들 상호의 인과관계를 추구하는 것에 의하여 생산계획·조업도(操業度)정책·제품결정 등 각 분야에 걸쳐 다각적으로 이용된다.

공헌마진은 총 매출액에서 총 변동비를 뺀 값으로 공헌마진 또는 공헌이익 이라는 표현은 고정원가를 회수하고 이익창출에 공헌한다는 의미이다.

Tip

공헌마진

가) 총 공헌마진 = 총 매출액 − 총 변동비
= 단위당 공헌마진×매출량
= 총 매출액×공헌마진 비율

나) 공헌마진 비율 = 1 − 변동비율

고정비(fixed costs)는 일정한 기간 동안 생산의 변동에 관계없이 항상 일정액으로 발생하는 원가로서 불변비라고도 한다. 지대, 집세, 감가상각비, 복세금, 광고비, 수선유지 비, 사무비, 감가상각비, 보험료, 후생비 등이 포함된다.

변동비(variable costs)는 판매량이 늘어나면서 같이 늘어나는 비용으로 경영활동 정도의 증감(增減)에 따라서 비례적으로 증감하는 원가요소. 비례(proportional costs) 혹은 활동원가(activity costs)라고도 하며, 식품재료비와 1회용 그릇비용 등이 여기에 해당된다.

반 변동비용(semi - variable costs)은 조업도의 변화에 관계없이 총원가가 일정한 고정원가와 순수변동원가의 두 부분으로 구성된 원가를 준변동원가라고 하며 인건비 등이 속한다.

손익분기점 매출액은 제품 생산에 든 모든 비용을 고려할 때 어느 정도의 매출 수준에서 이익이 발생할 것인지를 계산한 값으로 총고정비를 공헌 이익률로 나누어 구하고 손익분기점 매출량은 단위 판매금액에 손익분기점 매출액을 나누어서 구한다.

Tip

손익분기점이란?

- 매출액과 총 비용이 일치하여 이익도 손실도 발생하지 않는 시점
- 적자를 면하기 위해 얼마만큼의 매출 달성관련, 운영목표 수립에 유용

가) 고정비(fixed costs): 판매량이 늘어나도 변하지 않는 비용

예 임대료, 세금, 광고비, 수선유지 비, 사무비, 감가상각비, 보험료, 후생비

나) 변동비(variable costs): 판매량이 늘어나면서 같이 늘어나는 비용

예 식품재료비, 1회용 그릇 비용 등

다) 반 변동비용(semi - variable costs): 고정비용과 변동비용의 특성있는 비용

예 인건비 등

라) 총 공헌마진 = 고정비

- 매출액 × 공헌마진 비율 = 고정비
- 손익분기점 매출액 = 고정비/공헌마진 비율
  = 고정비/(1 - 변동비율)
  = 손익분기점 매출량 × 단위당 판매가격
- 손익분기점 매출량 = 손익분기점 매출액/단위당 판매가격

연구문제

문제 1 ABC 관리기법에서 B등급에 속하는 식재료를 적으시오.

문제 2 1월초, 이월 재고가 (10만원), 1월 말 마감재고가 (30만원)이고, 한 달동안 사용 총 식재료비 (400만원)일 때, 식재료의 재고회전율은?

문제 3 1월 1일 간장재고량 (6통), 1월 30일 마감재고량 (10통), 한 달에 32통 사용, 간장의 재고회전율은?

문제 4 1월 초 식품비 재고액 (50만원), 1월말 재고액 (50만원), 한달 총 식품비 (300만원)일 때, 이 급식소의 식품비 재고회전율은?

문제 5 급식소의 1월 한 달 동안의 달걀구입 내역과 1월말 재고현황이다. 재고자산을 평가하시오

날짜	단가(원)	구입량(박스)	사용량	재고량
1월 05일	20	10	10	0
1월 10일	30	10	6	5
1월 15일	40	10	0	10
1월 20일	50	10	6	4
힙계		40		19

문제 6 이월초 식재료 재고액 (100,000원), 1월 구매한 식재료비 (300,000원), 1월말 식재료 재고액 (110,000원), 1월 매출액 1,000,000원 일때, 식재료비율은?

문제 7 A 급식소의 한 달 사용한 총비용이다. 이 급식소의 1식당 원가비용은?

- 식재료비: 900,000원
- 인건비: 400,000원
- 경비 합계: 200,000원
- 총 제공된 식수: 500식

문제 8 1주에 5일 운영(20일) 하며, 중식과 석식을 제공한다. 1일 평균 식수가 아래와 같을 때 한달 추정 매출액은?

구분	식수	식단가(원)
중식	200	300
석식	100	300

문제 9 A 급식소 표준원가율에서, 식재료 비율(55%), 인건비율(30%), 경비율(10%)일 때, 각각 원가를 계산하시오

문제 10 구입가격(50,000원), 잔존가격(20,000원), 내용연수(10년)된 오븐의 감가상각비를 정액법으로 계산하면?

문제 11 판매 메뉴의 가격, 변동비, 고정비, 1달 평균 판매량에서, 1달간 총 공헌마진, 단위당 공헌마진, 공헌마진 비율, 변동비율을 구하시오.

메뉴가격(600원), 단위당 변동비(300원), 고정비(150원), 평균판매(500식)

문제 12 아래의 A 급식소 메뉴 판매가, 식재료비, 판매식수에서 메뉴별 공헌마진과 총공헌마진을 구하시오 (변동비에 식재료비만 포함)

메뉴	판매가(원)	식재료비(원)	판매식수(개)
한식 세트	400	100	50
양식 세트	500	200	40

문제 13 A급식소의 단위당 공헌마진 (200원), 연간 총고정비(40,000원)일 때, 이 급식소의 손익분기점 매출량?

문제 14 이 단위당 판매가격(600원), 단위당 변동비(400원), 연간 총고정비(40,000원), 이 급식소의 손익분기점 매출량과 매출액은?

문제 15 변동비가 매출의 50%, 연간 고정비(20,000원), 이 급식소 손익분기점 매출액은?

10장

구매식품의 분류와 새로운 동향

1. 곡류
2. 육류
3. 가금류
4. 어패류
5. 우유 및 유제품
6. 채소류
7. 과일류
8. 공산품

10 구매식품의 분류와 새로운 동향

1 곡류

곡류(cereal)란 식물학상 화본과(畵本科)에 속하는 열매를 식용으로 하는 식물로 미곡, 맥류, 잡곡으로 나눈다. 미곡은 쌀을 일컫고, 보리, 밀, 호밀, 귀리는 맥류에 속하며, 조, 피, 기장, 수수, 옥수수, 메밀은 잡곡으로 분류하고 있다.

세계적으로 볼 때 곡류의 생산량이 가장 많고, 각 지역의 기후 풍토에 알맞는 것이 주로 재배되고 있으며, 단위 면적당 생산량이 많기 때문에 식품 열량원 중 가장 경제적이다.

(1) 곡류의 구조와 성분

모든 곡류의 열매는 비슷한 구조를 갖는다. 세 개의 주요 부분으로 되어 있는데 겨층(bran), 배유(endosperm), 배아(embryo)로 크게 나눌 수 있다. 겨층은 배유와 배아를 보호하는 부분으로 섬유소이고 단백질, 지방, 비타민 B_1 무기질을 조금 함유한다. 겨층의 가장 안쪽 즉, 배유의 가장 바깥쪽은 상당량의 영양소를 함유하나 도정 중 많이 깎여져 나간다.

배유는 낟알의 대부분을 차지하는 가식부분으로 가장 큰 중심부분이고 전분입자의 저장고라 할 수 있으며 단백질도 많이 함유하고 있다. 미량의 지방질과 비타민이 있고 섬유소는 거의 함유되어 있지 않다.

배아에는 지질, 단백질, 무기질과 비타민이 풍부하다. 도정이나 가공과정에서 핵이 부서지면 공기 중의 산소에 노출되어 산화되기 때문에 곡류의 저장기간이 단축되고 미생물의 영향을 받기 쉽다. 곡류는 여러 가지 형태로 가공되어 판매되고 있다.

1) 쌀

쌀의 원산지는 아시아 대륙 동남부의 인도에서 중국 남부에 걸친 열대와 아열대 지역이다. 우리나라로의 도입 연대는 분명치 않으나 기원전 5세기경으로 보고 있다.

세계적으로 벼 품종은 많지만 크게 일본형(Japonica type)과 인도형(Indica type)으로 구분한다. 일본형은 쌀의 입자가 둥글고 짧으며 단단하여 밥을 지으면 점성이 높다. 우리나라를 비롯하여 대만, 일본, 중국 남북부, 이집트, 이탈리아, 스페인, 브라질, 미국의 캘리포니아 등지에서 생산된다. 인도형은 쌀알이 길고 가늘며 부서지기 쉽고 점성이 낮으며 베트남, 파키스탄, 타이, 멕시코, 미국 남부, 남미 북부 등지에서 생산된다.

현재 우리나라에서는 재래종인 일반계와 개량종인 다수확계가 재배되고 있다. 근래에는 밥을 지을 때 구수한 냄새를 강하게 나게 하는 쌀이 재배되고 있는데 이것을 향미(scented rice)라 한다. 파키스탄과 인도의 인더스강 유역에서 재배되고 있는 바스마디(basmati) 품종의 쌀은 유명한 향미이다. 향미는 보통 쌀에 5~10% 정도 섞어서 밥을 지으면 구수한 밥맛을 나게 하면서 밥맛을 향상시켜 준다.

탈곡에 의해서 겉껍질인 왕겨를 벗긴 것을 현미라 하고, 현미를 도정한 것을 정백미라 한다. 현미에는 전분을 주성분으로 하여 단백질, 지방, 비타민 B_1, B_2 등이 함유되어 있고, 정백미는 대부분이 전분이며 다른 성분은 적다. 현미의 표피는 물이 통하기 어려워 소화가 좋지 않지만 정백한 쌀은 현미에 비해 영양성분은 낮지만 소화는 더 잘 된다. 수확하여 찧은지 6개월 이내인 쌀을 햅쌀이라 하며 외관상 더 투명하고 신선한 냄새를 갖는다.

쌀의 탄수화물은 약 75%가 전분이고 그 외에도 덱스트린, 섬유소 등이 소량 함유되어 있다. 쌀에는 전분의 성질이 다른 찹쌀이나 멥쌀이 있다. 멥쌀은 반투명하고 찹쌀은 유백색을 띤다. 멥쌀의 전분은 아밀로오즈(Amylose) 20~23%와 아밀로펙틴(Amylopectin) 75~80%로 이루어져 있으며, 찹쌀은 거의 아밀로펙틴이다. 찹쌀전분은 아밀로펙틴으로 인하여 점성이 강하고, 멥쌀은 그와 반대로 아밀로오스가 찹쌀보다 많으므로 점성이 약하다. 전분의 요오드 반응을 보면 멥쌀은 청자색을 보이지만 찹쌀은 적자색을 띤다. 찹쌀은 성분상 덱스트린의 형태로서 멥쌀의 전분에 비하여 소화흡수가 양호하나 떡으로 만들면 치밀해지고 점성이 강해서 소화액의 침투가 어려워진다.

일반적으로 떡은 밥보다 소화가 잘 되지 않는다. 그러나 쑥이나 수리취와 같은 산채류를 혼합하여 떡을 하게 되면 조직이 덜 치밀해져 소화액의 침투가 잘 되게 한다.

쌀의 단백질은 주로 글루테린(glutelin)으로 오리제닌(oryzenin)이라고도 하며 아미노산 중 아르기닌(arginine)은 풍부하나 리진(lysine)과 트립판(tryptophan)이 부족하다. 찹쌀은 멥쌀에 비해 단백질과 지방이 약간 많다.

지방은 주로 배아 중에 함유되어 있기 때문에 현미에는 2.3% 정도이나 백미에는 그 함량이 매우 적다. 쌀 지방 성분의 50% 이상은 올레산(oleic acid)이고 나머지는 리놀레산(linolei acid)이다.

쌀 입자의 외층에는 무기질이 풍부하나 내부에는 적다. 무기질 중 인, 칼륨, 마그네슘 등은 많고 칼슘과 철분은 부족하다.

쌀에는 비타민 B군이 주로 함유되어 있으나 백미에는 그 함량이 적다. 그나마 백미에 남아 있는 비타민 B군도 물에 씻고 밥을 하는 동안에 감소된다.

쌀을 떡이나 과자류의 가공원료로 사용하는 경우에는 분쇄하여 쌀가루로 해서 이용하게 되며 분쇄된 쌀가루의 입도 분포는 쌀가루의 물리화학적 특성을 변화시켜 가공제품의 품질에 직접적인 영향을 미친다. 현재 이용되는 제분방법은 건식 제분법과 습식 제분법이 있으며 떡을 만들기 위한 가루는 습식 제분법을 사용하고 대부분의 상업용 쌀가루는 건식 제분법을 사용한다.

그리고 쌀의 저장상태를 보면, 생산량의 70% 정도는 조곡상태로 저장하고 있으며 나머지는 정곡상태로 저장된다. 전체 쌀 생산량의 15~30%는 정부에서 수매하여 정부나 농협, 정부 위탁업체, 민간의 정부 양곡 보관창고에 저장된다.

쌀의 저장 방식은 포대저장방법과 산물저장방법이 있는데 농가당 생산량이 비교적 적고 같은 지역이라도 쌀 재배 품종이 다양해 대부분 포대로 포장하여 보관하고 있다. 저장 시설이 열악하고 안전시설이 미비한 곳에서는 쥐나 해충에 의한 피해 및 양의 손실 문제가 발생하고 있다. 또한 포대 저장 방식으로 인해 입·출고시 노동력이 많이 필요할 뿐만 아니라 공기 소통이 불량하므로 미질의 저하문제도 제기되고 있다.

쌀의 감별법은 쌀알이 부서지지 않고 전체적으로 고른 것, 쌀에 흰티가 없는 것, 도정도, 촉감이 부드러운 것, 쌀알이 골이 패이지 않고 가루가 안 생기는 것과 깨물어 봐서 얼룩 없이 일정한 것이 상품이다.

쌀의 원산지 표시방법

쌀(쌀 가공품을 포함하며, 쌀에는 찹쌀, 현미 및 찐쌀을 포함)로 만든 밥, 죽, 누룽지를 조리하여 판매·제공하는 것에 대하여 원산지를 표시해야 한다. 조리에는 날 것의 상태로 조리하는 것을 포함하며, 판매·제공에는 배달을 통한 판매·제공 포함한다.

〈쌀 원산지 표시방법 예시〉

- 국내산: 쌀(국내산), 누룽지(쌀: 국내산)
- 외국산: 쌀(중국산), 잡곡밥(쌀: 중국산)

2) 밀

밀은 세계에서 가장 광범위하게 경작되는 식물의 하나로 기후가 온화하고 건조한 지역에서 자란다. 밀은 매우 오래된 작물로 기원전 10,000~15,000년에서부터 중동에서 재배되었고 우리나라에서는 삼한시대부터 재배된 것으로 보인다.

밀은 품종, 기후, 토양 등에 따라 품질이 다르며 같은 종류의 밀이라도 제분과정과 정제과정 등에 따라서 특성이 서로 달라질 수 있다.

파종시기에 따라 봄밀과 겨울밀로 나누는데 봄밀은 봄에 파종하여 6~7월에 수확하는 것이고 겨울밀은 따뜻한 지방에서 가을에 파종하여 다음해 6~7월에 수확한다.

우리나라에는 봄밀은 거의 재배되지 않으며 주요 품종은 거의 겨울밀이다. 밀의 성질은 품종에 따라서 다르지만 환경에 따른 영향을 많이 받는다. 예를 들어 종실의 세포가 치밀하고 반투명한 캐나다산 밀을 우리나라에 재배하면 불투명한 백색을 띠는 밀로 바뀌어진다.

밀은 단백질 함량에 따라 경질밀, 중간질밀, 연질밀의 3종류로 분류한다. 경질밀은 단백질 함량이 13% 이상이며 조직이 치밀하고 단단하다. 또한 입자의 단면이 반투명하고 제빵에 적합하다. 중간질밀은 경질밀과 연질밀의 중간이며, 연질밀은 단백질 함량이 9% 이하로 조직이 부드럽고 입자의 단면이 불투명한 분산질로서 케이크나 쿠키류를 만들기에 적합하다. 또 다른 분류 방법으로는 낟알의 색상에 따라 적색밀과 백색밀로 나눈다.

밀의 종류는 20여종이 알려져 있는데 보통밀이 90% 이상이고, 5~7%가 듀럼

(durum) 밀이다. 듀럼밀은 매우 단단하고 단백질이 많이 함유되어 빵을 만들 수 없고 주로 마카로니와 스파게티 등의 파스타를 만드는 데 이용된다. 라이밀(triticale)은 밀과 호밀의 2종 교배로 만들어진다. 새로운 품종으로 호밀과 밀의 중간 성질을 가지며 밀보다 생장력이 왕성하다. 밀보다 단백질 함량이 높고 아미노산의 질적인 균형이 더 잘 이루어져 있다.

밀의 탄수화물은 70~78%로 대부분이 전분이고 섬유소나 무기질이 적다. 밀의 비타민 B_1은 현미보다 적으나 쌀과 달라서 배유에도 함유되어 있어 제분하더라도 50~70%는 남는다. 그러나 빵을 만들 때 중조나 탄산암모늄 등의 알칼리를 사용하면 비타민 B_1은 거의 손실된다.

밀을 표백한 것은 순백색이고 표백하지 않은 것은 엷은 황색이며 광택이 있고 독특한 향기가 있는 것이 좋다. 신선도가 떨어진 오래된 밀은 곰팡이 냄새와 흙냄새가 난다.

3) 보리

보리는 세계적으로 쌀, 밀, 옥수수 다음으로 많이 생산되는 곡류로 석기시대에 이미 재배되었을 정도로 그 재배 역사가 오래된 곡류이다. 보리는 성숙 후에도 껍질이 종실에 밀착하여 분리되지 않는 껍질보리와 성숙 후 껍질이 종실에서 잘 분리되는 쌀보리로 나눌 수 있다. 보리쌀을 고열 증기로 쪄여서 부드럽게 한 다음 기계로 눌러 만든 것은 압맥이라 일컫고 보리의 중심부를 기계적으로 2등분한 것을 할맥이라 한다. 이들은 수분 흡수가 빠르고 소화가 잘 되는 것이 특징이다.

보리쌀의 단백질(hordein), 지방질 함량은 밀과 큰 차이가 없으나 탄수화물은 75% 정도로 밀보다 적고 섬유소가 특히 많다. 맥주보리는 전분 함량이 75% 이상으로 많고 단백질 함량이 10% 적다. 비타민류는 배유 내부에도 분포되어 있으므로 도정하더라도 손실이 비교적 적다.

보리는 단백질이 적고 글루텐이 형성되지 않기 때문에 빵을 만들어도 부풀지 않는다. 맥아(엿기름)에 포함된 β-amylase는 식혜, 엿, 고추장 등을 만들 때 이용된다.

보리는 만져서 부드러운 것과 흰색의 것이 좋고 향미가 좋아야 하며 껍질이 엷은 것이 상품(上品)이다.

4) 호밀

호밀의 재배 역사는 2000년으로 유럽에서 많이 재배되어 빵을 만드는 데 이용하였다. 밀보다 품질이 낮으나 추위에 훨씬 강하고 적응력이 높다.

호밀의 성분은 탄수화물이 주성분으로 70% 정도 차지하고 단백질 11%, 지질 2%, 섬유소 2% 정도이고 비타민 B군도 풍부하다. 글루텐을 형성하지 못하므로 덜 부풀고 색고 검어서 품질이 떨어지지만 호밀을 주된 식량으로 이용하는 지역에서는 제분하여 빵을 만들어 먹는다.

그 외의 용도는 흑맥주나 위스키 등의 양조 원료로 사용된다.

5) 귀리

귀리는 밀이나 보리보다는 재배역사가 길지 않으며 러시아와 폴란드를 포함한 유럽과 미국 등에서 많이 생산하고 있다. 우리나라에서는 식량으로 재배되는 것은 거의 없는 실정이다.

모양은 보리와 비슷하고 다른 곡류에 비하여 단백질(13%), 지방질(5.4%)이 풍부하여 독특한 맛이 있고 비타민 B군도 많으며 소화율이 높다.

귀리는 통째 또는 낟알을 증기 가열하여 후레이크로 만들어 오트밀 죽을 쑤거나 밥을 지어 먹기도 한다.

6) 조

조는 아시아 지역이 원산지이며, 인도, 아프리카, 중국, 러시아 등지의 건조한 지대의 주식이 되고 있다. 우리나라에서도 예로부터 중요한 곡물로 여겨왔으며 토양이 척박하고 온도가 높은 지역에서 잘 자라 제주도에서 많이 재배하고 있다.

조의 성분으로 섬유소, 무기질, 칼슘, 비타민 B_1, B_2가 많다. 단백질 중 프롤라민(prolamine)이 많고 소화율이 좋다. 아밀로펙틴의 함량에 따라 차조와 메조로 구분되며 차조는 메조보다 단백질과 지질 함량이 높다. 밥, 떡, 죽, 엿 등에 이용한다.

메조는 색이 노랗고 반짝거리지 않고 이물이 없는 것이 좋은 것이며 차조는 색이 녹색에 가까울수록 좋다.

7) 옥수수

옥수수의 원산지는 멕시코이며 현재 세계 3대 곡류에 포함된다. 재배가 용이하고 생산량이 많기 때문에 사료로 많이 사용되며 옥수수기름, 전분, 포도당, 물엿 등을 만드는 데도 많이 활용된다.

옥수수의 주요 단백질은 제인(zein)으로 필수 아미노산이 거의 없고 나이아신도 적으므로 옥수수를 주식으로 하는 열대 주민에게는 피부병의 일종인 펠라그라(pellagra)가 많이 나타난다. 하지만 씨눈에는 비타민 E를 많이 함유하고 있어 좋은 기름의 원료가 된다.

옥수수는 사료용, 전분제조용, 팝콘용, 찰옥수수 등으로 그 종류가 다양하다.

8) 메밀

메밀은 중앙 또는 동북아시아가 원산지로 보이며 서늘하고 습하며 건조한 토양에서 잘 자란다. 메밀가루에는 단백질이 많고 곡물에 부족되기 쉬운 트립토판, 리신 등의 필수 아미노산의 함량이 많으며, 혈관의 저항을 강하게 하는 루틴(rutin)을 함유하고 있다. 메밀가루는 주로 국수나 묵을 만드는 데 쓰인다.

(2) 곡류의 새로운 동향

1) 양곡 표시제도

쌀, 보리 등의 양곡에 대한 정확한 품질 정보 제공으로 양곡의 품질향상을 유도하고 소비자의 알권리를 확대하기 위해 지난 2004년부터 시행하고 있는 제도이다. 양곡의 품목, 생산연도, 중량, 품종, 도정연월일, 원산지, 등급, 생산자 또는 판매원의 주소와 상호 등 의무 표시 사항을 지정하고 있다〈그림 10.1〉.

✣그림 10.1 | 양곡 표시방법

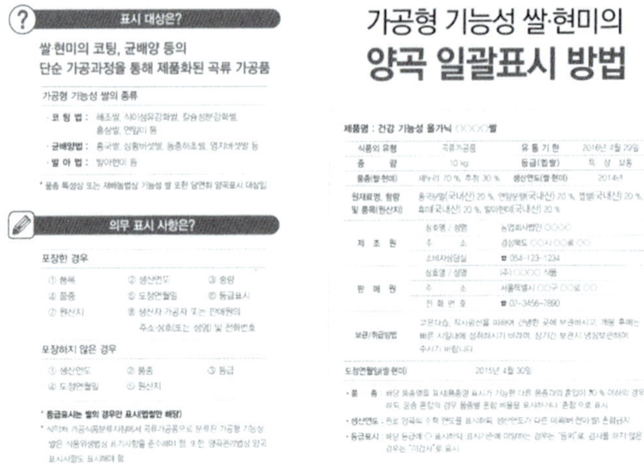

자료: 농림축산식품부

2) 농산물우수관리제도(GAP)

농산물의 생산에서부터 수확 후 관리 및 유통단계에서 농산물과 농업환경에 대하여 농약·중금속·유해생물 등 위해요소를 관리하는 제도이다.

✣그림 10.2 | 농산물우수관리제도(GAP) 표시

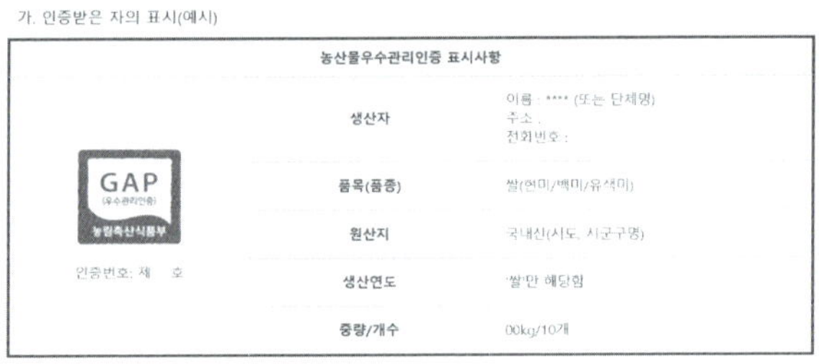

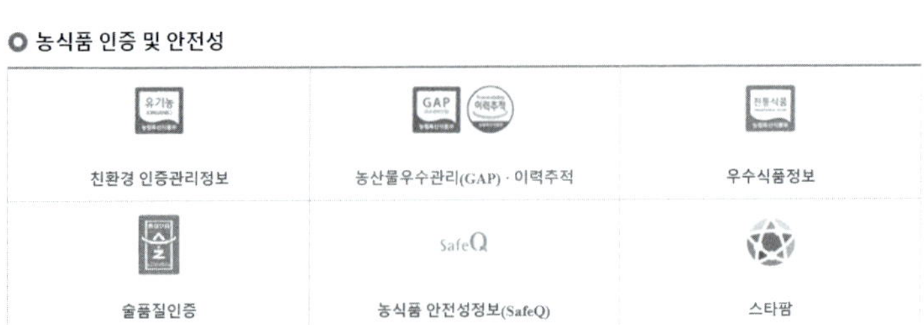

자료: 농림축산식품부

3) 농산물 이력추적관리제도

생신 단계부터 유통 및 판매의 각 단계별 이력정보의 기록관리를 통해 농산물의 안전성 등에 문제 발생시 신속한 추적으로 원인파악 및 적절한 조치를 위해 필요한 제도로 등록번호 5자리로 농산물 이력추적관리제도에 조회할 수 있다.

✣ 그림 10.3 | 농산물 이력추적관리제도 표시

농수산물품질관리법에 의해 등록·관리한 이력추적관리 등록 농산물 입니다.
※ 이력추적관리번호 앞 5자리는 등록증의 고유번호이며, 뒤의 7자리는 등록자가 자율적으로 부여하는 식별단위(로트)번호입니다.

산지(시·도/시·군·구)		강원 철원		
품목(품종)		품질인증미	GMO 여부	별도표기
중량·개수		1kg / 60000kg	등급	특급
생산연도		쌀에 한함		
생산자	성명 (단체명)	홍길동(대한친환경영농조합)	전화번호	033-2222-3333
	주소	강원도 철원군 동송읍		
이력추적관리번호		01593-7586775		

자료: 국립 농산물 품질관리원

2 육류

육류(meats)는 식용으로 하는 모든 동물의 고기를 일컫는다. 국가나 민족에 따라 육류에 대한 기호도가 다른데, 우리나라에서 주로 식용으로 하는 육류는 쇠고기나 돼지고기이다. 중국에서는 돼지고기의 기호도가 가장 높으며, 인도의 힌두교도들은 소를 신성시하여 먹지 않고 회교도는 돼지를 부정한 것으로 여겨 식용하지 않는 대신 양고기를 식품으로 애용하고 있다.

우리가 식용하고 있는 육류 중 특히 쇠고기는 도살 후 숙성이라는 과정을 거쳐서 먹게 된다. 이 과정을 거쳐야 조리할 때 부드럽고 맛이 있게 된다. 근래에는 우리나라에서도 소나 돼지의 사료에 여러 가지 특수 성분을 첨가하여 고기의 질을 높이고자 하는 시도가 계속되어 시판되고 있다.

육류는 조리 중 많은 변화가 일어나므로 육류의 구조와 성분에 관하여 이해하는 것이 무엇보다 중요하다.

(1) 육류의 구조

육류는 근육조직, 결체조직, 지방조직과 뼈로 구성되어 있다. 육류의 근육조직을 근섬유의 다발들로 구성되어 있다. 결체조직은 근육 사이에 분포되어 있고 세포를 서로 결합해 주며 주변 근육이외에도 힘줄과 인대에 들어 있다. 그리고, 지방조직 함량은 등급과 부위에 따라 변화가 크며 육류의 품질에 영향을 미친다. 뼈는 육류의 전체 구조에서 필수적인 부분이다.

1) 근육조직

근육은 가장 기본단위인 근섬유(muscle fiber)라 불리우는 근육세포(muscile cells)가 여러 개 모여 근속(muscile bundle)이 다발을 형성하고 근섬유막에 의하여 둘러싸여 있다. 이러한 근섬유의 다발이 또 여러 개 모여서 큰 덩어리를 형성하고 이 큰 덩어리가 여러 개 모여서 근육막을 둘러싸면서 근육이 형성된다. 다시 말하면, 근속이 모여 근육을 형성한다.

이러한 근육은 결합조직에 의하여 뼈에 부착된다. 근섬유의 두께, 다발의 크기, 결합조직의 양에 따라 육류의 결이 영향을 받게 되는데 근섬유와 다발이 적으면 육질이 부드럽다. 각각의 근섬유는 매우 가늘고 길다. 근섬유는 근초(sarcolemma)라고 하는 막으로 둘러싸여 있다. 근초에 싸여져 있는 근섬유 내에는 점도가 높은 액체가 있는데 이를 근장(sarcoplasm)이라 하며 근장에는 단백질, 무기질, 비타민, 효소, 미토콘드리아, 미오글로빈 등이 존재한다. 근장에 있는 섬유는 가는 관으로 둘러싸여 있고 이 관은 근육수축에 관여한다.

2) 결합조직

결합조직은 근육세포를 여러 크기의 다발로 묶기 때문에 근육조직은 결합조직 없이는 만들어지지 않는다. 일반적으로 결합조직은 세포를 거의 갖지 않으나 상당량의 기초가 되는 기저물질(ground substances)을 갖는다. 이 기저물질의 매트릭스(matrix) 내의 길고 강한 섬유들은 콜라겐과 엘라스틴(elastin)이라는 단백질을 함유한다. 콜라겐을 함유하는 결합조직은 희게 보이고 엘라스틴을 함유한 것은 노랗게 보인다. 대부분 근육조직에는 콜라겐이 엘라스틴보다 훨씬 많다. 또 다른 형태의 결합조직 섬유로 레티큘란(reticulin)도 있다. 이것은 아주 작은 섬유로 구성되어 있으며 근육세포 주위에 섬세한 그물모양 조직을 형성한다.

동물이 운동을 하는데 많이 사용되는 근육에서 결합조직을 더 많이 발달하고 육류의 질긴 부위는 연한 부위보다 덜 발달하여 고기가 연하다. 결합조직에 물을 가하고 가열하면 콜라겐은 분해되어 젤라틴 분자를 생산하나 엘라스틴은 거의 분해되지 않는다. 그러므로 덜 연한 고기를 습열조리하면 콜라겐의 분해로 젤라틴화되어 더욱 부드러워진다.

3) 지방조직

동물의 지방조직은 많은 지방세포를 함유하는 결합조직으로 만들어진다. 이 세포들은 지방조직을 형성하기 위하여 결합조직의 그물구조 안에 위치하고 있다. 동물의 피하와 선 기관 주위에서 지방축적이 발견되며, 동물이 살찌면 지방세포는 근육 사이에 모이고 근육조직의 마블링(marbling)을 형성하게 된다. 근육조직에 분포된 지방을 마블링이라 하고 마블링이 잘된 육류는 품질이 좋다고 한다. 동물의 나이, 식이와 운동량이 육류의 지방함량에 영향을 받는데, 잘 먹고 운동량이 적고 빠르게 성장한 동물이 지방함량이 더 높다. 돼지는 다른 동물보다 더 빠르게 지방을 축적한다. 지방조직의 색은 동물의 나이에 따라 바뀌며 나이를 더 먹은 동물의 지방은 카로티노이드 색소가 축적되므로 더 노랗다.

4) 뼈

뼈의 상태는 동물의 나이에 따라 달라 어린 동물의 뼈는 연하고 분홍빛을 나타내며 성숙한 동물의 뼈는 단단하고 백색이다.

(2) 육류의 검역과 유통

우리나라에서는 식용의 목적으로 도살하기 전 생체검사와 해체검사 등의 도축검사를 받아 이상이 있는 부분은 폐기된다. 검시원에 의해서 도축장의 검사도 함께 받아 위생검사를 철저히 한다. 각종 검사가 완료되면 식용육에는 검인이 찍히게 되는데 검인스탬프의 색소는 식용색소로 허가 받은 청색 1호와 2호이다. 검인이 찍힌 고기의 부위는 일단 도매용으로 절단되어 일정 기간 저장되었다가 소비자 용도에 따라 판매된다.

(3) 육류의 보관

시중에서 판매되고 있는 고기는 포장되어 있는 것이 많다. 포장에 사용된 필름은 일반적으로 산소가 들어갈 수 있는 것이기 때문에 고기의 색깔이 선명한 붉은색으로 있다. 구매한 후 1～2일 안에 소비할 것이라면 포장된 채로 냉장 보관하면 된다. 만약 더 오랫동안 보관해야 한다면 냉동보관하여야 한다. 포장되어 있지 않은 고기를 구입하였을 때는 포장용 봉투나 알루미늄 호일에 한 번에 먹을 양만큼 나누어 싸서 냉동한다.

수분이 있는 고기 표면에는 박테리아가 쉽게 번식할 수 있다. 특히 갈은 고기나 내장은 상하기 쉽기 때문에 냉동하는 것이 아니면 1～2일 안에 조리하여야 한다.

냉동육을 해동할 때에는 냉동실에서 꺼낸 후 냉장실에서 12～15시간 정도 자연해동하는 것이 좋다.

찬물에 담가 해동할 때에는 랩으로 싸서 담그는 것이 영양분의 손실을 막는방법이고, 해동한 고기는 바로 조리하도록 한다. 육류의 권장하는 저장기간과 온도는 ＜표 10.1＞, ＜그림 10.4＞에 있다.

✣ 표 10.1 | 육류의 저장기간

육류	저상기간	
	냉장실(2~4℃)	냉동실(-18℃이하)
쇠고기	3~5일	6~12개월
돼지고기	3~5일	6~9개월
쇠고기 갈은 것	1~2일	3~4개월
돼지고기 갈은 것	1~2일	1~3개월
내장	1~2일	3~4개월

✣ 그림 10.4 | 축산물 관리온도

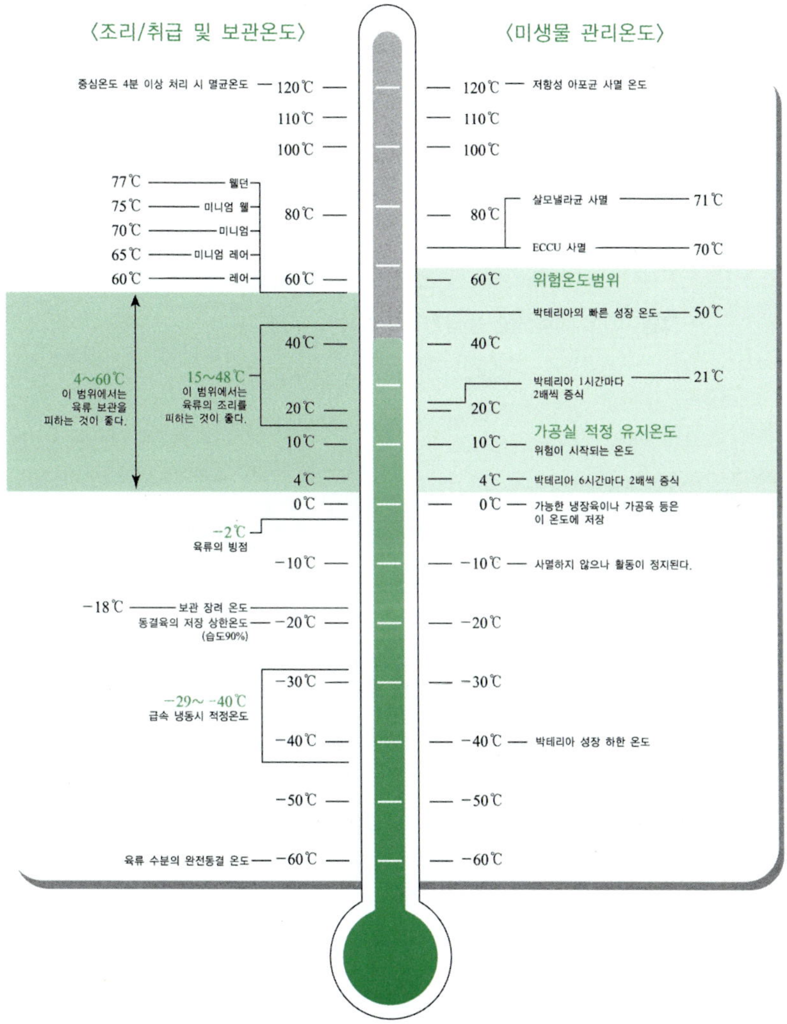

자료: 농림축산식품부, 대한영양사협회

(4) 육류의 등급과 새로운 동향

우리나라에서 시행되고 있는 소 도체 등급의 기준은 <표 10.2>에서와 같이 도체에서 생산되는 쇠고기 생산량에 따른 육량등급으로써 A, B, C 등급으로 구분되고 육질등급은 육질에 따라 1^{++}, 1^{+}, 1, 2, 3 등급으로 구분하여 총 15개 등급으로 되어 있고 도체의 상품가치가 적은 것은 등외로 하여 구분하고 있다.

표 10.2 | 쇠고기 등급 표시

구분		육질등급					
		1^{++}등급	1^{+}등급	1등급	2등급	3등급	등외(D)
육량 등급	A등급	1^{++}A	1^{+}A	1A	2A	3A	
	B등급	1^{++}B	1^{+}B	1B	2B	3B	
	C등급	1^{++}C	1^{+}C	1C	2C	3C	
	등급(D)						

그림 10.5 | 축산물 등급판정확인서

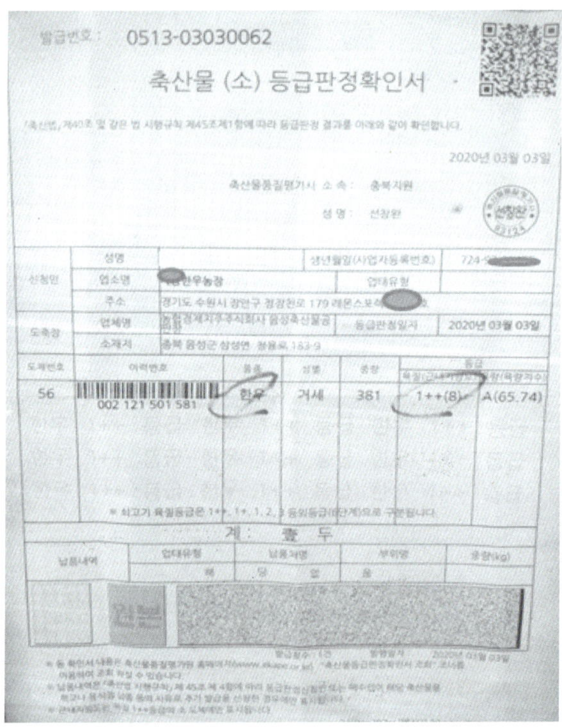
발급번호 : 0513-03030062

축산물 (소) 등급판정확인서

2020년 03월 03일

도체번호 56 | 002 121 501 581 | 한우 | 거세 | 381 | 1++(8) | A(65.74)

1) 식육의 등급별 구분표시 방법

① 쇠고기의 구분표시

쇠고기의 대분할 부위인 등심, 채끝과 소분할 부위인 윗등심살, 꽃등심살, 채끝살은 축산물 등급확인서에 표기된 육질 등급을 표시하여야 한다. 이외 기타 부위의 등급표시는 식육판매업소에서 자율적으로 표시한다.

그림 10.6 | 쇠고기 부위

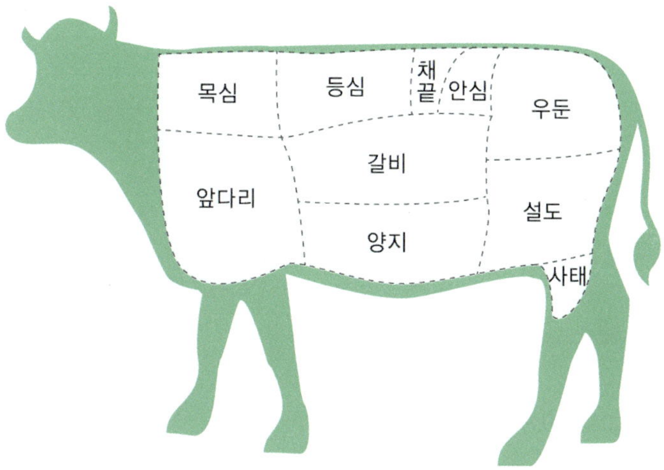

쇠고기의 원산지 표시방법은?

쇠고기의 식육·포장육·식육가공품을 조리하여 판매·제공하는 것에 대하여 원산지를 표시해야 한다. 날 것의 상태로 조리하는 것과 배달을 통한 판매·제공 포함한다. 반찬용 등에도 구분 없이 제공하는 쇠고기 장조림의 쇠고기도 원산지를 표시해야 한다. 또한 국내산 쇠고기의 경우 원산지와 식육의 종류(한우, 육우, 젖소)를 함께 표시해야 한다〈그림 10.7〉.

쇠고기 원산지 표시방법 예시

- 국내산: 갈비(쇠고기: 국내산 한우), 등심(쇠고기: 국내산 육우), 갈비탕(쇠고기: 국내산 젖소)
- 외국산: 갈비(쇠고기: 미국산), 등심(쇠고기: 호주산), 갈비탕(쇠고기: 뉴질랜드산)

국내산과 외국산을 섞은 경우

－불고기(쇠고기: 국내산 한우와 호주산을 섞음)

－설렁탕(육수: 국내산 한우, 쇠고기: 호주산)

✢그림 10.7 | 쇠고기원산지 표시 실제 예

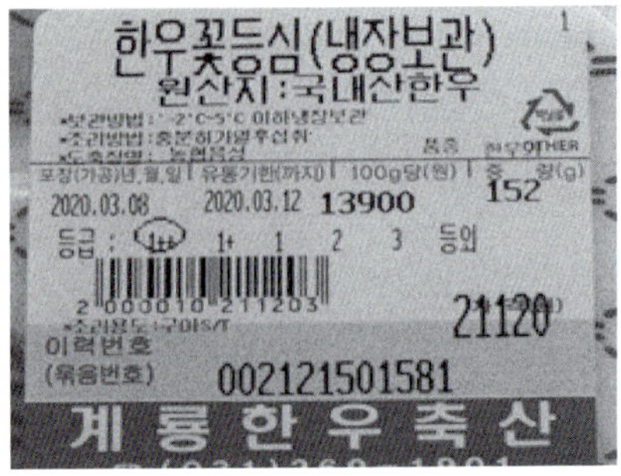

축산물이력관리제도

가축 및 축산물의 생산·도축·가공·유통과정의 각 단계별 정보를 기록·관리하여 문제 발생 시 이동경로를 따라 추적하여 신속한 원인 규명과 회수 등 조치를 가능하게 하기 위한 제도이다. 축산농가의 생산, 이동, 출하에 대한 거래내역을 기록하고. 관리함으로써 농가에 대한 방역의 효율성을 도모하기 위해 필요하다. 또한, 축산물유통에 대한 거래내역을 기록하고 관리함으로 축산물 유통에 대한 투명성을 높여, 원산지 허위표시 등 둔갑 판매 방지로 축산업 및 관련 산업의 건전한 발전에 이바지하기 위해 필요하다. 쇠고기 이력제가 2009년 전면 시행되었으며 2014년 이력대상 품목에 돼지고기가 추가되어 시행되고 있다.

✢그림 10.8 | 쇠고기이력관리체계

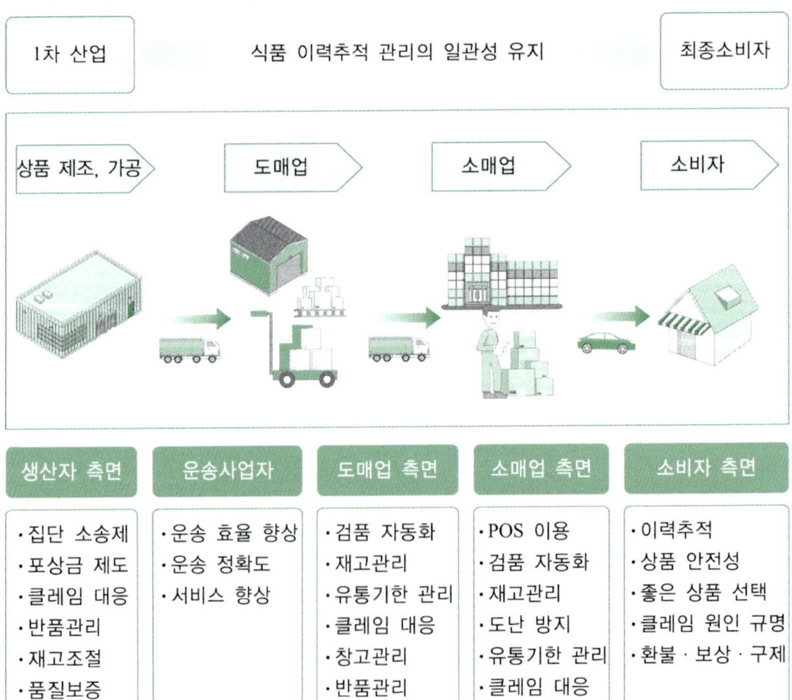

✣ 그림 10.9 | 쇠고기 이력조회결과예시

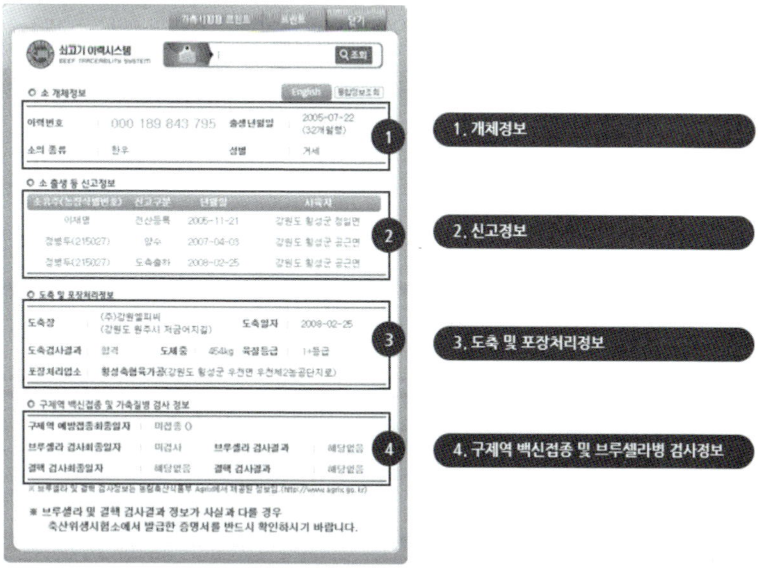

자료: 국립농산물품질관리원

② 돼지고기의 등급표시

식육판매업소에서 자율적으로 표시하며 등급을 표시할 때는 반드시 축산물 등급 판정 확인서에 표기된 등급대로 표시하여야 한다〈표 10.3〉.

✣ 표 10.3 | 돼지고기 등급표시요령

<table>
<tr><th colspan="2" rowspan="2">구분</th><th colspan="4">육질등급</th></tr>
<tr><th>1+등급</th><th>1등급</th><th>2등급</th><th>등외(D)</th></tr>
<tr><td rowspan="4">규격등급</td><td>A등급</td><td>1+A</td><td>1A</td><td>2A</td><td></td></tr>
<tr><td>B등급</td><td></td><td>1B</td><td>1B</td><td></td></tr>
<tr><td>C등급</td><td></td><td></td><td>2C</td><td></td></tr>
<tr><td>등외</td><td></td><td>등외</td><td></td><td></td></tr>
</table>

✣ 그림 10.10 | 돼지고기 부위

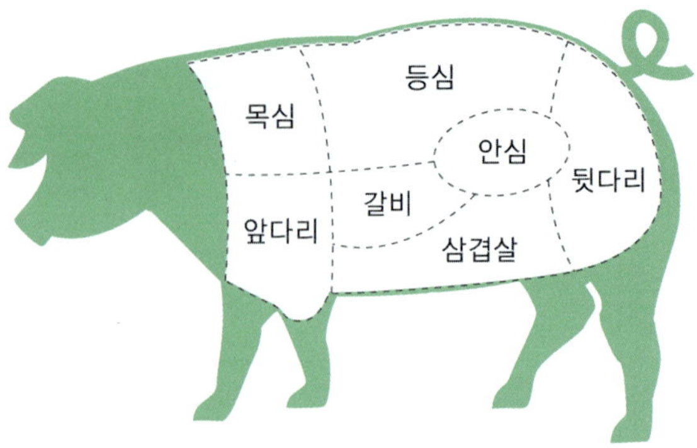

돼지고기 원산지 표시방법

돼지고기의 식육·포장육·식육가공품을 조리하여 판매·제공하는 것에 대하여 원산지를 표시해야 한다. 날 것의 상태로 조리하는 것과 배달을 통한 판매·제공을 포함한다.

돼지고기 원산지 표시방법 예시

- 국내산: 갈비(돼지고기: 국내산), 삼겹살(돼지고기: 국내산), 족발(돼지고기: 국내산)
- 외국산: 갈비(돼지고기: 미국산), 삼겹살(돼지고기: 호주산)
  국내산과 외국산을 섞은 경우(국내산 비율이 높음)
  – 고추장불고기(돼지고기: 국내산과 미국산을 섞음)
  – 부대찌개(돼지고기: 국내산과 미국산과 덴마크산을 섞음)

자료: 국립농산물품질관리원

✣ 그림 10.11 | 돼지고기 이력조회 예시

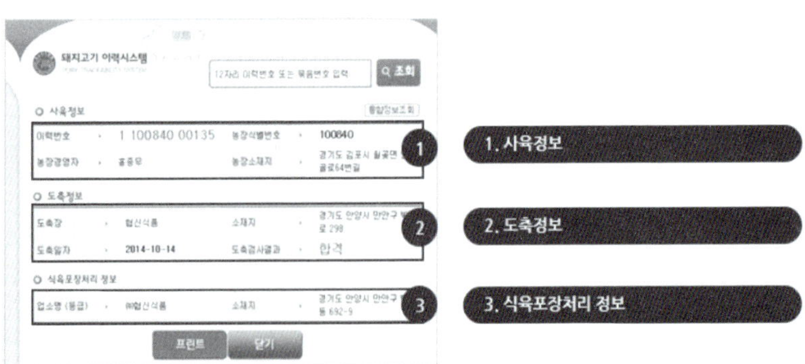

자료: 국립농산물품질관리원

(5) 가공육

육류를 저장하기 위한 방법인 가공육에는 많은 소금이 사용되었으나 지금은 소금 이외에 아질산나트륨, 설탕, 조미료 등을 사용한다. 아질산은 고기의 붉은 색소인 미오글로빈과 반응하여 니트로실미오글로빈(nitrosylmyoglobin)을 생성한다. 이것은 가열하는 동안 분홍색으로 변하는데 이를 니트로실헤모크롬(nitrosylhemochrome)이라 한다.

아질산을 지나치게 많은 양 사용하면 독성이 있어 그 사용에 대하여는 논란이 있다. 니트로사민(nitrosamine)이라는 발암물질이 가공식품에서 형성되거나 위산에 의하여 위에서 형성될 수 있는데 이것은 아질산과 2차 아민(secondary amine, NH_2) 사이의 반응에 의한 것이다.

2차 아민이라는 것은 암모니아(NH_3)의 유도체로 두 개의 수소원자가 탄소를 함유하는 다른 화학기로 바뀐 것이다. 그러므로 아질산의 사용은 제한된 양만을 사용할 수 있다. 아질산은 색깔을 고정하는 것 이외에도 향미를 증진시키고 보톨리누스균(Clostridium botulinum)의 번식을 억제한다.

가공에 사용하는 소금은 나쁜 미생물의 번식을 억제하고 향미를 좋게 해 준다. 그리고 인산이 사용되기도 하는데 이것은 고기가 줄어드는 것을 방지하기 위한 것이다.

햄과 베이컨은 돼지고기로 훈연한 제품이며 소시지는 다진 고기와 조미료, 전분, 분유가 사용되며 그 종류가 많다. 소시지의 제조방법에 따라 조리된 것, 조리되지 않은 것, 약간 건조한 것 등으로 구분할 수 있다.

3 가금류

가금류(Poultry)는 사람이 식용하기 위하여 사육되어지는 모든 종류의 수조육류를 말한다. 가금류의 종류에는 닭, 칠면조, 오리, 거위, 메추리, 꿩, 비둘기 등이 있으며 우리나라에서는 닭고기, 미국에서는 칠면조, 중국에서는 오리고기를 가장 많이 식용한다. 닭고기는 세계적으로 소비량이 증가하고 있으며 영양적으로 볼 때 질이 좋은 단백질과 비타민 B_1, B_2, 나이아신 등의 좋은 공급원이 된다. 또한 쇠고기나 돼지고기보다 지방함량이 낮고 불포화지방산이 다량 함유되어 있으며 근육섬유가 가늘어 육질이 연하다. 이 중 오골계는 살과 내장은 물론 뼈까지 검은색의 닭이다. 오리고기는 껍질과 근육조직이 부드럽고 담백한 맛이 나며 재료의 첨가에 따라 독특한 맛을 느낄 수 있다. 특히 오리고기는 필수 아미노산과 불포화 지방산 함량이 높다.

(1) 가금류의 분류

가금류는 나이와 고기의 연하기에 따라 분류한다. 예를 들어 미국시장에서 판매하고 있는 가금류는 <표 10.4>에서와 같이 성별, 성장 기간, 무게에 따라 구분되어진다. 우리나라에서는 등급을 나누지 않고 판매하고 있으나 미국에서는 USDA에서 위생과 품질 상태(형태, 살고기, 지방, 등의 상태)를 검사하여 검인을 찍고 등급을 나누어 판매하고 있다.

✣ 표 10.4 | 가금류의 분류

종류	성별	무게 (kg)	성장기간
닭			
Rock cornish	암컷, 숫컷	0.9 이하	5~7주
Broiler-fryer	암컷, 숫컷	0.9~1.1	9~12주
Roaster	암컷, 숫컷	1.4~2.3	3~5개월
Capon	거세한 수컷	1.8~3.6	8개월 이하
Fowl	암컷	1.1~2.3	1년 이상
칠면조			
Fryer-roaster	암컷, 숫컷	1.8~3.6	10주
Young hen	암컷	3.6~6.8	4~7개월
Breeder hen	암컷	9.1~10.3	7~12개월
Young tom	숫컷	11.4~13.7	5~6개월
Mature breeder	숫컷	22.8~25.1	6~12개월
오리			
Fryer duckling	암컷, 숫컷	0.9~1.8	2~3개월
Young duck	암컷, 숫컷	1.8~2.2	4~9개월

(2) 닭고기의 성분

닭고기의 성분은 다른 육류와 비슷한데 필수아미노산을 많이 함유하고 불포화 지방산이 많다. 지방은 닭이 어린 것일수록 적으며 부위별로 보면 껍질에 많고 근육에는 거의 없다.

또한 비타민 B_1, B_2, 나이아신 등과 같은 비타민 B군과 레티놀의 좋은 공급원이다. 철분함량은 쇠고기, 돼지고기 또는 양고기보다 적게 들어 있는데, 이는 근육색소인 미오글로빈의 함량이 가금류에 더 적기 때문이다. 그리고 다른 육류에 비하여 근육섬유가 가늘고 연하여 소화흡수가 빠르며 특히 가슴살은 더 부드럽고 섬유의 길이가 짧다. 가금류에 있어서 결합조직의 양은 성장정도에 따라 차이가 많이 있는데 특히 수컷 중에서 성장이 많이 된 가금류일수록 더 많이 들어 있어 조직이 질기다.

(3) 닭고기의 부위별 특징

가금류는 크게 나누어 다리(leg, drumstick), 넓적다리(thigh), 날개(wing), 가슴살(breast)로 나누어 볼 수 있는데 최근에는 우리나라에서도 닭고기를 부위별로 판매하고 있다.

닭고기는 부위에 따라 맛과 색깔이 다른데 가슴살이 가장 희고 지방이 적으며 담백하여 냉채나 샐러드에 적당하다. 가슴살은 소나 돼지의 안심에 해당되는 연한 부분으로 지방이 매우 적어 향미가 약하며 조리시 퍽퍽한 상태가 된다. 이러한 가슴살은 지방질 섭취를 제한해야 하는 사람에게는 좋으며, 윤기 있고 노란색이 감도는 핑크색 고기가 신선하다. 닭다리는 색이 붉고 독특한 향미가 있는데 가장 운동을 많이 하는 부분이므로 탄력이 있고 단단하다. 이 부위는 약간 질긴 듯하나 맛이 좋으며 튀김이나 구이에 좋다. 닭날개는 튀김 또는 조림에 많이 이용된다.

(4) 닭고기의 등급

닭고기의 품질등급은 1+, 1, 2등급으로 구분하고 중량등급은 특대, 대, 중, 중소, 소로 구분한다〈그림 10.12〉.

✣ 그림 10.12 | 닭고기의 품질등급과 등급의 표시

품질등급	1⁺등급	1등급	2등급		
중량규격	특대 17~15호 (1.49kg이상)	대 14~13호 (1.490~1.299kg)	중 13~10호 (1.299kg~990g)	중소 9~7호 (990~690g)	소 6~5호 (690~490g)

등급의 표시

출처: 농림축산식품부

(5) 닭고기의 구입요령

신선한 닭고기는 고기가 단단하며 껍질막이 투명하고 윤기가 흐르고 탄력이 있다. 고기의 색이 전체적으로 너무 흰 것은 피하고 껍질이 잘 붙어 있으며 썬 단면이 뭉개지지 않고 윤기나는 것을 구입하는 것이 좋다. 또한 껍질의 털구멍이 울퉁불퉁하게 튀어나온 것이 좋은 것이다. 껍질에 주름이 있거나 축 늘어진 것과 꺼칠하게 말라 보이는 것은 맛이 없다.

뼈의 변색

냉동되었던 어린 가금류를 조리하면 흔히 뼈가 매우 어두운 색깔로 변하는 것을 볼 수 있다. 이것은 냉동과 해동을 하는 과정에서 골수의 적혈구가 파괴되어 암전색으로 나타나기 때문인데, 조리하는 동안 적색은 갈색으로 바뀌게 된다. 그러나 이러한 색 변화가 향미에 영향을 주지는 않는다. 이러한 변화를 방지하기 위해서는 해동하지 않고 냉동된 가금류를 직접 조리하면 해동해서 조리한 것보다 훨씬 변색이 적게 일어날 수 있는데, 가금류를 전자레인지에서 직접 신속하게 조리하면 다른 조리방법에 비해 변색을 막을 수 있다.

(6) 가금류의 저장

닭고기는 살모넬라에 감염되기 쉽기 때문에 손질하는 과정에서 주의를 기울여야 한다. 가금류 조리시 이용한 칼이나 도마는 다른 식품을 다루기 전에 철저하게 깨끗이 닦고 살균하여 사용해야 한다. 특히 샐러드와 같이 가열하지 않는 음식일 경우에는 더욱 주의해야 한다.

가금류는 잘 포장해서 냉장 또는 냉동 보관해야 하는데, 냉장고에서 단기간 저장할 때에도 포장을 뜯었다가 다시 포장하여 보관한 경우에는 반복해서 만지는 과정에서 세균이 증가할 수 있다.

신선한 가금류는 구입한 후 가능한 한 곧 조리하도록 하며, 냉장고에 저장할 때에는 1～2일간 저장할 수 있으며 －18℃나 그 이하로 냉동저장할 경우에는 15～30일 정도 더 오래두고 먹을 수 있다.

조리한 가금류는 완전히 익혔다 해도 조리하는 동안에 감염될 수 있는 여러 미생물에 의해 독소를 생성할 수 있다. 그러므로 조리한 직후 바로 먹어야 하고 냉장고에서도 1～2일 안에 항상 신속하게 먹어야 하며 더 오래 두었다 먹을 때에는 냉동해야 한다. 조리한 가금류는 냉동을 하면 생닭을 냉동했을 때보다 향미와 조직이 더 나빠진다. 닭에 여러 가지 재료를 채워 넣어 조리할 경우 채우는 즉시 조리해야 하며, 그대로 두면 냉장 또는 냉동할 때 걸리는 시간이 너무 길어지고 속을 채운 닭고기는 세균의 온상이 되므로 좋지 않다.

가금류를 냉동할 때에는 내장 부분을 제거하여야 내장에 들어 있는 효소의 작용으로 품질이 나빠지는 것을 막을 수 있다.

냉동한 가금류는 냉장고로 옮겨 서서히 해동시켜 반정도 녹았을 때 조리하는 것이 좋다. 미지근한 물에서 해동하면 품질이 나빠지고 상할 수 있으므로 급히 해동해야 할 때는 비닐봉지에 잘 넣어서 찬물에 담가 해동하는 것이 좋다. 이때 한번 해동한 것을 다시 냉동시키지는 말아야 한다.

닭고기 원산지 표시방법

닭고기의 식육·포장육·식육가공품을 조리하여 판매·제공하는 것에 대하여 원산지를 표시해야 한다. 식육은 식용을 목적으로 하는 가축의 지육, 정육, 내장, 그 밖의 부분을 말하는 것으로 닭염통, 닭연골 등도 원산지 표시대상이다. 국내에서 가공된 식육가공품은 배합 비율에 따른 원산지 표시대상(3순위까지) 중 가공품에 사용된 식육(닭고기)의 원산지를 표시해야 한다.

닭고기 원산지 표시방법 예시

- 국내산: 삼계탕(닭고기: 국내산), 후라이드치킨(닭고기: 국내산)
- 외국산: 닭볶음탕(닭고기: 미국산)
- 국내산과 외국산을 섞은 경우: 닭갈비(닭고기: 국내산과 미국산을 섞음)
- 닭 부산물인 닭염통(국산), 닭연골(국산)로 모듬꼬치를 제조한 경우 모듬꼬치(닭고기: 국산)

(7) 달걀 품질과 등급에 대한 새로운 동향

달걀은 저렴한 가격의 질 좋은 단백질 급원식품으로 널리 이용되고 있다.

국내에서 시판되는 달걀은 중량과 품질에 따라 분류하여 시판하고 있는데, 품질등급은 1+, 1, 2, 3의 분류가 있고 중량규격은 <그림 10.13>에서 보는 바와 같이 왕란에서 소란까지 구분하고 있다.

달걀은 품질은 크고 균일한 것이 좋으며, 달걀 껍질이 까칠까칠하고 광택이 없는 것일수록 신선하여, 표면에 금이 간 곳이 있거나 분뇨에 오염되어 불결한 것은 좋지 않다. 달걀을 흔들어 보아 내용물이 움직이는 것을 느낄 수 있는 것은 오래 된 것이며, 깨뜨려 보았을 때 난황이 완전한 원형으로 알의 중앙에 있어야 한다. 이때의 난황계수(난황 높이/난황 지름)는 0.36~0.44 정도가 가장 좋다. 또한 비중 1.027(6% 소금물)의 식염수에 넣었을 때 가라앉는 것이 신선한 것이다.

✣ 그림 10.13 | 달걀의 등급기준

품질등급	1+등급	1등급	2등급	3등급	
중량규격	왕란 68g	특란 68~60g	대란 60~52g	중란 52~44g	소란 44g미만

달걀 표시제

달걀을 살 때 정확한 정보를 확인할 수 있게 달걀 껍데기에 '산란일자', '생산자 고유번호', '사육환경번호'를 의무적으로 표시해야 한다.

산란일은 닭이 알을 낳은 날로, 산란시점으로부터 36시간 이내 채집한 경우 채집한 날을 산란일로 표시할 수 있게 했다. 생산자 고유번호는 가축사육업 허가받을 때 달걀 농장별로 부여된 고유번호다. 사육환경 번호는 닭을 사육하는 환경에 따라 구분되며 1(방사 사육), 2(축사내 평사), 3(개선된 케이지), 4(기존 케이지)와 같이 각 사육환경 해당번호로 표시해야 한다.

그림 10.14 | 달걀 표시제 예시

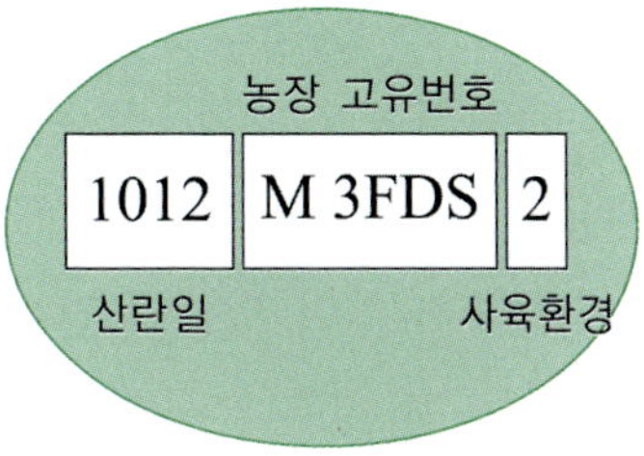

출처: 식품의약품안전처

4 어패류

어패류는 어류와 패류로 분류할 수 있다. 어류는 지느러미가 있으며 뼈로 구성된 골격을 가지고 있는 것을 말하고, 패류는 조개류로 연체류와 갑각류를 포함한다.

우리나라는 지형적으로 삼면이 바다로 둘러싸여 있어 어종이 많고 해산물이 풍부하며 섭취량 또한 계속 증가하는 것으로 나타나고 있다. 곡류를 주식으로 하는 우리 나라에서 어패류는 동물성 단백질의 70% 이상을 충당하고 있어 영양에 기여하는 바가 크며 각종 어패류를 이용한 발효식품인 젓갈 등이 발달되어 있다. 어패류는 육류 못지 않은 양질의 단백질을 함유하고 있고 특히 등푸른 생선에는 DHA, EPA와 같은 ω－3계의 불포화 지방산이 풍부하다. 그러나 어패류는 생산량의 변동이 심하고 부패되기 쉬우며 세균에 오염될 기회도 많다. 또한 내장이 있는 그대로 유통되는 경우가 많아 자가소화에 의한 변질이 일어나기 쉬우므로 구입할 때와 조리할 때 주의를 기울여야 한다.

(1) 어패류의 종류

1) 어류

어류는 서식하는 장소에 따라 해수어와 담수어로 분류된다. 수온 등 물의 상태, 어획과 취급방법, 성장정도, 성별 그리고 계절에 따라 화학적 조성 특히 지질의 함량이 달라져 어육의 맛에 영향을 미친다.

담수어는 수온이 높고 물이 얕은 곳에 사는 어류로 잉어, 은어, 황어, 메기, 미꾸라지, 붕어, 뱀장어 등이 있는데 같은 담수어라도 서식하는 장소는 서로 다르다. 잉어나 붕어는 강 하류나 못에 살고 뱀장어는 깊은 바다에 산란 후 다시 강으로 올라오며 은어는 어릴 때 바다에서 살다가 강으로 올라온다.

해수어는 수온이 낮고 물이 맑으며 깊은 바다에 서식하며 운동을 그다지 하지 않는 것과 바다 표면 가까운 곳에서 서식하며 활동이 심한 것으로 분류할 수 있다. 전자의 것은 흰살 생선이 많으며 후자의 것은 붉은살 생선이 많다. 이들 생선은 서식장소가 조금씩 달라 농어와 숭어는 연안에서 자라지만 일시적으로 강으로 올라가고, 연어, 송어, 철갑상어 등은 바다에 살지만 산란시 강으로 올라온다.

또한 서식장소에 따라 체색이 변하는데, 비교적 수면 가까이에 사는 어류는 등쪽이 푸른 빛이 나며 배쪽은 백색에 가까워 보호색인 것으로 생각된다. 반면에 깊은 바다에 사는 어류는 황색, 적색, 갈색인 것이 많은 데 수심이 깊어짐에 따라 선홍색, 흑자색 등으로 바뀐다.

어류는 지방함량이 매우 다양하므로 지방함량에 따라서도 저지방, 중지방, 고지방 어류로 분류할 수 있다. 저지방 어류는 지방함량이 5% 미만인 것으로 농어, 도미, 대구, 넙치, 동태, 조기, 가자미 등이 있으며 중지방 어류는 지방함량이 5~15%인 것으로 고등어, 연어, 빙어 등이 여기에 속하고, 고지방 어류는 지방함량이 15~20%인 것으로 은대구, 정어리 등이 있다.

우리나라에서는 지방함량이 5% 이하인 흰살 생선과 지방함량이 5~20%인 붉은살 생선으로 구분하기도 하는데 대부분 향미 성분이 유지에 녹기 때문에 흰살 생선 보다는 붉은살 생선이 독특한 향미를 더 많이 가지고 있다.

2) 연체류

연체류는 몸이 부드럽고 마디가 없는 것으로 종류가 매우 많으나 식품용으로 중요한 것은 문어, 꼴뚜기, 오징어, 갑오징어, 낙지, 해파리, 해삼 등이 있다.

3) 조개류

조개류는 딱딱하고 이음매가 있는 두 개의 껍질을 가지고 있거나 딱딱한 껍데기로 이루어져 있고 그 안에 부드러운 조직의 근육이 서식하고 있는 것으로 굴, 바지락, 백합, 홍합, 우렁이, 꼬막, 맛살, 모시조개, 피조개, 전복, 소라, 가리비 등이 있다.

4) 갑각류

갑각류는 절족동물의 일종으로 딱딱한 껍데기가 여러 조각으로 마디마디 구획지어 나누어져 있으며 외피속에 부드러운 근육이 들어 있다. 바닷가재, 새우, 왕게, 꽃게 등이 있다.

5) 기타

포유류인 고래고기는 생식, 어육소시지, 햄 등으로 가공하고 기타 부산물로 기름, 간유, 젤라틴 등으로 이용하는데 영양면에서 쇠고기와 비슷하며 부위에 따라서는 육류처럼 이용하기도 한다.

(2) 어패류의 감별법

어패류는 육류와 마찬가지로 죽은 뒤 일정시간이 지나면 근육이 굳어지는 사후 경직상태로 된다. 사후 경직이 일어나는 시간은 어종, 어획법, 온도, 보관방법 등에 따라 달라지는데 일반적으로 사후 1~4시간에 최대 경직상태를 유지하며 이때 신선도가 가장 좋고 품질이 뛰어나 맛이 좋은 것으로 알려져 있다.

사후 경직 상태가 풀리면 근육이 연화되기 시작한다. 이는 근육 중에 들어있는 단백질 분해효소의 작용으로 단백질이 분해되는 자가소화현상이며 이때 신선도가 저하되고 부패할 수 있다.

어패류의 신선도를 판정하는 방법으로는 관능적인 방법, 화학적인 방법, 물리적인 방법 및 세균수 검사법이 있는데 일반적으로 소비자가 구매할 때에는 주로 관능적인 방법으로 감별한다.

1) 관능적 감별방법

① 아가미

어류색이 선명하며 적색이어야 하고 단단하여야 한다. 선도가 떨어지면 점차 회색을 띠게 된다.

② 안구

어류의 안구에 광채가 있으며 돌출되어 있고 움푹 들어가지 않고 투명한 것이 좋다. 선도가 떨어짐에 따라 색이 탁해지고 각막이 눈속으로 내려앉게 된다.

③ 어류의 표면

표면이 광택이 있고 특유한 색채를 가지며 투명한 비늘이 단단하게 붙어 있다. 그러나 오래된 것은 광택이 점점 감소하고 비늘이 황갈색이 되며 점액질의 물질이 분비되어 미끈거리면서 생선 특유의 불쾌한 냄새가 심하게 난다.

④ 복부 부분

어류의 복부에 탄력이 있고 팽팽해야 신선한 생선이라 할 수 있다. 선도가 저하되면 복부가 연화되면서 손가락으로 누르면 손가락 자국이 나타나 다시 돌아오지 않는 등 탄력을 잃게 되고 내장의 내용물이 밀려나온다.

⑤ 근육

어류 근육을 손으로 눌러서 근육이 단단하고 빳빳하며 외형이 확실한 것은 사후 경직 중의 것이라 신선하다. 투명함과 탄력성이 있어서 고기를 잘게 썰면 겉 부분이 활 모양으로 말려든다. 또한 살이 뼈에서 잘 떨어지지 않고 꼭 붙어있는데 오래된 생선은 근육의 광택이 없어지고 탁해져서 불투명하게 되고 살이 물렁거리면서 뼈에서도 쉽게 떨어진다.

⑥ 냄새

어류의 비린내가 강한 것은 신선하지 못한 것이다. 이들 냄새는 트리메틸아민, 암모니아, 아민류, 지방산화물 등에 의한 것이다. 냉동한 생선은 되도록 단단히 얼어 있는 상태의 것을 구입하고 냄새를 느낄 수 없으므로 녹여서 냄새를 맡아보면 알 수 있다.

⑦ 조개류

조개류는 항상 살아있는 상태로 구입해야 한다. 살아있는 것은 껍질이 꽉 닫혀있거나 가볍게 탁탁치거나 얼음으로 차게 하면 닫힌다. 조개류를 먹을 때 가장 주의해야 할 것은 바이러스와 세균에 의한 감염이다. 그러나 이들은 가열하면 사멸하므로 날것으로 먹지 않는 한 큰 위험은 없다.

2) 화학적 측정방법

화학적으로 성분변화를 측정하여 어패류 선도를 판정하는 것으로 휘발성 염기질소(암모늄과 아민류), 트리메틸아민, 인돌, 휘발성 유기산, 휘발성 환원물질(VRS)과 히스타민의 양을 측정하여 선도의 기준으로 한다. 이들은 어육 내에서 부패가 진행됨에 따라 증가하므로 선도 판정기준이 되는데 이들 중 히스타민을 제외한 모든 성분은 휘발성인 불쾌한 냄새를 가지며 이에 따라 냄새로도 생선의 신선도를 감별해 낼 수 있다.

단, 상어와 가오리는 신선한 생선의 근육에도 100mg%의 휘발성 염기질소로 암모니아성 질소를 가지고 있는데 이것은 근육 중에 요소(urea)가 많아 이것이 분해되어 생기는 것이다.

그러나 다른 보통 어패류의 암모니아성 질소가 30~40mg% 들어 있으면 초기 부패상태로 본다.

3) 물리적 방법

신선도를 측정하는 물리적 방법은 경도측정법, 전기저항측정법, 어체 압착즙의 점도측정법, pH측정법 등이 있다.

4) 세균수 검사법

세균수 검사법으로 직접 어체의 세균수를 측정하여 그 번식정도에 따라서 선도의 판정이 가능하다. 즉 1g의 근육 내에 세균수가 10^3 이하이면 신선하나 10^5～10^6이면 초기 부패상태로 판정한다.

(3) 어패류의 저장

어패류는 구입한 후 곧 조리하는 것이 가장 좋으며 냉장을 하면 일시적이기는 하나 부패를 지연시켜 준다. 그러나 냉장 온도에서도 산패되고 부패를 촉진하는 효소가 활동하므로 가능한 한 냉동해야 한다. 냉장고에 보관시 2～3일 이내에 조리하여야 하고 냉동저장할 때에는 －18℃ 이하에서 6개월 이상 저장하지 않는 것이 좋다.

냉동한 어류를 해동할 때에는 저온에서 서서히 녹여야 한다. 빨리 조리해야 하면 포장된 채로 흐르는 수돗물에 담가 해동한다. 또한 해동한 어류를 장기간 방치하면 품질이 급격히 떨어지므로 해동한 뒤에는 단시간 내에 조리해야 한다.

냉장고나 냉동고에 넣어둘 때에는 어류 비린내가 다른 음식에 흡수되지 않게 잘 포장해 두어야 한다. 잘 포장한 어육은 어류와 포장 사이에 공기가 들어가지 못하므로 산화를 지연시켜 줄 수 있다.

냉동어는 구입한 뒤 가정에서도 냉동고에 보존해야 하고 조리하기 전까지 계속 냉동상태로 두어야 한다.

냉장 다음으로 많이 이용하는 저장방법이 건조 또는 염장이며 그 밖에 훈연하거나 생선묵이나 통조림으로 가공하는 방법이 있다.

(4) 어패류의 가공품

농축 어류 단백(fish protein concentrate)은 양질의 고농도의 단백질 급원으로 생선을 통째로 탈수 건조하여 갈아서 만드는데 지방을 제거하면 생선의 비린 냄새는 없어지고 갈아줄 때 뼈도 들어가므로 칼슘과 인의 좋은 급원이 된다.

국수나 빵을 만들 때 생선가루를 섞어 주어 곡류 단백질의 품질을 증가시킬 수 있다. 그러나 결과적으로 비린내가 완전히 없어지지는 않으므로 적은 양을 첨가하여야 한다.

다진 생어육을 수리미(surimi)라 하는데 이를 원료로 한 어육제품들이 개발, 생산되고 있다. 수리미를 만드는 생선은 지방함량이 낮은 것을 이용한다.

수산물이력추적제

수산물 이력추적제도는 수산물을 생산 단계부터 판매 단계까지 각 단계별로 정보를 기록·관리하여 해당 수산물의 안전성 등에 문제가 발생할 경우 그 수산물을 추적하여 원인규명 및 필요한 조치를 할 수 있도록 관리하는 것을 말한다. 수산물 이력추적관리품의 표시사항은 <그림 10.15>에 있다.

그림 10.15 | 수산물 이력추적관리제의 표시

자료: 해양수산부

5 우유 및 유제품

(1) 우유

우유는 젖소의 종류, 사료, 계절 등에 따라 영향을 받으나 칼슘과 비타민 A, C, D, E를 포함하는 영양식품이다.

좋은 우유는 약간 누런빛을 띠는 유백색의 불투명한 액체로 약간의 감미와 고유한 향기를 가지며 끓여도 엉기지 않는다. 또한 우유의 비중은 15℃에서 1.028~1.034로 물보다 조금 무거우므로 물컵 속에 한 방울 떨어뜨렸을 때 구름같이 흩어지듯이 가라앉아 퍼져 나가는 것이 좋다.

한편 이상한 냄새가 나거나 마셨을 때 우유의 농도가 물과 같은 것은 좋지 않으며, 끓여서 엉기면 부패한 것이고, 색이 누렇거나 악취가 나는 것은 오래된 것이다.

과학적인 알콜시험법은 68%의 에틸알콜이나 에탄올과 우유를 동량으로 섞어 카제인(Casein)의 응고우유를 검사하는 것으로 응고하면 오래된 것이다. 배달된 우유는 반드시 제조년월일, 뚜껑의 개봉유무와 상호는 분명한지를 확인하여야 한다.

좋은 분유는 광택이 있는 연한 크림색으로 반점이 없고 입자가 고르며, 풍미가 좋고 온수(50℃)에 잘 녹으며, 지방에 분리되지 않고 침전물이 생기지 않는 것이다. 응고하여 모래 모양으로 된 것은 흡습된 것이나 변질된 것이다. 연유는 황백색의 끈끈한 반유동체와 유동체가 있다. 끈기가 일정하고 내부에 응고한 덩어리가 있는 것은 좋지 않다. 우유의 등급 기준은 <표 10-5>에 있다.

✣표 10.5 | 우유의 등급기준

구분		기준
세균수	1급A	3만 미만 개/ml
	1급B	3만~10만 미만
	2급	10만~25만 미만
	3급	25만~50만 이하
	4급	50만 초과
체세포수	1급	20만 미만 개/ml
	2급	20만~35만 미만
	3급	35만~50만 미만
	4급	50만~75만 이하
	5급	75만 초과

출처: 식품의약품안전처

(2) 버터

버터는 전유 중의 지방을 원심분리하여 젖산균에서 만든 효소를 혼합하여 발효시킨 후 색소와 식염을 넣어 고형으로 만든 것이다. 버터는 향미, 조직, 색, 가염 정도, 포장을 검사하여 그 품질을 결정하게 되는데, 수분은 16%를 초과해서는 안 되며, 칼로 잘라 그 늘어붙는 정도와 표면의 치밀한 정도를 조사한다. 입에 넣었을 때 잘 녹고 입안에서의 감촉이 좋으며, 우유와 같은 단맛과 미황백으로 얼룩이 없는 것이 좋다.

(3) 치즈

치즈는 전유나 지방유를 원료로 여기에 응고제를 첨가하고 응고시킨 후 분리·탈수하여 오랫동안 발효·숙성시킨 것이다. 좋은 치즈는 특유한 향미를 지니며 조직과 색깔이 균일하고 촉감이 좋으며, 입에 넣었을 때 부드러운 느낌으로 자연히 녹아서 이물이 남지 않는 것이다.

6 채소류

채소(Vegetables)라 함은 식용의 목적으로 재배하는 과수 이외의 재배식물이다. 재배되지 않고 자생하는 것 중에 들에서 자생하는 것은 들나물, 산에서 자생하는 것은 산나물이라 하여 채소에서 제외되나 근래에는 이들 중 재배하는 것도 많다. 옥수수, 강낭콩, 완두콩 등의 미숙한 것이 신선한 상태로 공급될 때에는 채소이지만 성숙 후에 수확하여 건조된 상태로 공급될 때는 일반적으로 작물로 구별한다. 채소는 종류에 따라 먹는 부분이 다르다. 채소가 중요한 이유는 아름다운 색과 독특한 향미와 씹히는 맛을 줄 뿐만 아니라 식이섬유소로 인하여 식품에 부피를 주며 무기질과 비타민의 급원이 된다. 또한 대부분이 알칼리성 식품으로 채소에 따라서는 특수한 성분을 가지고 있는 것이 많아 향신료로써의 가치도 크다.

적당하게 조리된 채소류는 많은 영양소를 함유할 뿐만 아니라 식욕을 증가시키는 색, 맛, 그리고 모양을 부여해 준다.

(1) 채소류의 분류

대부분의 채소류는 영양소가 골고루 들어 있지만 특히 식이섬유소, 비타민과 무기질이 풍부하다. 채소의 영양가는 부위에 따라 다르며 토양과 기후에 의하여도 영향을 받는다.

채소의 맛 성분으로 보편적인 것은 당과 유기산이 있다. 채소류는 수분이 많은 반면 상대적으로 다른 고형 성분이 적다. 지방질 함량이 아주 적으며 탄수화물로는 전분, 당분, 섬유소가 중요한 성분이다. 채소류의 무기성분은 생장 중에 투여한 비료의 종류나 토양 중의 무기질의 조성 등에 따라 영향을 받으며 같은 식물이라도 부위에 따라 성분의 차이가 있다. 완숙한 후 수확한 채소류에는 비타민 C함량이 더 많다. 채소를 분류하는 방법에는 여러 가지가 있으나 식용부위가 잎, 줄기, 뿌리 어느 것에 속하느냐에 따라 분류하면 다음과 같다.

1) 엽채류

잎사귀를 이용하는 채소로 이 채소들은 일반적으로 수분함량이 높고 당질함량과 열량이 낮다. 단백질은 적은 양 함유되어 있으며 지방은 거의 없다. 비타민과 무기질의 좋은 공급원으로서 비타민 A, 비타민 C, 비타민 B_2 철분을 많이 함유하고 있다. 잎사귀의 색이 짙을수록 비타민 A로서의 가치가 크다. 그러나 잎사귀라 하더라도 흰 것은 비타민 A가 거의 없다. 칼슘은 많지만 시금치, 근대, 무청과 같은 채소에는 칼슘이 수산과 함께 결합되어 불용성 물질을 형성하기 때문에 체내에 흡수되지 않는다.

2) 과채류

호박, 오이, 가지, 고추, 토마토 등은 초본식물의 열매가 채소로 이용되는 과채류로 일반적으로 당질함량이 낮고 수분함량이 높다. 오이는 특히 수분함량이 97% 정도로 높고 당질함량이 낮으나 늙은 호박이나 단호박인 경우 과채류 중에서는 수분함량이 낮고 당질이 많아 단맛을 준다. 늙은 호박은 비타민 A의 전구체인 카로티노이드 색소를 함유하고 있다. 토마토와 풋고추는 비타민 C의 좋은 급원이다.

3) 화채류와 경채류

꽃과 줄기는 일반적으로 수분함량이 높고 당질은 적은 양 함유되어 있다. 브로컬리는 특히 비타민과 무기질의 함량이 높으며 비타민 C가 가장 많은 채소 중의 하나이다. 줄기에도 비타민 C가 많으므로 버리지 않도록 한다. 브로컬리는 비타민 A, B_2, 칼슘, 철분의 좋은 급원이기도 하다. 컬리플라워는 비타민 C의 좋은 급원이다.

4) 근채류

뿌리를 이용하는 채소로는 무, 당근, 파, 양파, 연근, 토란, 우엉, 마, 마늘, 생강 등이 있다. 다른 채소류에 비하여 당질함량이 더 높고 수분함량은 적다. 무, 당근, 우엉 등은 당분의 형태로 당질을 저장한다.

5) 종실류

종실류는 씨부분을 이용하는 채소로 완두콩이나 청대콩 등이 있다. 완두콩이나 청대콩은 수분함량은 대단히 낮고 전분함량은 높으며 단백질, 비타민, 무기질도 함유하고 있다. 말린 콩에는 다른 채소류보다 단백질을 더 많이 가지고 있고 비타민 B의 좋은 공급원이 되며 아연, 구리와 같은 미량 무기질의 좋은 급원이다.

6) 기타 채소류

버섯류는 엽록소를 갖지 않는 균류의 한 종류이다. 균류는 종속 영양성 생물로 주로 그늘진 숲속이나 낙엽층에 묻혀 있다. 산속에는 나무와 공생하거나 기생하며 자란다. 송이는 소나무, 표고는 참나무나 상수리나무, 느타리는 미루나무, 팽이는 팽나무가 있는 곳에서 볼 수 있다.

자연산 버섯은 가을에 많이 생산되며 수분이 적어 영양과 향이 유지되어 건조상태로 많이 유통된다. 또한 건조한 버섯은 물에 넣으면 쉽게 복원되는 장점이 있다. 식용 버섯은 세계적으로 수백여 종이 있다고 하는데 즐겨 먹는 버섯은 동서양이 조금 다르다. 서구에서는 특히 양송이를 좋아하며, 동양에서는 대체로 향이 강하고 씹는 맛이 있는 버섯을 좋아하는데 우리나라와 일본에서는 송이를, 중국에서는 표고를 최고로 인정한다.

산채류는 산이나 들에서 자생하는 식물로 특유의 향기가 있고 비타민과 무기질 등이 풍부하다. 쑥, 취, 씀바귀, 두릅, 달래, 냉이, 원추리, 돌나물 등이 많이 이용되며 근래에는 재배되는 것도 많다.

(2) 채소류의 선택, 보관과 새로운 동향

신선한 상태의 채소가 영양소 함량이 높고 조리 후의 맛도 좋다. 채소를 고를 때 신선한 상태를 감별할 줄 아는 것이 중요하다. 예를 들어 채소 자체의 색이 선명하고 광택이 있으며 모양이 고르고 단단하며 잎이 힘이 있는 것이 싱싱한 것이다.

채소가 수확되었을 때의 성숙정도는 색, 향미, 텍스처와 영양적 가치에 영향을 미칠 것이다. 채소의 당 함량은 성숙됨에 따라 줄어든다. 전분이 많은 채소에서 이 변화를 특히 볼 수 있다.

수확 후에도 식물조직은 여전히 살아 있으므로 세포 안에서 대사과정은 계속되고 조직들은 곧 부패하기 시작한다. 미숙한 채소들은 일단 수확하면 당 함량이 급격히 떨어지는데, 예를 들면 옥수수는 수확 후 시간이 지나면 단맛을 많이 잃게 된다. 이 현상은 저장온도가 높을수록 빨리 일어난다. 신선한 채소의 단맛을 유지하기 위해 신속히 냉장고에 보관하여야 한다.

많은 채소들이 0℃보다 약간 높은 온도에서 저장되었을 때 좋은 품질을 오래 유지하지만 열대나 아열대 지방에서 생산되는 것은 이 온도에서 저장되었을 때 상해를 받게 된다.

비정상적인 호흡은 움푹 파이게 하거나 적갈색으로 되어 색상이 손실되고 가죽같이 질겨진다. 고구마, 토마토, 늙은 호박 같은 냉장상해를 받기 쉬운 채소들은 차지 않은 서늘한 곳에 저장하여야 한다.

농산물 원산지 표시 관리

국내에서 유통되는 농산물 및 그 가공품과 음식점에서 판매되는 쌀, 배추김치, 콩, 축산물에 대한 원산지 표시 관리로 소비자의 알권리와 선택권을 보장하고 유통질서를 확립하여 생산자와 소비자를 보호하기 위한 제도이다. 자세한 품목은 부록에 나타나 있다.

농산물 대상 품목

> –국산 농산물: 222개 품목 국내 농업에 차지하는 비중이 큰 품목
> –국산과 외국산의 가격차가 커서 원산지 거짓표시 등 부정유통 우려가 큰 품목
> –수입 농산물 및 가공품: 161개 품목 대외무역법 제33조 제1항에 따라 산업통사자원부장관이 공고한 품목
> –농산물 가공품: 268개 품목 국내산을 원료로 한 가공품의 질적 차별화가 필요한 품목

출처: 국립농산물 품질관리원

7 과일류

과일(Fruits)은 색이 아름답고 알코올, 알데히드, 에스테르 등의 성분에 의해 향기가 좋으며 과육과 과즙이 많고 단맛이 있다. 숙성하는 과정에서 여러 가지 변화가 일어나며 과일에 따라서는 인공숙성을 하기도 한다.

과일은 주로 생것으로 먹지만 얼리거나 건조 등의 여러 가지 방법으로 조리한다. 조리에 의해서는 과일의 색, 텍스처, 향미, 영양가 등이 변하는데 특히 비타민 C가 크게 손실된다. 비타민은 열에 불안정하므로 향미와 함께 비타민을 가장 많이 보유하는 방법은 단시간 조리하는 방법이다.

(1) 과일류의 분류

1) 인과류

인과류는 꽃받침이 발달하여 결실을 맺은 과일로 꼭지와 배꼽이 서로 반대편에 있는 사과, 배, 감, 모과, 감귤류 등이 있다.

2) 핵과류

핵과류는 과육의 중간에 씨방이 발달하여 딱딱한 핵을 이루고 그 안에 종자가

들어 있는 과일로 복숭아, 매실, 살구, 앵두, 자두 등이 여기에 속한다.

3) 장과류

장과류의 경우는 하나의 과실은 하나의 자방으로 되어 있으며 중과피와 내과피로 구성되어 있다. 육질이 부드럽고 그 속에 즙이 많은 과일로 작은 종자도 많이 있는 것이다. 포도, 무화과, 딸기, 바나나, 파인애플 등이 여기에 속한다.

4) 견과류

견과류는 껍질이 아주 단단하고 겉껍질을 벗기면 속껍질에 싸여 있다. 식용으로 할 수 있는 부위는 곡류와 두류처럼 그 안에 들어 있으며 밤, 호도, 잣, 땅콩 등이 여기에 속한다.

5) 열대 과일류

열대 과일은 열대 또는 아열대 지방에서 생산되는 것으로 바나나, 파인애플, 파파야, 아보카도, 망고, 키위 등이 있는데 이들은 냉장고에 넣지 말고 실온에 보관해야 한다.

(2) 과일류의 선택, 보관과 새로운 동향

계절별로 포도, 귤, 사과, 수박, 참외, 복숭아, 배 등 다양한 과일들이 있는데 과일류는 충분히 익은 후 수확한 것이 맛이 좋고 영양소 함량이 높다. 과일류는 알맞게 익고 특유의 향기가 있는 것을 선택해야 한다. 또한 조직이 단단하고 윤기가 흐르며 색이 선명한 것을 구매하는 것이 좋다.

대부분의 과일은 매우 상하기 쉬워 냉장보관 하는 것이 적당한데 냉장보관을 하면 과일들의 호흡률을 눈에 띄게 줄여줄 수 있다. 특히 딸기류와 같이 부드러운 과일과 감귤류는 13~15℃에서 최상의 상태를 유지하며 냉장 보관해야하며 표면을 싸두면 건조를 다소 막을 수 있다. 바나나와 아보카도 등의 열대과일은 냉해를 입어 변색을 나타내고 숙성이 멈추게 되므로 실온보관이 적당하다.

과일류의 GAP 인증제

과일류는 생산단계에서 판매단계까지의 농산식품 안전관리체계를 구축하여 소비자에게 안전한 농산물을 공급하는 제도이다. 농산물의 안전성확보를 통한 국내 소비자 신뢰제고 및 국제시장에서의 우리 농산물의 경쟁력 강화하고 농업환경 보호하기 위한 것이다.

GAP(우수농산물인증제도) 인증 농산물 중 가장 구매가 많은 품목은 간식 및 즙, 주스 등으로 다양하게 가공할 수 있는 과일류인 것으로 나타났다

✣그림 10.16 | 농산물의 우수관리제도 마크

8 공산품

공산품을 냉동식품, 레토르트 식품, 인스턴트 식품, 통조림 식품, 건조식품, 조리냉동식품 정도로 나눠볼 수 있다.

먼저, 공산품을 구매하기 전 식재료의 구매기술, 구입계획의 기초 자료, 물가 파악, 유통 등에 대해 알아보자.

(1) 공산품의 구매

1) 구매기술

식품을 구매할 때에는 '어떻게 하면 위생적이고 맛있는 급식을 제공할 수 있을까'하는 것을 생각하게 되는데, 이것은 식품재료의 구입적부에 따라 결정된다고 해도 과언이 아니다. 제한된 예산의 범위 내에서 가능한 한 신선하고 양질이며 안전한 물품을 필요시에 필요량만큼 적정한 가격으로 구입한다는 것은 무엇보다 중요한 일이라고 생각된다.

이와 같이 합리적으로 구입하기 위하여는 식품에 대한 정보, 구입방법, 업자선택, 식품감별의 지식, 기술보관방법 등 전문전인 종합지식을 필요로 한다.

2) 구입계획

생선이나 채소가공품은 사용시마다 구입해야 하며 달걀, 우유, 햄, 소시지, 수산연제품 등은 어느 정도 저장이 가능하므로 수일 분을 같이 구입하는 것이 좋다. 그리고 시장의 휴일에 대비하여 구입계획을 세워야 한다.

곡류·건물류·유지류 등은 사용량, 사용빈도가 많고 대량구입이 유리하기 때문에 유리성의 한도 내에서 구입하여 식품고에 보관한다. 1회의 구입량은 일정기간의 추정사용량, 보관 설비의 크기 품질보존기간, 구입자금, 단가 등을 고려하여 결정한다.

3) 식품구입의 기초 자료

식품의 구입에 있어 가격, 유통과정, 실태, 구입방법 등을 충분히 연구하여 효율적이고 계획적인 구입을 할 필요가 있다고 생각된다.

4) 물가파악

- 전년도 구입단가
- 소매상 슈퍼의 판매가격
- 시장의 도매가격
- 소비자지수
- 신문의 물가란
- 구입가격의 정보교환

(2) 공산품의 분류와 새로운 동향

1) 냉동식품

냉동식품이란 전처리를 한 후 급속 냉동을 하여 포장한 규격품으로 간단한 조리에 의하여 식탁에 올려질 수 있는 것을 말하며 소비자가 구입하기까지 냉동저장고(냉동고, 냉장차, 냉동용 show - case)인 −18℃ 이하로 저장된 식품을 말한다.

신선한 식품의 품질이 떨어지는 원인은 수분, 향기 성분의 증발, 세균의 번식에 따른 부패, 효소작용에 따른 식품의 성분변화, 공기 중의 산소에 의한 지방, 비타민류의 산화 등이다. 냉동식품은 이와 같은 모든 변화를 억제하기 위하여 신선하고 품질이 좋은 재료를 선택하여 전처리를 하고 유통·보존온도를 −18℃ 이하로 한다. 냉동식품에 있어서 신선한 풍미, 신선한 영양가의 유지기간은 대략 1년을 목표로 한다.

우리나라에서는 1980년에 냉동식품이 첫 선을 보인 이래, 국내 시장은 생활수준의 향상, 냉장고 및 전자렌지의 보급, cold chain system의 발달 등으로 인하여 그 수요가 점차 확대되어서 되어가고 있다.

냉동식품의 종류는 비교적 많기 때문에 종류, 형태, 먹는 방법에 따라 해동, 조리(굽기, 찌기, 기름에 튀기기 등) 방법이 다르지만, 포장지에 조리방법을 표시하고 있기 때문에 이것을 참고하면 된다. 자칫하면 냉동식품은 조리식품으로 생각하기 쉽지만 채소, 어패류, 육류 등 원료 그대로의 냉동식품도 개발하여 계절에 맞는 특징을 부여하면서 식생활을 합리화하는 것이 필요하다고 생각된다.

2) 레토르트 식품(Retort - pouched food)

레토르트 식품이란 보통 plastic 포장용기인 retort pouch에 포장되어 있는 식품을 뜻하여 밀봉시킨 pouch를 retort에 의해 100℃ 이상으로 습열·가열처리하여 상업적 무균성을 갖도록 제조한 가공 식품이다.

1950년경 최초로 미국에서 개발되어 개인 전투식량 또는 아폴로 우주계획에 사용되었고 1960년 후반에 들어와서 일본과 유럽에서 먼저 기업적으로 제조 판매하기 시작하였다. 1977년에는 미국 FDA로부터 상업적 이용이 가능하도록 그 안전성이 공인되어 일본의 경우 1974년 5억 파우치에서 1980년대에는 생산량이 무려 10배에 달하는 50억 파우치가 판매되었는데 그 중에서 대부분은 인스턴트 카레와 햄버거 등이 차지하고 있다. 우리나라에서도 자장, 카레, 쌀밥 등 다양한 식품류에서 시판되고 있다.

레토르트 식품의 특징을 보면 다음과 같다.

① 장점

- 레토르트 식품은 상업적 무균 상태로서 냉장이나 냉동이 필요 없으며 보존을 위한 첨가물을 가하지 않고 상온에서 통조림처럼 안정하게 장기 보존할 수 있다.
- 레토르트 식품은 가열하지 않고 먹을 수 있으며 또는 열탕 중에 3~5분간 넣었다가 즉시 먹을 수 있다. 이와 유사한 성질의 냉동식품은 해동시간이 소요되어 약 30분 후에나 먹을 수 있으므로 냉동식품에 비하여 시간과 에너지를 절약할 수 있다.
- 레토르트 식품은 옆부분을 찢거나 가위로 자르므로 통조림 식품보다 안전하고 쉽게 개봉할 수 있다.
- 레토르트 용기(Pouch)는 통조림이나 병에 비하여 가볍기 때문에 수송, 유통비용을 줄일 수 있으며 휴대하기도 간편하다. 예를 들어 8온스(oz)용 빈 파우치 1,000개의 무게가 5.7kg인데 비하여 통조림 용기는 약 50kg에 달한다.
- 레토르트 용기는 저장 공간이 약 85% 절약되며 사용한 다음 폐기가 용이하여 통조림보다 환경공해 요인이 적다.
- 레토르트 용기는 통·병조림에 비하여 살균시간이 짧기 때문에 제조 에너지가 적게 소요된다.

② 단점

- 통·병조림에 비하여 충진 속도가 느리고 또한 불량품을 검출하는 방법이 아직 확립되어 있지 않다.
- 레토르트 용기의 유연성 때문에 내용물의 형체가 파괴될 우려가 많다. 따라서 골판지 등의 외포장이 필요하다.
- 레토르트 용기의 크기가 제한을 받는다. 너무 크면 두께가 늘어나고 살균시간이 길어져서 과열되어 통조림보다 오히려 품질이 손상된다.

레토르트 식품의 일반적인 제조공정은 조리, 충진, 밀봉, 가열살균, 냉각 등으로 통조림의 가공 방법과 같다. 그러나 충진할 때에 접착 부위의 오염이 일어나지 않도록 특수하게 고안된 충진기를 선택하여야 하고 접착 조건을 정확히 조정하기 않으면 외관상 완전하게 보이나 실제로는 불완전한 접착이 되는 경우가 있다. 파우치의 살균은 보통 120℃에서 약 20분간 가열하는데 내열성 아포균인 clostridium botulinum은 4분 정도 가열함으로써 완전히 사멸된다. 그러나 최근에는 고온 단시간 살균방법인 하이레토르트법이 개발되어 종래에 없던 우수한 품질의 레토르트 식품이 생산되고 있으며 생산성 향상에도 기여하게 되었다.

이와 같은 레토르트 식품은 앞으로 군대급식용, 병원식 등 특수 용도를 포함하여 높은 소비증가가 기대된다.

3) 인스턴트(Instant) 식품

우리나라에서 인스턴트 식품이라고 하면 극히 짧은 역사를 갖고 있다. 지금까지 우리의 식생활은 주식, 부식을 자가조리하는 전통적이고 보수적인 식습관을 계속하여 왔기 때문이다.

하지만 최근에 와서 급격한 경제성장과 소득향상을 배경으로 하여 건강과 영양증진, 식품 안전성에 관한 관심이 높아지고 있다. 또한 조리시간을 단축시키고 독특한 풍미로서 기호성을 갖고 있는 간편한 가공식품을 위주로 하는 서구식 식생활 양상으로 점차 변화되고 있는 추세에 따라 식품 구성 및 형태에도 커다란 변화를 일으키고 있다.

인스턴트 또는 편의식품이란 병·통조림 식품, 냉동식품, 건조식품 등과 같이 확실하게 고정된 식품의 이름이 아니라 다만 다음과 같은 특성을 갖고 있는 경우 인스턴트 식품이라고 한다. 그러므로 인스턴트 식품이란 이름은 과도적 단계에 있다는 뜻이 포함되어 있다고 볼 수 있다. 따라서 인스턴트 식품은 'instant food, convenience food 이외에도 ready to eat food, quickly prepared food, quickly cooked food'라고도 부른다.

인스턴트 식품의 특성을 열거하면 다음과 같다.

- 조리하는 데 필요한 일손을 덜기 위해 만들어진 가공 식품으로 조리적인 수단을 전혀 필요로 하지 않는 식품을 뜻하는 것은 아니다.
- 어느 곳에서나 또는 어느 때 식탁에 제공할 경우에 간단한 조리과정을 거치는 것만으로 먹을 수 있다.
- 전처리로서 진보된 식품가공의 공정을 통하여 제조된다.
- 수시로 이용할 수 있도록 보존성이 있고 수송이나 휴대하기에 편리하다.
- 기호성이 높고 비교적 가격도 저렴하므로 대중성을 갖고 있다.

인스턴트 식품을 간편성 또는 가공적인 측면에서 분류하면 <표 10.6>과 같다.

① 인스턴트 커피

현재와 같은 인스턴트 커피는 네슬레사가 미국에서 1910년에 처음 판매하기 시작하였으나 본격적인 제조는 제2차 세계대전 중 군수품용으로 생산되었으며 1950년경에는 미국의 제네럴 푸드사가 분무건조법에 의하여 요즘과 같은 100% 순수한 제품을 생산하기 시작하여 폭발적인 수요를 일으켰다.

표 10.6 | 인스턴트 식품의 분류

분 류	가공내용	품 명
물이나 우유 또는 열탕을 가하는 것만으로 먹을 수 있는 것	수용성의 것 또는 수용성 성분을 추출한 것을 복원성이 크도록 탈수하거나 건조한 것	인스턴트 커피, 인스턴트 차, 인스턴트 밀크, 인스턴트 쥬스
	곡류나 감자류의 전분을 α화 한 것	콘플레이크, 감자 칩, 즉석밥
그대로 가열하거나 열탕을 가하여 끓인 후 먹을 수 있는 것	조리, 가공되어 식탁 직전까지의 조리가 끝난 것	인스턴트 라면, 인스턴트 카레, 조리냉동식품
	각종의 건조 원료를 만들어 이것을 조미 가공한 것	인스턴트 수프, 인스턴트 된장, 인스턴트 간장

② 인스턴트 카레

커리는 옛날부터 많이 이용되어 온 향신료인데 인스턴트 카레는 강황과 큐민 등 20여 종류의 향신료와 배합시킨 밀가루 그리고 버터, 라드 등의 유지를 혼합하여 고형 또는 과립상으로 만들어 조리하기에 간편하도록 만든 것을 말한다.

③ 인스턴트 분유

현재 시판되고 있는 분유에는 전지분유, 탈지분유, 조제분유 등이 있는데 이들은 우유를 그대로 분무 건조하거나 지방을 제거한 것 또는 우유에 부족한 영양소를 첨가하여 분무 건조시킨 것들이다.

④ 인스턴트 수프

인스턴트 수프는 고형, 분말, 호상, 통조림 등의 형태가 있으나 현재 시판되고 있는 인스턴트 수프의 대부분은 분말 수프이며 포타즈 형, 콩소메 형, 라면 수프로 크게 나눌 수 있으나 포타즈 형이 많다.

⑤ 인스턴트 된장국

현재 시판되고 있는 된장국은 생된장을 진공 건조하여 여기에 각종 조미료, 동결 건조시킨 시금치, 버섯, 양파 등 채소류의 분말, 그리고 튀김류 등을 혼합하여 만든 것으로 열탕을 가하면 즉시 된장국으로 먹을 수 있다.

⑥ 콘플레이크

콘플레이크는 플레이크 상태의 곡류제품의 대표적인 것으로 옥수수를 분쇄하고 증기로 찐 다음 롤러로 압편한 것이다. 콘플레이크의 원료는 보통 백색의 옥수수를 사용한다.

4) 병·통조림 식품

병·통조림 등의 가공식품은 제품의 다양성, 간편성, 경제성, 보존성 등으로 볼 때 넓은 의미에서 인스턴트 식품이라 할 수 있으나 일반적으로 조리냉동식품과 같이 조리형태의 것을 인스턴트 식품이라 한다. 특히 병, 통조림을 그대로 끓는 물 속에 넣었다가 개봉하면 즉석에서 서양요리 또는 중화요리로서 이용할 수 있다.

〈밥 통조림〉

- 쌀밥, 팥밥, 볶은 밥 등을 농조림으로 만든 것이다. 일반적인 제조 방법은 밥을 보통 방법의 조리시간보다 약간 짧게 취반하고 이것을 통조림관에 넣어 밀봉하여 110～130℃에서 40～60분간 살균한 다음 냉각하여 제품으로 한다.
- 밥 통조림은 65% 정도의 수분을 함유하고 있기 때문에 제조한 후 24～48시간이 경과하면 α화 전분이 β전분으로 노화되므로 먹을 때에는 통조림 그대로 끓는 물 속에 넣어 20～30분간 가열하여 전분을 α화시킨 다음 먹는 것이 좋다.

레토르트 식품은 포장용기만을 통조림관에서 파우치로 바꾸어 통조림과 같은 방법으로 가공한 것이므로 가공적인 면에서 병, 통조림에 포함시키기도 한다.

5) 건조식품

① 즉석밥

즉석밥(α화 쌀)은 지은 밥을 건조한 것으로 물을 가함으로써 원래의 밥으로 만들 수 있는 쌀을 말한다.

② 인스턴트 라면

인스턴트 라면은 중국식의 국수를 삶아서 맛을 들인 후 기름에 튀겨서 탈수 건조한 것인데 경우에 따라선 맛을 내지 않고 탈수 건조하기도 한다. 이와 같은 라면에는 별도로 포장한 분말 수프가 포함된다. 국수는 기름에 튀김으로써 전분이 호화되는 동시에 탈수되며 α전분이 고정되기 때문에 더운 물을 가하거나 잠시동안 끓임으로써 바로 식용할 수 있다.

6) 육류 가공품

육류 가공품에는 햄, 소시지, 베이컨 등이 있다. 좋은 햄은 일반적으로 자른 것이 신선한 장미색으로 탄력이 풍부하고 살이 갈라진 것이 없으며, 특유한 향기와 탄 냄새가 나는 것이다.

좋은 소시지는 자른 것이 담홍색으로 향미가 있고, 끈기가 있는 것이다. 반면 곰팡이가 피었거나 이상한 냄새가 나거나 물기가 있거나 끈끈한 것은 좋지 않다. 베이컨은 살과 지방의 두께가 일정하고, 특유한 연기 냄새가 있으며, 광택이 있고, 건조되지 않은 것이다.

국내 가공품의 원산지 표시방법

국내 가공품의 표시기준은 물, 식품첨가물, 주정 및 당류(당류를 주원료로 하여 가공한 당류가공품 포함)를 배합 비율 순위와 표시대상에서 제외하고, 배합 비율이 높은 순서의 3순위까지의 원료에 대하여 표시해야 한다.

다만, 98% 이상인 원료가 있는 경우는 그 원료, 두 가지 원료의 배합 비율 합이 98% 이상인 원료가 있는 경우에는 배합 비율이 높은 순서의 2순위까지의 원료에 대하여 원산지를 표시해야 한다.

✣그림 10.17 | 가공품 원산지 표시기준

구분	원산지 표시기준
원료 배합비율에 따른 원산지 표시	가. 98% 이상 사용된 원료가 있는 경우 그 원료 1가지 표시 **예시** 부침가루 : 밀가루 98%, 식염 2% → 부침가루: 밀가루(밀: 미국산) 나. 두 가지 언료 합이 98% 이상인 원료가 있는 경우 배합비율이 높은 2순위까지 원료에 대하여 원산지 표시 **예시** 국내산 찹쌀가루 75%, 중국산 팥앙금 24%, 식염 1%를 혼합하여 찹살떡을 제조한 경우 → 찹쌀떡: 찹쌀가루(찹쌀: 국내산), 팥앙금(중국산) 다. 두 가지 원료의 합이 98% 미만인 경우 3순위까지의 원료에 대해 원산지를 표시 **예시** 호주산 밀가루 70%, 중국산 팥앙금 20%, 중국산 동부 5%, 정제소금 4%, 유당 1%를 혼합하여 빵을 제조한 경우 → 빵: 밀가루(호주산), 팥앙금(중국산), 동부(중국산)

출처: 국립농산물품질관리원

The News!

국립농산물품질관리원 전북지원 원산지 표시 1,200곳 집중 조사

적발된 업체의 위반 사례는 외국산 쇠고기 갈비 153kg을 집단급식소에 납품하는 과정에 원산지를 국내산 한우로 거짓 표시 판매, 외국산 쌀로 제조한 떡국떡 18kg을 소포장 판매하면서 원산지를 국내산으로 거짓 표시 판매, 오스트리아산 돼지고기 삼겹살 15kg을 조리해 판매하면서 돼지고기의 원산지를 국내산으로 거짓 표시 해 판매 했다. 주요 적발 품목 건수는 배추김치가 21건, 축산물 14건, 채소류 10건, 제수용품 8건, 과일류 7건으로 배추김치의 원산지 위반 건수가 가장 많았다.

출처: 농축유통신문 2020.02.05

연구문제

문제 1 다음은 학교급식 식재료납품관리 기준으로 ( )를 채우시오

가) 쌀: 수확 ( ) 이내의 것 사용
나) 닭고기: ( )등급 이상
다) 쇠고기: ( )등급 이상의 한우, 육우
라) 수산물: 상품가치가 "( )" 이상의 제품
마) 김치 완제품:

문제 2 농산물의 생산에서부터 수확, 관리 및 유통단계에 대하여 위해요소를 관리하는 제도를 무엇이라 하는가?

문제 3 급식에서 이용하는 우유의 등급기준을 크게 분류하시오.

부록

1. 식품유통산업 트렌드 키워드
2. 농수산물 경매절차
3. 학교급식에서의 식품군의 분류
4. 식품별 명당자리
5. 학교급식법에 나타난 식재료 품질관리기준
6. G마크 농 · 축 · 수산물 공급과정 및 관리실태
7. 월별 상품 수확시기(수산, 건어)
8. 월별 상품 수확시기(채소, 과일)

부록 01 식품유통산업 트렌드 키워드

자료: 해양수산부

부록 02 농축수산물 경매절차

| 농축수산물 경매절차 |

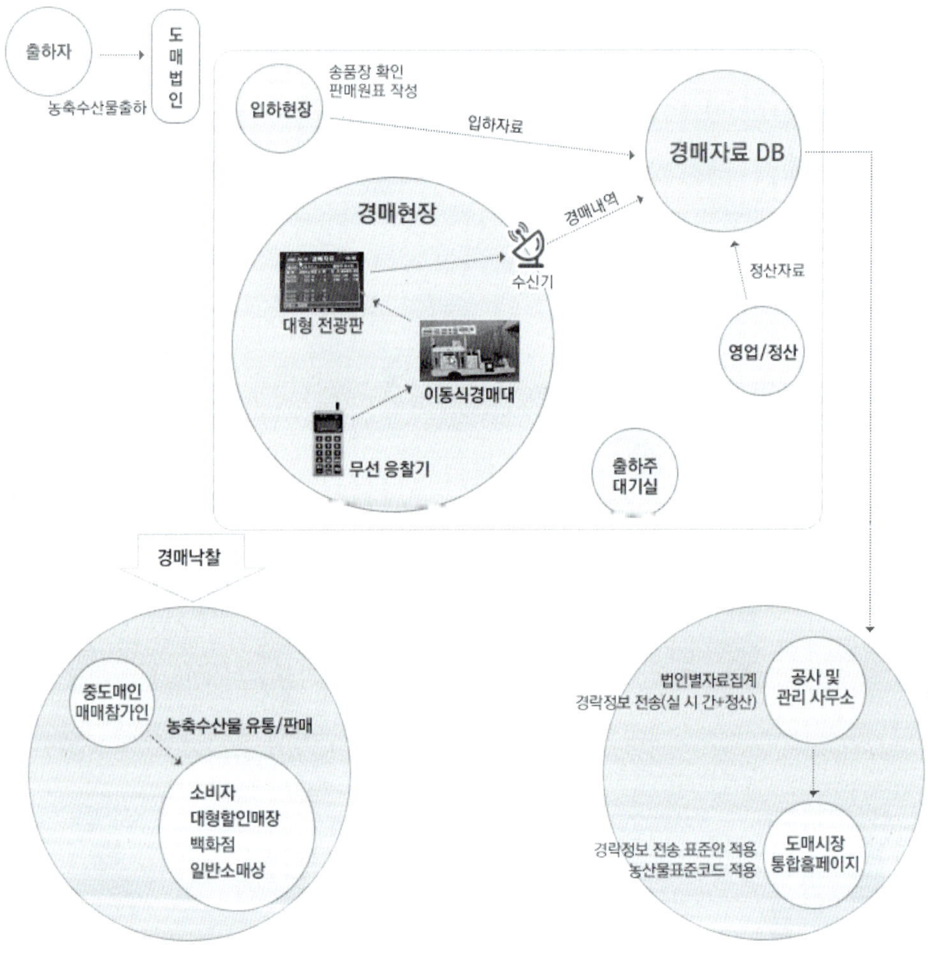

출처: 도매시장 통합홈페이지

부록 03 학교급식에서의 식품군의 분류

식품군류	품 목
친환경 농산물류, 일반 농산물류	○ 곡류 : 메밀, 보리, 수수, 쌀, 찹쌀, 율무, 조, 참깨, 들깨, 검정깨 등 ○ 두류 : 녹두, 강낭콩, 동부, 완두콩, 팥. 대두 등 ○ 채소류 : 가지, 갓, 고구마, 건고사리, 고추, 근대, 양배추, 당근, 마늘, 숙주나물, 콩나물, 우엉, 파, 호박, 토마토, 토란대, 죽순, 고춧가루 등 ○ 버섯류 : 느타리버섯, 목이버섯, 석이버섯, 송이버섯, 건표고버섯, 생 표고버섯 등 ○ 과실류 : 귤, 대추, 딸기, 레몬, 멜론, 바나나, 배, 복숭아, 사과, 오렌지, 참외, 키위, 수박, 파인애플, 포도, 감 등
공산품류	○ 조미료류 : 간장, 고추장, 된장, 참기름, 콩기름, 식초, 카레가루, 토마토케첩, 후추가루, 소금, 설탕, 마요네즈, 다시다, 샐러드드레싱, 파슬리 말린것 등 ○ 조리식품 : 미트볼, 새우튀김, 스파게티, 스프, 인스턴트 죽, 감자튀김 등 ○ 가공식품 : 김치류, 떡류, 빵류, 옥수수콘, 후르츠칵테일, 햄, 게맛살, 어묵, 두부 등 ○ 유제품 : 요구르트, 버터, 치즈 등
수산물류	○ 어패류 : 고등어, 멸치, 삼치, 장어, 굴, 대합, 바지락, 고막, 홍합, 게, 새우, 오징어 등 ○ 해조류 : 김, 건다시마, 건미역, 미역줄기, 청각 등 ○ 종실류 : 땅콩, 밤, 잣, 호두 은행, 아몬드 등
육류	○ 육류 : 쇠고기, 돼지고기 등
가금류	○ 가금류 : 닭고기, 오리고기, 계란, 메추라기알, 오리알 등
기타류	○ 김치류, 떡류, 빵류, 유제품류, 곡류

*** 위 식품군은 확정되지 않은 것으로 추후 조정될 수 있음.**

출처: 국립농산물품질관리원

부록 04 식품별 명당자리

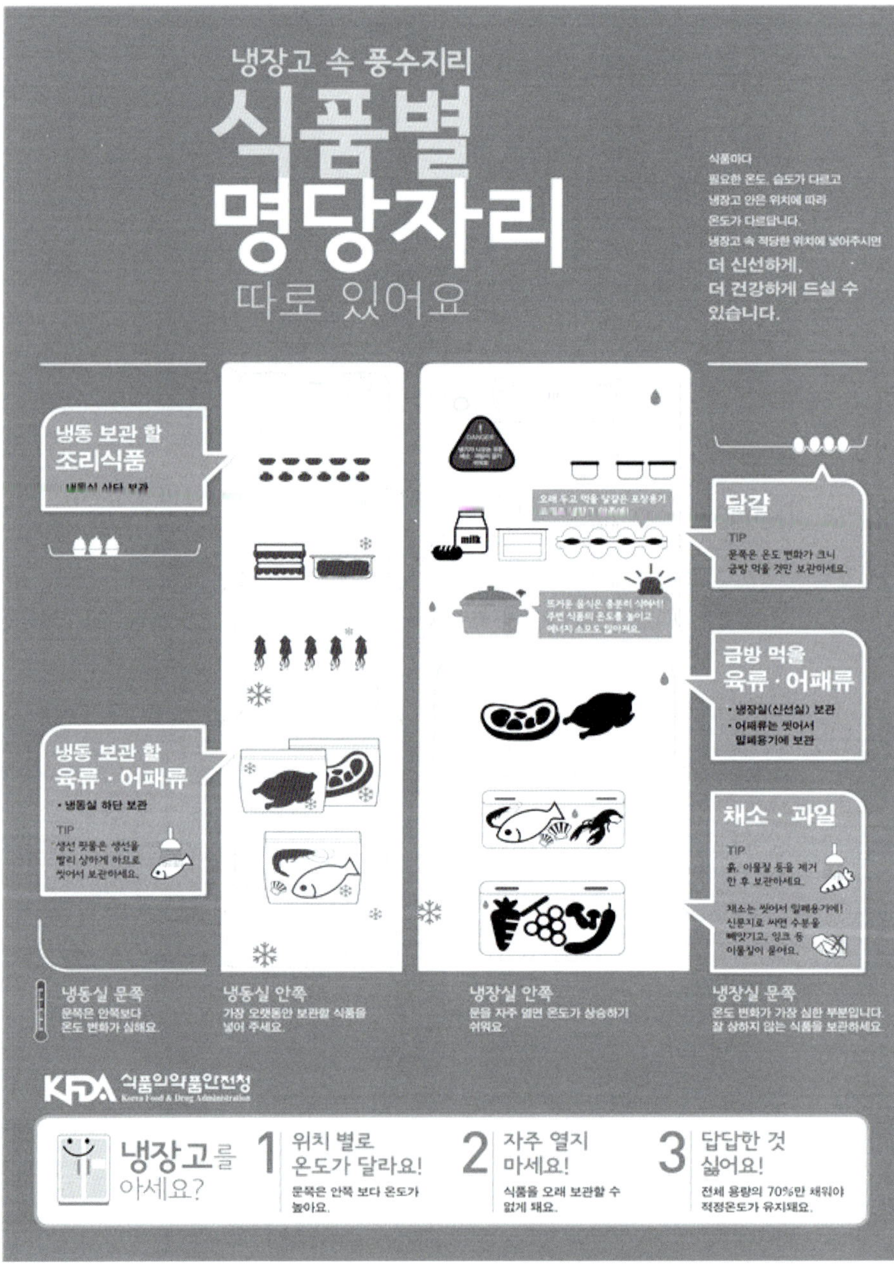

자료: 식품의약품안전처

부록 05 학교급식법에 나타난 식재료 품질관리기준

학교급식법 시행규칙 제4조 별표2의 '학교급식 식재료의 품질관리기준' 이상의 식재료를 사용하여 학교급식 제공

1. 농산물 및 수산물은 표준규격이 "상"등급 이상인 식재료 사용
2. 쌀은 수확연도부터 1년 이내의 것 사용
3. 식용란 제외 축산물은 HACCP 적용 도축장에서 처리된 식육 사용 및 HACCP 적용 작업장으로 지정받은 축산물가공장 또는 식육포장처리장에서 처리된 축산물 사용
4. 전처리 수산물은 표준규격 "상" 이상, HACCP을 적용하는 업소에서 생산·제조·가공된 수산물 사용
5. 김치완제품은 HACCP 적용업소에서 생산된 제품 사용
6. 세부적인 내용은 학교급식법 시행규칙 별표2 참고

(시행규칙 제4조제1항 관련)

구분		품질관리기준
농산물	일반사항	원산지 표시(표시대상 식재료에 한함)
		유기식품, 무농약농수산물, 농산물표준규격 "상"등급 이상, 우수관리인증농산물, 이력추적관리농산물, 지리적표시등록농산물
	쌀	수확연도가 1년 이내
	전처리 농산물	표시사항 : 제품명, 업소명, 제조연월일, 원재료 품질(원산지, 품질등급, 생산연도), 내용량, 보관 및 취급방법
	수입 농산물	대외무역법, 식품위생법 등 관련법령에 적합
축산물	공통사항	위해요소중점관리기준을 적용한 도축장 및 축산물가공장(식육포장처리장)에서 처리
	쇠고기	등급판정 3등급 이상인 한우 및 육우
	돼지고기	등급판정 2등급 이상
	닭고기	등급판정 1등급 이상 (전면시행 전까지 권장사항)
	계 란	품질등급 2등급 이상 (전면시행 전까지 권장사항)
	오리고기	등급판정 1등급 이상 (전면시행 전까지 권장사항)
	수입 축산물	대외무역법, 식품위생법, 축산물위생관리법 등 관련법령에 적합

출처: 시울교육청 보건신흥원

부록 06 G마크 농·축·수산물 공급과정 및 관리 실태

□ G마크 농산물 공급과정

○ 도내 친환경인증·G마크인증 농산물을 우선적으로 공급하고 도내 생산·공급이 어려운 품목은 타도 생산자단체와 사전계약 등을 통해 물량 확보

- 우선순위 : ① 도내산 친환경농산물·G마크(친환경) ② G마크
  ③ 타도산 친환경농산물 ④ 도내산 GAP 농산물

□ G마크 가공품 공급과정

○ 모집방법 : 수시모집 후 분기별 심사

○ 계약방법 : 공모에 의한 계약

○ 공급품목 : 총 60개 업체, 1,000여개품목

대분류	중분류	소분류	품목예시
냉장 농가공품	농수산물	콩나물류	콩나물, 숙주나물 등
	가공식품(전통식품)	두부류	두부, 순두부, 연두부 등
		장류	고추장, 된장, 간장 등
		음료류	과일과채음료 등
비냉장 농가공품	농수산물	건어물류	건멸치, 건미역 등
		축산가공품류	꿀, 곰탕 등
	가공식품(전통식품)	가루·유지류	고춧가루, 참기름 등
		한과류	한과, 유과, 강정 등
직납상품	가공식품(전통식품)	김치류	각종 김치
		떡류	전통떡, 쌀빵 등

출처: 경기농식품유통진흥원

부록 07 월별 상품 수확시기(수산, 건어)

판매 / 가용시기

성수기 / 최대소비 ***********

순서	상품 구분 품목	품명	산지, 상품 정보	1월 (11/14)	2월 (12/15)	3월 (1/14)	4월 (2/15)	5월 (3/16)	6월 (4/14)	7월 (5/18)	8월 (6/21)	9월 (7/21)	10월 (8/21)	11월 (9/28)	12월 (11/24)
1	수산	오징어	판매 / 가용시기(성수기)												
			주품종 및 원산지	*****************		***************************						*********************			*****
			생산지정보(출하 / 비축기)	뉴지(12~3월)			포크(3~7월)			근해(속초, 주문진, 동해, 구룡포: 9~12월)					
2		갈치	판매 / 가용시기(성수기)												
			주품종 및 원산지										***********		
			생산지정보(출하 / 비축기)	여름철 갈치는 육질이 약함					원양산 : 중국, 인도네시아, 파키스탄, 오만산				제주, 남해안 육질양호		
3		고등어	판매 / 가용시기(성수기)												
			주품종 및 원산지							********************************					
			생산지정보(출하 / 비축기)	봄, 여름 고등어는 살이 무름						제주, 남해안 가을철어학분 품질 양호					
4		꽁치	판매 / 가용시기(성수기)												
			주품종 및 원산지					**********				***************			
			생산지정보(출하 / 비축기)					근해(동, 남해안)					원양산		
5		명태	판매 / 가용시기(성수기)												
			주품종 및 원산지	**********											
			생산지정보(출하 / 비축기)	근해(동해안) 원양산(년중 : 베랭해, 북해도해)											
6		대구	판매 / 가용시기(성수기)												
			주품종 및 원산지				***************							**********	
			생산지정보(출하 / 비축기)			근해(동해, 서해중부) 연안산은 생산저조					원양산 : 북태평양해, 베링해, 오오츠크해				
7		삼치	판매 / 가용시기(성수기)												
			주품종 및 원산지	***************									***************		
			생산지정보(출하 / 비축기)	근해(남해서부) 겨울철 어획품 품절 양호					수입품은 주로 중국산						
8		임연수어	판매 / 가용시기(성수기)												
			주품종 및 원산지												
			생산지정보(출하 / 비축기)					주로 러시아산이 유통됨							
9		전갱이	판매 / 가용시기(성수기)												
			주품종 및 원산지			*********************************									
			생산지정보(출하 / 비축기)	전문 어획 어선이 없으며 타어종과 혼합 어획됨(전갱이를 아지라고도 함)		남해 및 동해남부, 황해, 동중국해, 일본 중부 아님									
10		참조기	판매 / 가용시기(성수기)												
			주품종 및 원산지		***************************							*********************			
			생산지정보(출하 / 비축기)	봄조기 산란직전(알배기)으로 육질과 맛이 좋음(상품)								가을조기 산란후로 육질과 살이 약함(중품)			

순서	상품 구분		산지, 상품 정보	양력	1월	2월	3월	4월	5월	6월	7월	8월	9월	10월	11월	12월
	품목	품명		음력	11/14	12/15	1/14	2/15	3/16	4/14	5/18	6/21	7/21	8/21	9/28	11/24
11		가자미	판매 / 가용시기(성수기)													
			주품종 및 원산지					***************								
			생산지정보(출하 / 비축기)					연안산(남서해), 원양산(베링해, 알라스카 연근해)								
12		꽃게	판매 / 가용시기(성수기)													
			주품종 및 원산지						******************					**********		
			생산지정보(출하 / 비축기)						암게					숫게		
13		대하	판매 / 가용시기(성수기)													
			주품종 및 원산지					***************								
			생산지정보(출하 / 비축기)				남·서해, 발해만, 동중국해									
14		멸치	판매 / 가용시기(성수기)													
			주품종 및 원산지								***************************					
			생산지정보(출하 / 비축기)								충무, 마산, 삼천포, 여수					
15		김	판매 / 가용시기(성수기)													
			주품종 및 원산지		***************											****
			생산지정보(출하 / 비축기)		서남해안, 제주도 구정전후 생산품의 질이 최상											
16		미역	판매 / 가용시기(성수기)													
			주품종 및 원산지		***************************											****
			생산지정보(출하 / 비축기)		우리나라 선 연안											

부록 08 월별 상품 수확시기(채소, 과일)

순서	상품 구분 품목	품명	산지. 상품 정보	1월 11/14	2월 12/15	3월 1/14	4월 2/15	5월 3/16	6월 4/14	7월 5/18	8월 6/21	9월 7/21	10월 8/21	11월 9/28	12월 11/24
1	채소	당근	판매 / 가용시기(성수기)												
			주품종 및 원산지	********************											
			생산지정보(출하 / 비축기)		구좌, 성산, 성읍			남부하우스 (반)터널 부산 김해,양산			중부노지 서산, 안성	강원고냉지 진부, 횡계		중부노지 조치원 구미, 성주	제주당근
2	채소	갈감자	판매 / 가용시기(성수기)												
			주품종 및 원산지						********************						
			생산지정보(출하 / 비축기)				햇감자(하우스, 이모작) 김제, 밀양, 해남, 제주		노지 일양, 상주, 울진		강원도고냉지 강릉, 둔내, 평창, 횡계				제주감자
3	채소	고구마	판매 / 가용시기(성수기)												
			주품종 및 원산지						********************						
			생산지정보(출하 / 비축기)							햇고구마 김제, 영임, 해남 이주, 익산					저장
4	채소	양파	판매 / 가용시기(성수기)												
			주품종 및 원산지												
			생산지정보(출하 / 비축기)			제주양파 북제주	호남양파 해남, 고흥, 무안		영남양파 창녕, 의령, 영천			기저장		저온저장	
5	채소	마늘	판매 / 가용시기(성수기)												
			주품종 및 원산지												
			생산지정보(출하 / 비축기)			제주마늘 북제주	호남마늘 해남, 고흥, 무안		영남마늘 창녕, 의령, 양천, 의성						
6	채소	배추	판매 / 가용시기(성수기)												
			주품종 및 원산지											****************	
			생산지정보(출하 / 비축기)	저장&제주산 해남, 진도		햇배추	하우스&터널배추 순천, 김해, 송탄		노지배추 전국적	강원도고냉지 평창, 태백, 정선, 영월				김장 김해, 고창, 영임	
7	채소	무	판매 / 가용시기(성수기)												
			주품종 및 원산지											****************	
			생산지정보(출하 / 비축기)	저장 고창, 영임		햇무	하우스&터널무		노지무	강원도고냉지 평창, 태백, 정선, 영월				김장 고창, 영임	
8	채소	대파	판매 / 가용시기(성수기)												
			주품종 및 원산지	**************************											
			생산지정보(출하 / 비축기)		겨울대파 진도, 영광, 임지, 명지, 제주		구조파 전북 부인, 경기		하우스파 경기일원		노지파 강원 옥계, 경북영덕, 경기			옥계, 상주, 김천	

순서	상품 구분 품목	품명	산지. 상품 정보	양력 1월	2월	3월	4월	5월	6월	7월	8월	9월	10월	11월	12월
			음력	11/14	12/15	1/14	2/15	3/16	4/14	5/18	6/21	7/21	8/21	9/28	11/24
9	채소	쪽파	판매 / 가용시기(성수기)												
			주품종 및 원산지											***************	
			생산지정보(출하 / 비축기)	보성, 해남		봄쪽파 보성, 서산				여름쪽파 무안, 서산				가을쪽파 예천, 경기일원	겨울쪽파 제주, 예산
10	채소	양배추	판매 / 가용시기(성수기)												
			주품종 및 원산지						**************						
			생산지정보(출하 / 비축기)		제주, 남부(저장) 제주, 해남			하우스노지 전주, 밀양		강원도 고랭지 대화, 방림, 태백, 홍천				노지 전주, 서산, 구미	
11	채소	깻잎	판매 / 가용시기(성수기)												
			주품종 및 원산지						********************************						
			생산지정보(출하 / 비축기)					대구, 금산					부산, 밀양		
12	채소	시금치	판매 / 가용시기(성수기)												
			주품종 및 원산지	*****************			*****************					*****************			********
			생산지정보(출하 / 비축기)	포항초, 섬초 전남(무안, 진도, 비금도)			경기(남양주, 광주), 전국적							포항초, 섬초 포항	
13	채소	솎음 배추	판매 / 가용시기(성수기)												
			주품종 및 원산지						********************************						
			생산지정보(출하 / 비축기)						경기일대, 전국적						
14	채소	열무	판매 / 가용시기(성수기)												
			주품종 및 원산지						********************************						
			생산지정보(출하 / 비축기)						경기일대, 전국적						
15	채소	상추	판매 / 가용시기(성수기)												
			주품종 및 원산지						********************************						
			생산지정보(출하 / 비축기)						경기일대, 전국적						
16	채소	아욱	판매 / 가용시기(성수기)												
			주품종 및 원산지	***************************										******************	
			생산지정보(출하 / 비축기)						경기일대, 전국적						
17	채소	근대	판매 / 가용시기(성수기)												
			주품종 및 원산지	***************************										******************	
			생산지정보(출하 / 비축기)						경기일대, 전국적						

순서	상품 구분		산지. 상품	양력	1월	2월	3월	4월	5월	6월	7월	8월	9월	10월	11월	12월
	품목	품명	정보	음력	11/14	12/15	1/14	2/15	3/16	4/14	5/18	6/21	7/21	8/21	9/28	11/24
18	채소	오이	판매 / 가용시기(성수기)													
			주품종 및 원산지		취청오이(하우스)									취청오이(하우스)		
			주품종 및 원산지				다다기(하우스 – 공주, 부여)			************************************						
			주품종 및 원산지							다다기(노지) ** 청풍				다다기(하우스 – 공주, 부여)		
			주품종 및 원산지								********************************* 경상도 지방에서만 소비됨 가시오이					
			생산지정보(출하 / 비축기)		전남, 고흥, 벌교, 곡성, 구례, 순천					경기, 춘천, 화천, 양구						
19	채소	호박	판매 / 가용시기(성수기)													
			주품종 및 원산지													
			생산지정보(출하 / 비축기)		하우스 경남(진주, 밀양, 의령), 전남(나주, 영임, 삼포, 남평)				노지 경기(평택)강원(춘천, 신북)					하우스 전남(나주, 삼포, 남평, 영임)		
20	채소	고추	판매 / 가용시기(성수기)													
			주품종 및 원산지							**						
			생산지정보(출하 / 비축기)		경남(진주, 밀양, 의령), 전남(나주, 영임, 삼포, 남평)						노지/고냉지 강원(둔내, 내면, 대관령)			하우스산 전남(나주, 삼포, 남평, 영딥)		
21	채소	느타리	판매 / 가용시기(성수기)													
			주품종 및 원산지		**										*******************	
			생산지정보(출하 / 비축기)		(원형)				하절기용(AX3) 경기(여주, 이천), 강원(홍천, 화천, 횡성), 충남(서산, 당진), 전남(보성, 화순)						동절기용	
22	채소	표고버섯	판매 / 가용시기(성수기)													
			주품종 및 원산지							*****************************						
			생산지정보(출하 / 비축기)		(지온성) 공주, 천안, 신풍, 제주			장흥		하절기용(고온성) 영동					동절기용	
23	채소	양송이	판매 / 가용시기(성수기)													
			주품종 및 원산지				******************						******************			
			생산지정보(출하 / 비축기)			705				하절기용(805) 충남(부여, 보령), 경기(수원)				705		
24	청과	사과(부사)	판매 / 가용시기(성수기)													
			주품종 및 원산지		****************************					**						*********
			생산지정보(출하 / 비축기)		충북(영동, 옥천), 충남(예산, 서산)						이오리, 홍월 출하			햇부사 경북(청송, 의성, 안동,예천)	냉장저장	

순 서	상품 구분 품목	 품명	산지. 상품 정보	양력 음력	1월 11/14	2월 12/15	3월 1/14	4월 2/15	5월 3/16	6월 4/14	7월 5/18	8월 6/21	9월 7/21	10월 8/21	11월 9/28	12월 11/24
25	청과	감귤	판매 / 가용시기(성수기)													
			주품종 및 원산지		******************											******************
			생산지정보(출하 / 비축기)					하우스 밀감		제주도				극조생	조생	
26	청과	수박	판매 / 가용시기(성수기)													
			주품종 및 원산지								**************************					
			생산지정보(출하 / 비축기)		하우스(BOX수박) 경남 진주		경남 함인	터널(BOX, 일반)		노지(전체 물량의 90%) 전북 고창, 전남 영임			봉화, 평창	하우스(BOX수박) 경남 진주, 함인		
27	청과	포도	판매 / 가용시기(성수기)													
			주품종 및 원산지								*********************************					
			생산지정보(출하 / 비축기)		저장 세레딘							캠벨,기봉 경북(김천, 상중), 충북(영동), 경기(안성, 천안, 성안)				세레단 저온저장
28	청과	토마토	판매 / 가용시기(성수기)													
			주품종 및 원산지						******************************							
			생산지정보(출하 / 비축기)			하우스 김해, 부산, 대저, 안강, 경기일원			터널 방울토마토		노지 경기					하우스 창녕, 벌교, 제주

참고문헌

경기도 농식품유통진흥원(2019), 경기도 친환경학교급식 업무보고
관계부처합동(2017), 제4차 산업혁명에 대응한 지능정보사회 중장기 종합대책
국립농산물품질관리원 www.naqs.go.kr
국립수산물품질관리원 www.nfqs.go.kr
교육과학기술부(2019) 학교급식법령해설서
교육과학기술부(2016), 학교급식위생관리지침서
김기현, 송기선, 김성태(2017), GAP인증 제도의 확산방안에 관한 연구: 단체 급식관계자의 GAP인증 선호도를 중심으로, 경영컨설팅연구, 17(4), pp.191～206
김동환(2019), 식품유통론, 학현사
김준배, 강문성(2018), HACCP을 위한 차량용 온습도 모니터링 시스템, 한국항 행학회논문지, 22(2), pp.168～172
김웅진, 윤점홍, 지용국, 박정섭, 양택규, 최재석(2016), 구매, 자재관리총론, 한 국구매경영원
김윤화, 이연경(2012), 대구·경북지역 학교급식 식재료 구매 관리 실태 조사,
한국식품저장유통학회지, 19(3), pp.376～384
김재형, 이낙선, 장인순, 이남용(2020), 빅데이터 유통서비스 활성화 방안에 관한 연구, 한국IT정책경영학회 논문지, 12권, 1호, 1575p～1581p
김형찬(2014), 실무를 위한 식자재 구매, 수학사
노봉수(2017), 식품재료학, 수학사
농림축산식품부 한국농수산식품유통공사(2017)가공식품 세분시장 현황－간편식 시장.
농림축산식품부(2016), “2016년도 중앙부처 GAP 활성화 계획(안),” 농림축산식품부 식생활소비정책과
농림축산식품부 한국농수산식품유통공사(2017), 2017연도 식품산업 주요통계
농림축산식품부 도매시장통합 http://market.okdab.com/cmm/main/main Page.do
농산물유통정보 www.kamis.co.kr
류경, 장혜자, 차명화, 김현아, 이나영(2017), 식생활관리, 파워북
박경숙, 김영숙, 박재남, 장상준, 김용식(2017), 식품구매, 광문각
박경곤, 최성기(2019), (호텔·외식) 식자재관리 및 구매, 백산출판사
박미선(2014) “농산물 인증마크에 대한 소비자 인식,” 가천대학교 대학원 석사 학위논문
박성희 (2014), “대전지역 학교급식에서의 GAP농산물에 대한 영양(교)사의 인지도 및 발전방안,” 충남대학교 대학원 석사학위논문.
박성희, 조혜빈, 신예현, 조용빈, 최영찬(2014), 농산물 전자상거래 연구분석－문헌연구와 현황, 식품유통학회지, 31(1), pp. 25～49

박연우(2018), 병원 급식관리 업무 효율화를 위한 병원정보시스템 내 전산프로그램 개발 영남대학교 대학원 박사학위논문
박희석, 남영휘, 김상덕(2017), 국내 학교급식유통 실태와 개선방안, 한국유통 물류정책학회 4(1) pp. 61~75
배수진(2007), 학교급식식재료검수관리개선방안연구, 연세대학교생활환경대학원 석사학위논문
백옥희, 윤기선, 한은숙, 김옥선, 고성희(2012), 식품구매, 파워북
병원행정NCS연구회(2015), NCS기반 병원구매관리, 장솔출판사
서울특별시교육청 학교보건진흥원 https://bogun.sen.go.kr/
성형주·김인석(2019)농산물 도매시장의 유통효율화를 위한 정보화 전략요인의 우선순위 분석, 한국식품유통학회 36(2)
성형주(2019), 농산물 유통효율화를 위한 공영도매시장 정보화방안 연구, 전남대학교 박사학위논문
신영식, 전상곤(2013), 학교급식 친환경쌀의 구매 결정 요인 분석: 고성 생명 환경쌀 사례를 중심으로, 농촌경제, 36(2), pp.25~42
식품안전나라 www.foodsafetykorea.go.kr
식품의약품안전처 www.mfds.go.kr
식품이력관리시스템 www.tfood.go.kr
안선정(2015) 학교급식에서 영양사의 친환경 농산물 사용에 대한 태도와 구매의사 결정요인에 대한 연구, 한국조리학회지 21(4), pp.192~206
여윤재, 권수연(2015), 어린이집 급식재료 공동구매 업체 이용에 대한 현황 및 만족도 분석, 동아시아 식생활학회지, 25(1), pp.193~201
양일선, 이해영, 정라나, 김혜영, 최미경(2019), 단체급식 및 외식산업 관리자를 위한 식품구매, 교문사
윤정애(2011), 충남지역 학교급식 식재료 구매관리 실태 및 구매만족도 분석, 공주대학교 교육대학원 석사학위논문
이경은, 주신윤, 임경숙, 이홍미(2017), 단체급식소 쇠고기 이용 실태 및
영양사의 쇠고기 품질에 대한 인식, 대한영양사협회 학술지, 23권, 2호 p.129~142p
이상만, 심용재(2019), 도매시장법인의 '지정·재지정'에 관한 법제 동향과 발전 방향, 법학연구, 27(3), pp.141~174
임충묵(2016), 구매 및 원가관리, 형설출판사
장혜영(2012), 학교급식 식재료 구매관리 및 전처리 식재료 사용 실태, 영남대 학교 교육대학원 석사학위논문
정유정, 프랑크 키메탸(2019), HF/UHF 이중 태그기반 농·식품 자재 학교급식 물류관리 시스템 디자인, 한국통신학회, 44(4), pp.743~747
정회정, 김현아(2012), 창원시 학교급식 식재료 구매 실태 및 공급업체 수행도 평가, 한국식품영양과학회지, 41(6), pp.861~869
제주특별자치도교육청(2011), 교육비리 근절 및 안전하고 우수한 식재료 공급을 위한 학교급식 전자조달시스템 시행 계획
조은혜, 황영정, 조용범(2014), 외식업체의 효율적인 식자재 관리와 구매방법이 경영성과에 미치는 영

향, 한국조리학회지 20(4), pp.296~309
최혜미, 박영숙, 이주희(2018), 21세기 식생활관리, 교문사
축산물품질평가원 www.ekape.or.kr
한국농수산식품유통공사, 2018년 유통실태조사 개요.
한국농수산식품유통공사, 2018년 품목별 유통실태조사 결과.
한국농촌경제조사원, 2018 식품소비행태조사 통계보고서 및 기초분석보고서 ,
해양수산부(2018), 수산물 생산 및 유통산업 실태조사
(협)지역농업네트워크 · (사)농정연구센터 · 농산업융합연구소(Abclab)(2016), 도매시장지원센터 설립전략, aT 연구용역 보고서
홍기운(2010)최신식품구매론, 대왕사
aT한국농수산식품유통공사 https://www.at.or.kr
Bernard Davis(2018), Food and Beverage Management, Routledge pub.
Dopson, Lea R., Hayes, David K.(2015),Food and Beverage Cost Control, John Wiley & Sons Inc
I. Vanany, D. I. Maftuhah, A. Soeprijanto, Sukoso, M. Zulhafizh(2020), Modelling Halal Internal Traceability in Open Source ERPSystem for Chicken Meat Processing Company, Institute of Electrical and Electronics Engineers
FAO 홈페이지(http://www.fao.org/home/en/)
Kendra Klein(2015), Values-based food procurement in hospitals: the role of health care group purchasing organizations, Agriculture and Human Values, 32(4), pp. 635-648
MartinJ.·onklinMT(2007), Managing child nutrition programs, Jones & Bartlett Pub
Marian C. Spears(2007), Foodservice Procurement: Purchasing for Profit (Foodservice Procurement), PrenticeHall
Neto Belmira(2020), Analysis of sustainability criteria from European public procurement schemes for foodservices, Science ofthe Total Environment, 704
Marian C.Spears(2012), Foodservice Organizations 5/E, Prentice Hall
Mary B. Gregoire(2012), Food Service Organizations, Pearson Group
Sapna Elizabeth Thottathil(2018), Institutions as Conscious Food Consumers Leveraging Purchasing Power to Drive Systems Change, Elsevier

실무 식품 구매론

초판 1쇄 인쇄 / 2020년 6월 1일
초판 1쇄 발행 / 2020년 6월 8일

공저 김금란 · 박미연 · 박필숙
발행처 형설출판사
경기도 파주시 회동길 37-23 · 전화 (031) 955-2361~4 · 팩시밀리 (031) 955-2341
발행인 장진혁
등록 라-제9호 · 1962년 5월 1일
홈페이지 http://www.hyungseul.co.kr
e-mail hs@hyungseul.co.kr

정가 22,000원

ISBN 978-89-472-8506-3 93590

이 도서의 국립중앙도서관 출판시도서목록(CIP)은 서지정보유통지원시스템 홈페이지(http://seoji.nl.go.kr)와 국가자료공동목록시스템(http://www.nl.go.kr/kolisnet)에서 이용하실 수 있습니다.(CIP제어번호 : CIP2020022766)

실무 식품 구매론

The theory of Food purchase

Memo

Memo